U0271535

动物知道生命的答案

ANIMAL SPEAK

[美] 泰德·安德鲁斯 著
仪玟兰 译
尧俊芳 校译

吉林文史出版社

序

如果我们悉心倾听，动物就会对我们讲话

童年的大部分时光，我都在森林、池塘、小溪和田地间度过。自然充斥着我的生活，无论我醒着或是在梦中，动物们总是会出现，并在我做人生重大决定时指引着我。

我曾在野外与狼对视，遇到过麋鹿、熊、豪猪和水獭。我抓过老鹰、猫头鹰，甚至有一只金雕站在我的肩头，我也曾被一只狐狸拦住去路。每天早晨，乌鸦都会来拜访我，有一次当我迷路时它们还为我带路。我曾摸过一头海马，还曾跟随一条巨大的绿色海鳗潜入 150 英尺的深海。当我旅行时，总有鹰在我头顶盘旋，一路上守护着我。

经历这一切的时候，我总是被大自然的奇观和多样性所折服，特别是当我的人生遭遇困境时，她对我的引导和教诲。我一直在寻找她试图教给我的东西。我知道，如果我们悉心倾听，自然就会对我们讲话。每个动物都有自己的故事，每朵花的绽放都饱含大自然的创造力，每棵树都在用它沙沙作响的叶子低语着生命的秘密。

现在很多人都说想“回归自然”“与地球来一次亲密的接触”，事实上，我们从未脱离过自然而独立存在，我们的一切都与自然界密切相关。我们做的每件事都会影响自然，自然界也会作用于我们。不幸的是，大多数人都选择忽略她或者不能准确地分辨她的影响。最让人悲伤的一点是，当我们没有发自内心真正地敬畏大自然时，我们就无法真正知晓生命的答案。

人类是自然世界的一部分，因此有责任尽可能多地了解所居住的环境。人类对自然了解得越多，就会越了解自己。尽力理解人类生存的环境和所有生活在其中的人和动物，才能更好地了解生命的真谛。

自然世界是你的生活环境的一部分，如果你衷心希望变得更强大、富有创造力，那么你就需要学习她的一些语言，而最简单又最有趣的语言莫过于动物的语言，从它们那里，我们可以知道更多关于生命的答案。

我们可以从动物身上学到很多东西。有的动物有着极强的生存和适应环境的技巧；有的动物四肢强壮、精力充沛，似乎永远也不知疲倦；有的动物有着天生的领袖气质，不怒而威；有的动物生来优雅，仪态大方……动物世界向我们展示了一个神奇的世界，在动物的引领下，我们可以习得这些技能、特质，挖掘自身的潜力，从而遇见更好的自己。不过，要向它们学习，我们首先要学着与它们交谈，观察它们的一举一动，聆听它们说话。

每一种动物都是一扇门，推开这扇门，就可以进入充满灵性的世界。当我们向动物学习时，要学会用动物的耳朵听，用动物的眼睛看。它们是我们的老师、朋友和伙伴。通过它们，我们学会了敬畏大自然、敬畏生命，它们唤醒了早已被我们遗忘的对世界的好奇心，同时也唤醒了我们对灵性、梦境和不可思议力量的敬畏之心。

如果你对动物讲话，
它们就会与你对话，
这样你们就会了解彼此。
如果你不对它们讲话，
你就不会了解它们，
你不了解的东西，
你会感到恐惧。
令你恐惧的东西，
你会毁灭它。

——奇夫·丹·乔治（Chief Dan George）

目录

序　如果我们悉心倾听，动物就会对我们讲话　|　001

▲

第1部分　自然界的生命密码

▲

第1章　充满魔力和灵性的自然　|　002

第2章　与动物对话，唤醒心中的图腾　|　007

第3章　猎手与猎物的博弈之谜　|　021

第4章　大自然是最坦率的预言家　|　042

第5章　自然环境的寓意与象征　|　059

第2部分　翅膀的魅力

▲

第6章　鸟和羽毛的灵性力量　|　070

第7章　这只鸟想要教会我什么？　|　075

第8章　鸟对生命答案的传递　|　079

第9章　羽毛与飞行的奥秘　|　090

第10章　鸟图腾词典（51种）　|　096

第3部分　神秘的动物王国

▲

第11章　崇高的动物图腾　|　194

第12章　通过仪式，我们理解了生命　|　205

第13章　动物图腾词典（39种）　|　232

第4部分　虫类和爬行类动物的异域语言

▲

第14章　昆虫的微观生存智慧　|　340

第15章　昆虫类图腾词典（8种）　|　347

第16章　爬行动物世界的魔力　|　365

第17章　爬行动物图腾词典（6种）　|　370

第18章　文明世界的图腾探索　|　390

自然界的生命密码

可见事物隐藏着不可见的力量。

通过感悟上帝创造的自然，

我们才能理解上帝。

每个存在的生物都昭示着永恒的智慧。

——《古老智慧的百科全书》

The Secret Teachings of All Ages

充满魔力和灵性的自然

曾经有那么一个时刻，人类意识到自己是自然的一部分，自然也是人类世界的一部分。现实的世界和梦中的世界密不可分，自然和超自然现象并存。人们利用对自然的想象来表达这种共生，并逐步传递着这种超越自我感知的经验。

过去的祭司是身怀神圣生命经验的人，他们能够感知自然，可以在可见世界与不可见世界的边界游走。他们告诉人们，树木都是神圣的，动物会对懂得倾听的人说话。

祭司会披着动物皮毛，戴着面具，表明自己拥有特殊的能力。他们会举行顺应自然规律的宗教仪式，来唤醒自然界的繁育力和生命力。对他们来说，每个物种和其生存环境的方方面面都拥有让他们自我觉醒的力量，这是一种将自然与超自然衔接起来的能力，让他们的生活与周围的环境联结在一起。

对追求科学理性的现代社会人来说，尽管这些仪式和行为看上去可能很原始、甚至很愚蠢，但它们对今天仍然有借鉴意义。倡导物质与精神一致的古代赫尔墨斯派认为：所有事物都是相连的，它们的存在都有意义。我们不能将物质世界与精神世界相分离，将可见世界与不可见世界相分离。人们利用这种观点，能把隐藏在通往不可见世界的障碍清除，使人们有能力从可见世界合理地推断出未知的知识。

因为这个原因，研究自然图腾对于理解灵性就变得非常有必要。一个图腾可能是自然界的任何东西——植物或者动物，我们能感受到它的表象和能量与我们的生命极为亲近。

我们能用动物或其他自然图腾的图案，将它们作为一种了解我们自身和不可见世界的途径。当我们关注并发现一个自然图腾时，我们会崇敬它所代表的神秘力量，并逐渐向这种神秘力量敞开心扉，与之契合。这样我们就能借由它来更清楚地理解我们所处的生活环境。我们能在其中运用它给予我们的力量。自然图腾特别是动物图腾，是一种特别的能量符号，它象征着一种特定的不可见的、灵性的力量，能校正我们的生活，让我们在生命中展现自我。借助这些图腾，我们能挖掘自身很多与生俱来的力量和能力。通过研究图腾，学习与其融为一体，我们就能在需要的时候通过它来唤醒我们的潜能。

陆生动物总是有一种难以忽视的象征意义，它们代表了生活中感性的一面，通常能反映出一种品性，这种品性一定能被克服、控制或重新表达。它们也是力量的象征，与不可见世界相伴，而我们能通过在可见世界中展示的自我，来了解不可见世界。

动物图腾的象征

这些特定动物的性格和活动的图片会在很大程度上帮助我们挖掘自己与生俱来的潜能。

鸟儿经常被视为灵魂的象征。每个鸟类图腾都有特定的象征意义，还有共同的象征意义，那就是都能激发更强烈的渴望、灵感和想法。

水生动物也可以成为图腾。水，代表地球和生命中富有创造力的因素。各种各样的鱼和其他水生生物都象征着直觉和创造性想象的特定表达，它们能反映出人类感性的一面。

虫类是自然的一部分，它们也能成为图腾。从古埃及神话中代表繁育力的蜜蜂，到非洲丛林野人身上的螳螂，到那些创造宇宙的蜘蛛女人等诸多传奇，它们都展示了虫类图腾在自然的灵性组合中选择了契合自己生存的地方。

通过研究和感知你在生活中遇到的鸟类、鱼类、虫类、爬行类动物，你也能够对你所处的环境了解更多。你能了解到你最有可能拥有的能量，它们最有可能潜藏在你的日常生活中。你会学到如何挖掘这些潜能来摆脱你遇到的困境。

自然已经赋予它的居者一种适应自然的能力。这使得动物能够以一种特定的方式生活在一个特定的地方。这种适应表现在身体上，也表现在行为习惯上。一个常见的例子就是一些动物会通过厚厚的皮毛或者迁移来适应严寒的气候。比如山羊，具有灵活调节能力，能保证其在山地环境中生存。它的脚能够更有力、更安全地抓住地，它还有更多的红细胞，能帮助它在山间严寒中存活下来。

通过学习这些自然图腾如何通过调整自身来维持生存，可以帮我们用同样的原则适应我们所处的环境。自然每天都在试图用各种生命方式向我们展示着自己。当我们学习如何聆听自然时，我们就打破了我们对外部的感知界限。我们会发现充满魔力的创造就是生命力。最重要的一点是，我们要记住，自然会青睐那些崇敬他且愿向他学习之人。

第2章

与动物对话，唤醒心中的图腾

自然界的灵性力量是现实存在的。非洲的原始部落从羚羊和螳螂的行为习惯中得到灵感，开创了独有的仪式和美丽的神话。美国的原住民模仿动物跳舞，并举行仪式与自然界对话。在现代理性社会中，大家往往嘲笑这种行为，认为其荒谬可笑。事实上，自然界的灵性力量与人类的力量不同。它能帮助我们发现自己的潜能，让我们变得更有力，更能保护自己，还能抚慰心灵、鼓舞人心，让我们的能力得以提升。

获得灵性力量最有效的一种方式就是与动物对话，找到属于自己的动物图腾。本书就将带你聆听动物的低喃细语，帮助你从它们那里寻找生命的答案，揭开生命的本质。

任何自然之物都可以成为图腾。它可以是动物，也可以是生活中让你觉得有灵性的事物或能量。在本书中，我们将首先学习如何找到属于你自己的动物图腾，找到它，我们就能更好地了解生命中的灵性力量，挖掘自己的潜能。

我们可以通过动物图腾来了解自己和不可见的世界。找到动物图腾后，研究它，然后与之融合。当你崇敬你的图腾，你就是在向其代表的能量致敬，它可能是一种真实的力量，也可能是一种特定的精神指引，它通过特定的方式向你传递讯息。

你可以尝试接近同一种能量。这样一来，你就相当于开始学习自然的语言，并敞开心扉拥抱自然。不过，第一步要做的是，决定你的动物图腾应该是什么样子。有很多技巧可以帮你识别你的动物图腾，这些技巧大都很简单，你只需细心观察，并充分发挥你的创造性想象力，就可以找到你的动物图腾。这就是本书将要教给你的方法。

大多数人将想象与非现实等同起来，实际上这并不正确。想象力是大脑的一种能力，使我们的思维变得更开阔，帮我们发现被忽略的知识，看到更多的潜能，甚至发现关于生命的预言。

通过创造性想象，我们能够发现意识影响着物质世界。利用创造性想象，我们可以形成一种新的意识，它能够激发更高形式的灵感和直觉，使我们能更好地理解我们的生命状态和对我们施以影响的精神力量。动物图像就是引领你进入创造性想象世界的工具，它能帮你遇见你的动物图腾，唤醒你的潜能。

当你开始辨别和认识你的动物图腾，你将能更好地理解你的生活，更清晰地认识自我，同时也会重新看待周围的世界。你的灵感将不断涌现，富有创造力。你对动物图腾了解得越多，你就越了解你自己。

寻找你的动物图腾

观察你最感兴趣的动物，回忆那些无所事事的日子，开启寻找你的动物图腾之旅。下面的方法能帮你找到生命中的动物图腾。

1. 哪一种动物或是鸟儿最吸引你？我们总是被那些最能与我们产生共鸣的动物所吸引。这些吸引我们的动物总会教给我们一些东西。

2. 当你逛动物园时，你最希望多看或是先看哪种动物？在你孩提时，这个问题尤为重要。孩子们总是能追随内心，因此能够更容易地辨别出对他们而言最重要的动物。

3. 你在野外遇到过动物吗？你在野外最常见到哪种动物？我们遇到的这些动物，无论是在城市还是在野外，对我们都有着特殊的意义。我们能从它们身上学习到的，不只是它们的生存能力。

4. 在所有动物中，你对哪一种动物最感兴趣？我们对动物的兴趣会不断变化。通常，我们会有一两个一直感兴趣的动物，但如果其他动物能教我们一些重要的或是特别的东西，我们就会喜欢上它们。

5. 哪种动物最令你害怕？最让我们感到恐惧的动物通常是那些我们必须要学着面对的动物。当我们尝试面对时，它就变成了一种力量，这样的动物会变成影子图腾。

6. 你是否曾被一种动物咬过或是攻击过？如果一个人被咬过

或者被攻击过，这次攻击可以被视为一种测试，它测试一个人是否具备掌控这种力量的能力。

7. 你的梦想中有动物出现吗？或者，有没有做过一些你无法忘怀的与动物有关的梦？如果你反复做这样的梦，或者梦中的动物形象反复出现，你就要格外关注这些动物，它们通常能反映出一个人独有的灵魂图腾。

动物图腾的密码

动物图腾有各种不同的名字。它们被称为灵魂动物、力量动物、图腾助手等。不论哪种动物，其身上都有人类平时察觉不到的关于生命的密码。

1. 每种动物都有巨大的潜能。

2. 这种潜能或许是它本身，或许是一种存在形态，通过动物的外在形象来向人类世界传达讯息。

3. 每一种动物都有独有的才能。与动物对话，能帮你提升你的潜能。谨记，每一种动物都有专长。

4. 拥有灵性力量的动物往往生活在大自然中。家养的动物，即使有某种灵性，也只是其野性行为的一种委婉表达。对很多人来说，从家养动物身上开始寻找图腾不失为一种方法，可以此为基础，或许某一天就能真正接收到来自大自然灵性力量的感召。

5. 从某种意义上说，是动物选择了人，而不是人选择动物。

很多人相信他们能选择一种动物，然后与之对话。人们常常会自负地选择那些他们认为最抢眼或是最强大的动物，而不是与他和谐共处的动物。这样做的结果通常是令人沮丧的。没有哪种动物比其他某种动物更好或更坏。每一种动物的潜能都是独特的。如果老鼠的潜能更强大，而鹰没有什么潜能，那么显然选择前者作为动物图腾更好。当动物选择你时，你会发现自己已获得了巨大的成功。

6. 你必须与你的动物图腾建立起某种联系。你必须了解它，与它接触，它也必须先试着信任你，接受你的缺点，而你同样也必须试着信任它，包容它的不足。这种磨合需要时间、耐心和练习。

7. 如果你希望你的动物图腾给你的生活带来积极影响，那你就必须珍惜它。你越珍惜它，赋予它越多的意义，它就会变得越有力量、越有效用。你可以通过下面的方式向它致敬，让它与你的生活更紧密相连：

· 挂它的照片；

· 为它画像；

· 尽可能多地读与它有关的书，更好地了解它；

· 为自己买图腾的小雕像，或者买些小的画，并将它作为礼物送给朋友。这些做法都能提醒你，你的动物图腾拥有力量和灵性；

· 经常参与野生动物组织的活动；

· 模仿动物的行为，这是向动物图腾致敬最有效的方式之一。最重要的是，在你的想象中，这个动物图腾是鲜活的。将你自己看作动物图腾，它正在潜移默化地影响着你的生活。记住，想象力是你与你的图腾之间联系的桥梁。

8. 一旦你学会了如何让你的动物图腾发挥效力，它就变成了一种途径，将动物王国与其他领域相连。你可以拥有多个动物图腾。每一个动物图腾都能教会你一些东西，或给你的生活带来些许变化，而这是其他动物图腾无法替代的。与你的动物图腾和平共处，你将学会如何与其他人和谐相处。如果你想变得更强大，你可以想象熊，从中汲取力量；如果你希望速度更快，你可以想象猎豹。通过想象强有力的动物，你可以学着如何调整或是拥有与这种动物同样的能量。

9. 尽管你的生命中会有几个动物图腾的力量是强大的，它们中的大多数会停留在你的生命中，然而其他动物图腾也在默默地守护着你。你可能在某一天拥有一个动物图腾，抑或在人生的艰难岁月中遇见一个帮你渡过难关的新动物图腾。某个动物图腾也许会来到你身边，与你共处几年的时光。另一个动物图腾也许在你从事创造性工作的时候出现。在生命的不同阶段，你可能会拥有不同的动物图腾。没有什么能禁止你与某些动物图腾接触。关键的是，你至少要与一个动物图腾紧密相连，这可以拓宽你的思维，使你能更容易地向别人敞开心扉。

10. 两人或者多人可以拥有同样的动物图腾。同样的动物图腾对人的影响也是因人而异的。关系亲密的人们可能会共享一个动物图腾，譬如夫妻。这一动物图腾会引导着两个人，使两人的关系更坚固、更亲密，守护着这两个人。共享动物图腾不仅仅发生在夫妻之间，一个团体也可以共享一个动物图腾。

聆听它对你的倾诉

如何遇见你的动物图腾？我们将利用创造性想象来帮助你更有效地打开动物世界之门。不要担心你是否想得太多，因为如果它对你毫无意义的话，你是不会想到它的。

放松很重要，开始创造性想象时要摒弃所有杂念。让动物图腾选择你，而不是你选择它。记住，你对图腾了解得越多，越思考它身上与你的生活相契合的特质，你就越容易感受到它的力量。

当进行这样的想象时，大多数人会困惑不已，不能理解他们想象的动物。因为你的动物图腾可能是一只鸟，一只哺乳动物，或是一只昆虫或是爬虫。不要不假思索地接受图腾，阅读、研究和学习与你的动物图腾相关的事情，可以使你尽快熟悉它，从而与其建立联系。想象是个绝妙的工具，但如果使用不当，它也会误导你。你可以通过以下问题辨认你的动物图腾：

1. 它使你想到了什么？
2. 它能引起你内心怎样的情感？
3. 你曾经对它感兴趣吗？
4. 它让你联想到了什么？
5. 你内心感受到的回应是什么？

不要仅仅因为它并不像你曾期望的那样光彩夺目而忽视它。有的图腾也许特别适合你，但是直到你研究和探索它并更接近它时，你才会了解它的特质。尝试本书的方法，但是不要局限于此，你要自己去探索。找出图腾的重大意义和它所影响你和你的生活环境的方式，是你向它致敬的途径。这就是你开始与之联系的第一步，这样做能够真正开始与动物对话。

如果你在想象中看到了一只露出尖牙的动物图腾，或者它在某种程度上因害怕而战栗，那就放弃这次想象。你可以在任意环节结束，也可以随心所欲地体验。动物图腾教给你的只有一个时刻，而你是那个时刻的主人。

但也要记住，通常来说，那些令人恐惧的画面并不是你恐惧的表现。它们可能只是一种抵触情绪。有时我们固执得令人惊讶，因为我们不愿意接受那些看起来无法接受的事实。大多数人在某种程度上有一种定式思维：“你了解的恶魔好过你不了解的天使”。当你开始探索内心的想法时，总是会担心受到伤害。如果你发现你自己很害怕、很抗拒，那么你要做的不是逃避，而是要面对它、接受它。记住，如果它是你的动物图腾，它会让你平静下来，它始终会守护着你，让你的内心归于平静。

在下面这些想象中，人们常常会怀疑他们是否正在经历一个真实的过程。当你真正地身处其中，真切地感受并体验，你就会发现它并不总是与你预想的情形相同。在下面的一些冥想练习中，你通常会发现自己在经历这种情形，或是想象经历这种情形。只要花时间去体验，这种想象必定会让你受益匪浅。

想要遇见你的图腾，你需要遵循如下步骤：

1. 放松；

2. 想象进入一个洞穴或一个树洞；

3. 想象离开那个洞穴或树洞，进入一片草地或是大自然环境中；

4. 感受自然的宁静；

5. 观察进入视野的动物；

6. 用心观察动物的动作、声音、外形和颜色等，因为它会向你传递它的能量密码。你甚至可能聆听到它的想法，聆听它对你的倾诉，感受它向你传递的能量，以及未来将带给你哪些能量；

7. 向它致谢，感谢它向你传递的讯息，在它说话时用心聆听，确认它是否就是你的动物图腾，确认方式有很多种，你可以从石头的标记里看它的脸，这说明它是在梦中走向你，如果它真的是你的动物图腾，你一定可以感知到它；

8. 想象回到那个洞穴或树洞，穿过它走到另一个入口，然后走出来；

9. 深呼吸四五次，脚踏实地地感受大自然；

10. 确认你的动物图腾，观察那个图腾和它的特点，当动物图腾出现在你的生活中，你不要错过。

神奇的遇见之旅

确保你不会被打扰。把电话放在一边，锁上门，并采取一些必要的措施来保证你不被打扰。找一个让自己感觉舒服的姿势，坐着或是躺下，但要确保后背挺直。闭上眼睛，深呼吸，放松身体。将注意力集中到你身体的每一个部位，从脚到头，慢慢放松。你越放松，之后的练习就越有效。如果你常走神，不要担心，重新集中注意力继续放松。想象以下情景。

当你放松时，你会发现自己越变越轻，周围的一切都开始模糊，自己仿佛被一件温暖的黑色斗篷包裹着，这件斗篷就是你的能量和思想。

想象自己身处一个水晶般透明的池塘旁，天空湛蓝，遥远的天边有一只鹰在盘旋。太阳和月亮同时出现在天空上，你不能确定这是黄昏还是黎明，但是你知道这是一个有魔力的“介于两者之间的时刻”。池塘的尽头是瀑布，瀑布的水沫沁凉如雾，一路倾泻，水花四溅，水中的倒影都变了形，一切都如真似幻。

你环顾四周，绿草如茵，远处是树林，一切都静悄悄的，默默地期待着大自然更多的馈赠。你再回头看瀑布，会发现后面一片漆黑。你走过去，当离瀑布更近一些时，你会看到一个洞穴半掩于其后。你小心地走到瀑布后面，向黑暗中探寻。

你很惊讶，因为火把照亮了洞穴，宽敞的空间也因此而变得很温暖。不知为何，这里令你有一种似曾相识的感觉，好像是你一直向往的住所。

这个洞穴的后面是隧道，也被火把照得通亮。你回头看了一眼瀑布那端，继续向洞穴深处走。它像刚进来时一样温暖而舒适，当你走向更深处时，会看到星星点点的烟花，耳畔能听到孩子铜铃般的笑声。有生以来，你第一次感到自己又变成了一个孩子，将要开始探索美妙世界的宝藏。

你沿着隧道里蜿蜒的小路向前走。你伸出手，触摸着墙壁，墙壁温暖得让你惊讶，好像墙体里有生命的血液流过。当你沿着路走得更远，隧道也变得更开阔。火把越来越少，但这里仍然明亮。你停下来，试探着摸火把，以确认它们不会在短时间内熄灭。你向前看，发现了明亮的原因，前面50码远的地方就有阳光照进来，隧道的尽头就在不远处。前方是长长的河流和葱翠的草地。阳光照耀，河面泛光，像夏日里欲滴的露水。穿过这片草地，是一片郁郁葱葱的森林。你稍作停留，之后就跑完了最后这段路程，从隧道奔向这片沐浴在阳光下的茵茵草地。阳光洒在脸上，脚下是柔软的草地。鼻息间满是甜甜的味道，你张开双臂伸了个大大的懒腰。你在原地旋转，陶醉在美景中，陶醉在轻盈的感觉中。

河畔是一棵巨大、古老的橡树，下面是繁茂的草地。你奔向草地，坐在地上深呼吸。你伸个懒腰，在草地间打滚，贪婪地嗅着草香。你坐起来，树的旁边是块石头，形状像一把椅子。你坐在石头椅子上，尽情享受自然的美妙。好像你每呼吸一下，就与其更近一些，而他也越来越变成你的一部分。然后突然之间，你的余光扫到有东西在森林的边缘闪过，你屏住呼吸，想去看看这是什么野生动物。然后你又发现在树间有东西一闪而过。这东西也许从你头顶上一飞冲天，也许会走出来躲进草丛。你静静地坐在那里看着，不一会儿有个动物出现在你视线里。不要惊动它，让它自如地展示着自己。此时，它的眼睛正一眨不眨地盯着你，同时也吸引着你的目光。

你从没见过什么东西这般奇妙，这般独特。这个动物是如此的自由，仿佛生命本应如此，你只能远远地看着。当它靠近你时，竟一点儿也不害怕，只是好奇地打量着你。当然，这一定是个梦！作为对你的想法的回应，它发出了一点声音，换了一个姿势，而你依然盯着它。在那个时刻，你明白了，你记忆的碎片开始整合，以前它帮助你的情景重现在你的脑中，你现在知道为何你总是如此喜欢它。

然后它开始向隧道那边移动，在洞口停了下来，回头望着你，就好像在告诉你时间到了，必须要继续向前走。你站起来，跟着它走。当你临近洞口时，它一直在等待。它离你如此之近，似乎你一伸手就可以抓住它。你小心地、温柔地向它伸出手，但是在你触摸到它之前，它跳起来，向森林深处走去。它走了一段又停下来，又一次回头看你，然后消失在森林中。

你明白了，与动物图腾之间建立联系是需要时间的，还有很多东西需要互相学习。直到与它建立起牢固的联系前，你必须要有足够的耐心。你甜甜地笑了一下，却略带忧伤，重新走回隧道，沿着小路回到瀑布旁边。

你走出洞穴，从瀑布背后望向那水晶一样澄澈的池塘，你看到你的倒影随着波澜起伏，而在你的倒影后面，你看到了你的动物图腾。你屏住呼吸然后大笑起来，感谢它给你一个如此清晰的暗示。这时，它的形象消失了，在你身旁环绕的景象也开始模糊，你又一次身处自己意念温暖的包围之中。当你深呼吸并重新回到现实中时，你的动物图腾已经在你的潜意识中苏醒，能量异常强大。

第3章

猎手与猎物的博弈之谜

动物对大部分人而言是相异的生命状态。它们的行为和活动看上去很神秘，完全与人类生活无关。人类社会充斥着对动物和自然界的误解。最神秘、最令人误解的就是猎手与猎物的奥秘。当提到猎手与猎物，大多数人会认为，这指的是那些强大的动物和弱小的动物。而事实上，在动物界中，大多数动物介于这两者之间，有时猎手也是猎物。一条蛇可能会吞掉一只青蛙，但接下它可能被一只红尾巴的鹰吃掉。

当我们了解猎手与猎物之间的博弈关系，以及自然界弱肉强食的生存规律，我们就会意识到，无论动物或人类，在错综复杂的生态系统之中，每一个物种都与其他物种密切相关。自然界存在灵性力量，自然界中的动物会说话，它们能教会我们认识世界、认识自我。

当你在自然世界中与动物图腾共处，你会慢慢将其捕食的技巧和力量内化于心。在自然界中，捕食对人类来说有四重意义，每一重意义都有它自己对应的力量。

生死交替下的创造力

在整个自然界的范围内，生命总是遵循着一种守恒定律，死亡是维持失去与得到之间平衡的铁法则。每一个新自我的诞生都意味着旧我的死亡，因为没有失去就不会有得到，没有死亡也就没有新生。

生和死是我们所经历的两个最具创造性的过程，而且这两个过程都充满了神秘色彩。当我们审视生死时，我们希望把它看作是一种改变或是转移，而不是最终的结果。改变会在很多层面发生，很多时候都发生在我们的生命之中。改变是福气，它预示着成长。失去和得到是相互关联的东西，但我们总是害怕死亡或是改变，这就妨碍了我们进行新的尝试。我们日常遇到的改变都是死亡和重生整个过程的缩影。

当你聆听动物说话，你很快就能理解这种奥秘所在，你将开始注意到日常生活中小的死亡与重生，你将开始看到它有与你的动物图腾同样的生命轨迹，你会从中感受到奥秘，让生活中的某些方面“死亡”，让其他一些方面获得“重生”。

自然界中的捕食教会我们通过保持对生命更高层次的关注，从而克服对死亡的恐惧。那些自然界的生命并不担心死亡，它们关注的是生存。如果死亡临近，它们会与之进行剧烈的抗争，直到生命的尽头。它让我们谨记要认真对待每一天和每个时刻，永远活在当下。猎手教会我们没有生命可以逃脱死亡，死亡可以说是一种失去与获得的平衡。捕食教会我们，所有生命对其他生命而言都是重要的牺牲。

当我们与动物图腾共处，我们就会发现自然界的捕食过程与我们的生活相互关联。寻觅你自己的动物图腾，无论它是何种动物，都能给予你力量。

通过考察猎手和猎物相关联的特点，死亡与重生的力量就变得更易理解。猎手和猎物图腾之间的均衡，使你能够辨认死亡与重生的自然规律，能更有效地利用它。通过研究猎手图腾和猎物图腾的能量，你就会理解和接受生死交替的自然循环。

创造包含了学着在你生命中将死亡当作重生的机会。它包含着学习利用生命循环为你服务——无论上与下、高与低。正如你看到的，每种动物都有一个自然循环。如果那种动物是你的图腾，将它的韵律和自然循环运用到你自己的生活中会帮助你获得成功。

创造是一个过程，而不是最终目标。你生命中的改变反映出创造过程的活跃度。大多数人都渴望生命中的改变，但是往往不能成功分辨这些改变的样貌，他们发现自己很难面对改变。改变意味着更多的混乱和困难，这要求我们要更具创造力，同时提醒我们生命总是一个充满创造力的永恒过程。我们要么参与其中，要么视而不见。如果我们参与其中，特别是通过研究动物图腾，那么我们就会更好地了解死亡和重生的意义，我们的生命终将充满奇迹。

冥想练习

1. 这种简单的冥思效果显著。你要先对一些猎手和它们的猎物有所了解。如果你已经有一个猎手常用的图腾，或者你可以从动物世界中选择一个你一直以来特别喜欢的猎手。将一个坏习惯、一段痛苦的经历或是负面情绪想象为猎物，想象它被你一点点撕碎、吞噬、清除，这样负能量也就转变成了正能量。在这种创造性想象中，要遵循猎手的自然狩猎规律。如果它主要在夜间捕食，你就需要在夜间冥想。如果它是在日间活动，那你就在日间进行冥想。每天用 5 ~ 10 分钟进行冥想，全身心投入，一周内你就将看到一个与众不同的你。

2. 利用冥想促使你的生活发生改变。再次想象猎手与猎物。这一次，将你希望生命中能发生的一种改变，或是你可望而不可及的东西，想象为猎物。

3. 想象自己狩猎、跟踪并追逐猎物。想象追逐和捕获猎物的过程。这种冥想会让你相信自己会变得更强壮、更开心、更充实。

有时我们希望发生的改变很复杂，可能会经历好几个阶段，可以将每个阶段想象为一种猎物，而下一个阶段就会有更好的猎物作为奖赏。比如说，如果你的猎手是鹰，你可以把第一步看作一只老鼠，第二步看作一条蛇，而第三步则是一只长腿大野兔。

这种冥想每天只需要占用你 5 分钟时间，不要操之过急。直到所有步骤都完成的那一天，你将会惊讶地发现，成功并不像你想象的那般困难。

随机应变，适者生存的能力

适应能力是动物与生俱来的能力，使它们能以特定的方式在特定的环境中生存。这种适应，既有身体方面的适应，也有行为方面的适应。

照片取自俄亥俄州特洛伊城的布鲁克纳自然保护中心

死亡与重生

红头美洲鹫可能是食腐动物，通过清理动物尸体，保护其他动物和整个环境免受疾病感染之苦。它以此维持着生命，并使重生变得可能。

夏天，狐狸的长耳朵有利于散热，让它们免受炎热之苦。冬天，它们毛茸茸的大尾巴就成了天然的斗篷，可以为脸和鼻子抵御寒风。这是身体上的适应。北美黑尾鹿经常会变换寻找同一种食物的路线，绝不会两次都走同一条路线。这种神秘莫测的活动方式使它们避免了被食肉动物捕杀的可能。这就是行为上的适应。

两种适应能力让各种动物可以在大自然里继续存活。如果食肉动物的食谱过于单一，它们的处境就会变得很糟糕。佛罗里达州南部的蜗牛鸢就是典型的例子。它们只吃沼泽蜗牛，而随着沼泽地的减少，它们赖以生存的食物也随之减少。现在，蜗牛鸢已成为一个濒临灭绝的物种。

与蜗牛鸢相反，土狼是另一个极端的例子。它们的食谱非常丰富，几乎什么都吃。所以，全世界的各个角落，城市、旷野、大山或沙漠都有它们的踪影。它们会亲自去捕杀猎物，也会抢掠其他动物捕杀的猎物，还会为寻找食物翻遍整个垃圾桶。正是这种适应环境的能力、寻找食物的能力和掩护自己的能力，它们才得以生存和繁衍壮大。

大多数食肉动物介于这两个极端之间，其捕食对象会是某几种动物。它们大多能随着环境的改变而改变自己的口味。你的动物图腾适应环境的方式可以为你提供些灵感，帮你找到你适应环境的最佳方式。

不同的动物有各自不同的适应环境的方式，即使处于同一环境中，不同动物的适应能力也不尽相同。在热带气候中，动物们大多会在夜间活动。如果你的动物图腾原型习惯在夜间活动，这也许就是在暗示你，如果你在夜间工作，效率会比在白天更高。对那些拥有狐狸图腾的人来说，将头发固定到耳后，露出耳朵，会让他们感觉更好。因为狐狸是用耳朵来散热的，拥有狐狸图腾的人采取这种方法，会让他们不再头昏发热，时刻保持头脑清醒。

其他生活在炎热气候中的动物也许会通过快速呼吸来散热。这种呼吸方法和节奏可以帮它们驱散炎热，使它们保持凉爽。拥有这类动物图腾的人应该学习一种新的呼吸方法和呼吸节奏，让自己从紧张的压力中摆脱出来，放松下来。一旦你发现了你的动物图腾，就应该去观察它，看它是如何适应周围的环境的。然后，练习将这种适应能力应用于你的生活中。图腾可以为你提供可借鉴的经验，帮你找到适应生活的最好方式，为你营造出一个丰富多彩的人生。

假设茶隼是你的动物图腾，那么你就要多留意周围的细节了，因为茶隼从100英尺的高空就能观察到甲虫的动静。因此，你要像茶隼一样，多关注细微小事，这样做会使你及时发现并且不会错过生命中的任何机遇。

模仿图腾的适应能力，是练就适应能力的步骤之一。对所有人来说，适应能力都是天生的能力。每天你都要面对各种生活考验，承担社会责任和履行公民义务。你从出生后不久就开始学习该在何时笑、如何笑。你知道什么时候要严肃，什么时候要活泼。你也知道什么样的活动和姿势容易使你受伤或者使你免于受到伤害。适应能力并不像古代神话故事描述的那样，仅仅是将自己变成某种野兽，事实上，它使我们可以充分地控制和利用我们的潜能，以满足不同的生活需求。学习模仿你的动物图腾的适应能力，可以促使你更好地适应社会。

随机应变者能够依据外在环境的改变调整自己的行为，从而适应新环境，更好地工作与生活。他们会为了自我更好的发展而控制自己的灵性和能量。即使潜能无限，随机应变者也能顺应现实做出改变。他们可以在局限中找到富有创造力的可能，并通过适应能力来克服当下的局限。

学会转变你的意识，通过模仿动物图腾的举止和行为与它们建立起联系，学习它们的适应能力，这些都有助于你更好地生存。要记住，如果没有什么可以教给你的，你的图腾就不会出现在你的生活中。模仿你的图腾的那些适应性行为，并将它们应用于你的生活中，这是你改变生活的第一步。

冥想练习

冥想时，你不必考虑自己的图腾。这个冥想只是为了向你佐证你可以控制你的灵性力量。

1. 靠墙站立，想象自己正在变成它的颜色。接着想象你正融入那面墙，成为它的一部分。你还可以利用不同形状和颜色的沙发来做这个冥想练习。

2. 想象自己是隐形人。有一个方法可以帮你完成这一步，那就是将你的灵性力量想象成围绕在你周围的霾或雾，它们将你笼罩在其中。

3. 当你练习了以上冥想后，就将它们应用于公共场合，比如会议中、派对中等。把自己想象为隐形人，或者找个位子坐下来，把自己想象成家具的一部分。

发掘潜能的力量

世界上的每一种动物都是独一无二的。每种动物都有自己的特点、优势和劣势。动物图腾往往就是你的潜能的象征，发现和发挥你的潜能

适者生存的意义

红狐狸代表神奇的魔力。尽管过度猎杀和人类入侵贯穿了它们的整个生存史，但它们的伪装能力和关注力足以让它们继续存活下去。

照片取自俄亥俄州特洛伊城的布鲁克纳自然保护中心

将给你带来更美好的生活。

对我们来说，动物图腾就是我们的镜子。从它身上，我们可以看到应该学习的技能以及可以发掘的潜能。我们可以利用它来了解自我和我们生活的环境。动物身上有能够被我们习得的特殊力量，这种力量可以治愈你和你的生活。同时，它也是一种动力，可以帮你实现你的梦想。

一旦你找到你的动物图腾，就要仔细研究它，了解它的特性和行为。通过模仿这些特性和行为，你可以令自己的生活更加完美。正如猎手通过完善自己的技巧而变得更加强大和聪慧那样，你也可以通过模仿它的技巧而使自己更强大。

当你学会了与动物相处，与它们所代表的那些原始能量相处时，猎手和猎物群体中的某些成员就会作为你的图腾走进你的生活。当它们到来时，要给予它们应得的关注和关怀。研究你的图腾的捕食过程可以让你更了解你的能力，包括你的学习能力、生存能力和发掘潜能的能力。它们可以为你提供线索，帮你找到创造奇迹的最有效方式。

猎手很少浪费食物。山中的老虎或野熊总会在吃饱之后，将剩下的食物藏起来，留下次享用。狼会尽情地吃到吃不下为止，因为它们知道，可口的食物并不是随时都能遇到的。我们所有人都应该学习猎手们不浪费的精神。这提示我们：我们应该充分发挥我们的潜能，不要浪费我们的才能。

大多数猎手会独自狩猎。如果你的图腾是那些喜欢独自狩猎的动物之一，这可能反映出你希望有独自发展的空间或想依靠自己的能力打拼。草原鼠是一种群居动物。每只草原鼠都是天生的建筑师，会为自己的族群建造洞穴。每只草原鼠都是尽职尽责的卫兵，会为其他草原鼠望风和发布警报。草原鼠可能不是那种让人喜欢的图腾，但它们的合作能力却是独一无二的。如果你的图腾拥有合作能力，你就该向它学习，在生活和工作中培养和表现出同样的合作精神。比起单一的个体行动，这样将更容易实现社群的有序生活。

生活技能可以帮助你更合理巧妙地安排生活。在捕食过程中，每一次成功的攻击都与特殊技能相关，比如迅速埋伏或团队合作意识。这些生活技能可以为你带来更多的成功。当然，这些被捕食的动物也有一些防御技能。有些将自己武装起来，像土拨鼠和麝香牛等，有一些则善于伪装和隐蔽，还有一些会恶意攻击或警告攻击者。总之要记住，你必须仔细观察猎手和猎物分别都用到一些什么技能，这两者的技能都将能教会你智慧，让你在社会环境中如鱼得水。

你越了解你作为个体的特征和行为，你就会更了解自己与生俱来但未被发掘的潜能。一旦你了解了自己的能力，那么你必须做自己能做的事来保护自己。只要你坚持，你将成功发挥你的潜能。比如，鹰知道自己是什么，它有着自己独特的生命力。就算它偶尔未能捕捉到猎物，它也不担心没有东西吃。它会坚持捕捉，努力让自己成为一个更强的猎手，这便是它引以为傲的特质。

大多数人在追求梦想的过程中容易被击倒，都是因为他们对生活的恐惧和害怕。有时这种恐惧是源于拒绝接纳外界事物，有时是对失败的恐惧，有时仅是因为外在环境迫使他们如此，尽管这样做与他们的真实想法相悖。当我们害怕的时候，即使机会出现了，我们也很有可能错过。做真实的自己，相信自己的直觉和潜能，才能战胜一切恐惧。

如果你自信满满，放下恐惧，发挥你的本能，你就会超越自我，你的优秀品质也会因此而彰显，人们便会开始发现与众不同的你。

追逐梦想时，你可以从动物图腾身上寻找可以借鉴的能力，将其应用于你的生活中，使之成为自己独特的技能。

很多人在这个探索过程中失败了，因为他们试图改变周围的人和环境。向动物图腾学习，要从人的本性出发，要发自内心地想做出改变。只有做最真实的自己，你才会获得更多的愉悦与满足感，才能充分发挥潜能，让自己的生活锦上添花。

一只雄鹰错失一只兔子，但它学会运用它的眼睛、速度和有力的爪子，这样会更有效率。每一次猎食，它都变得更强大与聪明，尽管不是每次都能成功。它不害怕失败，它会在下一次的猎食机会中更用心。它知道会经常有这样的机会。我们也要开始探索自身的天赋，我们也要确信会有很多次机会出现在我们的面前，要努力抓住它们。

我们的图腾能帮助我们认识到生活当中的机遇，让我们明白自己到底是谁，以及如何能取得成功。它独特的能力反映了我们自身的能力。当我们尝试着提升自己的能力时，我们会发现这个世界已经存在了一切我们所需要的条件。奇妙的时机如此频繁地出现，你需要不失时机地抓住这一切。你将会发现你自己完全有能力生活得比想象中更快乐、更充实。

你的图腾维持生存和捕食猎物的技巧，同样也能够帮助你变得更有觉悟，让你对世界更敬畏。让你的图腾教会你并帮助你唤醒那些灵性的力量，你将能够与这个世界更和谐地相处，并从中获益。

冥想练习

1. 这个练习不仅仅是为了让别人更了解你自己，同时也能让你经常自我监督。抽出一点时间放松，回想你过去5年内的生活。

照片由俄亥俄州特洛伊市布鲁克纳自然保护中心提供

利用潜能的意义

一只地鼠具备修建有许多出口的精美巢穴的特殊技能。随着季节的变化，它的新陈代谢就会变慢（冬眠）。“死而非死”是能够习得的能力，也能够被这些本身拥有这种特殊能力的动物所利用。

试着在你生命中找出这样一段时间，你展现出了与你的动物图腾同样的品性。同时，试着理解你生命中的那些时光，彼时你是否能展现出潜能。这将帮助你与你的图腾和谐相处，帮助你在发现自己的潜能时，更懂得如何把握。

2. 生活每天都给予了我们新的礼物和新的机遇，可惜长久以来，我们既没拒绝过也从没意识到这一点。我们都忘了怎样从环境中获取，怎样利用环境为自己造福，在这一点上，也许食肉动物可以成为我们的老师，给我们上完美的一课。

不幸的是，在当今的社会里，我们更多的是担心自己会成为这个内部分配失衡的社会的牺牲品。似乎我们一旦停止受苦，就再也无法生存、成长了。我们时常被教育绝对不能自私自利。打从卷入这个社会的那一刻起，我们就得一再地付出，没人意识到我们此刻也有同样多的机会去获取。

因为大多数人忘了生命里还有获利的好事，也就本能地拒绝接受所有的恩惠。我们从未发现梦想预示着什么，但现实需要我们学着接受与利用。人们经常相互埋怨说“什么，这东西旧吗”，或者“哦，今天可真是糟糕的一天”。当有人要提供帮助时又以“没事，我自己可以”这样的话语予以回绝。

我们习惯性地拒绝别人提供的小恩惠，即便是简单的溢美之词或唾手可得的小帮助。可惜，大自然在我们生命里给予的只有小施舍，没有可以让你即刻跳起来的巨大恩惠，不过好在小施舍可以积少成多。所以，接下来的时间里，我们得好好探究自己所拥有的，仔细观察恩惠发生的频率，乃至进一步确定你能在什么时候接受它。不要有罪恶感，也别想着要去做任何弥补，只要开心享受大自然所给予的就行。慢慢地，你会发现未来的时光里你有很多机会回报这来之不易的一切。

猎手更为擅长接受，当猎物经过时，它会果断出击并美美地享受一餐。当丛林空寂，无处寻觅猎物的踪迹时，它们也就另谋生路去了。所以，要记着，当你学着辨别并获得你的潜力时，更好、更多的机会就会慢慢地出现在你的面前。

复杂的食物链，微妙的平衡力

不管是猎手还是猎物，所有生命都处在一张错综复杂的关系网中，而最能体现这种关系的就是食物链。植物将太阳能转化为食物，随后进入食物链中。植物从土壤和太阳中制造食物，蚱蜢吃植物，青蛙吃蚱蜢，由此类推下去。

这种转化是一种捕食的过程，能量从猎物转移到了猎手。因此，很多人认为，当你吃下你所杀死的猎物时，猎物的能量和精华就会变成你身体的一部分。所有的生命都相互捕食、相互依赖。呼吸、维持体内热量以及生物的其他自然运转机制无时无刻不在消耗着能量。因此，在较热的地区，食物链的每一层的生物数量就会下降，就像金字塔向顶端延伸那样。狼永远不可能比驯鹿还多，燕子也不会比昆虫还多。猎手永远都是少数派。

人类在食物链的最顶端，我们应该好好思考这一点。土地被破坏，动物被杀戮，当食物经过受污染的土地与空气，最终进入我们口中的时候，它还是健康的食物吗？捕猎、栖息地的破坏、污染、杀虫剂等都破坏了天然的捕猎和被猎的平衡，而这种不平衡就将通过繁殖过剩和营养不良的方式威胁物种的存续。

和自然界类似，人类世界中也存在着这样的平衡。就像自然界中猎手与猎物之间相互平衡一样，任何人类活动都会导致外部的或正面或负面的反应。猎手和猎物的平衡给人类上了一课，那就是：有因必有果。我们所需要平衡的关系比我们一开始想象的要多得多。

绝大多数古代社会都认识到了这种互动关系。生命皆宝贵，而人并不比其他物种更为神圣。在捕猎之前、期间和之后，人们都要举行祭奠仪式。这些宗教仪式来源于人类对人与动物的灵魂紧密相关的认识。

在某些地方，猎人会去申请狩猎资格。其他人为了对动物的生命表示尊重、敬仰和感激，要对食物感恩。动物的骨头经常被放在森林里或地上，也就是动物被捕杀的地点附近。为了生存不得不狩猎的人们想以这样的方式表达感激之情，同时也缓解一下内心的罪恶感。在历史的长河里，人类长期依靠其生存的动物会成为精神领袖，渐渐地也就形成了世界各地各个部落所崇拜的图腾。

如果有一天我们突然领悟到了生命的可贵，那就预示着精神境界极大的进步。其实在人类社会的每一个阶段，我们都可以挣脱现实社会的束缚，去发现大自然中超越我们认知的东西。我们必须要对人类的生活习惯给其他生物带来的影响有所警觉。因为人类也是脆弱的群体，无法在大自然中独善其身，必须与其他生物相依为命。

通过动物图腾，我们可以看清世界万物间各种神秘莫测的关系，如空气的成分跟地理位置有关，空气和地理位置常跟创造力、灵感和更高的思想觉悟联系在一起。好的空气质量往往象征着心灵的力量、新的智慧乃至敏锐的直觉。总之，就是它可以最大限度地开发我们意志的潜能。

空气将大地和天空紧紧地联系在了一起，它象征万物的和谐一致。众所周知，空气乃万物的生命之源，它们之间的联系看似无痕，其实却时刻掌控着我们的生活。

空气的各种元素是灵性世界的源头，在无形中决定着思维方式。这样的意识会帮我们更好地理解各种事物的复杂关系，比如大地与天空，动物与人类。

很多超自然的活动可能与捕食的意义相关。预言是获得未来或其他未知事件相关信息的能力。大多数能做出准确预言的预言家之所以具备这样的能力，是因为他们能看到内在的关联。他们能通过各种方式预测一个人的生命轨迹。如果这个人还沿着同样的模式做事，那很可能就会有特殊的、可识别的特征出现。因为很少人会改变其行为模式，那么做出准确预言的概率就会随着对行为模式的掌握而提高。所以，确定关系线就是做出更准确预言的关键一步。

捕食告诉我们，世界万物包括所有人、所有事和所有时间都是不可分割的整体。翻阅历史总结规律，仔细观察未来，我们必然能从中获益，发现更宽阔的视野和可预测的灵性力量。

冥想练习

1. 综合利用以上得出的结论，遵循既有规律：冷静，懂得尊重对方，还得学会与他人分享。冷静的状态让人很自然地去倾听他人的建议，双方以诚相待，互相尊重。对彼此间的密切关系有所了解，渐渐地我们就会把好的东西拿去跟大家分享，和谐美好的未来世界指日可待。

照片取自俄亥俄州特洛伊市布鲁克纳自然保护中心

长久以来，鹰就是更高的精神力量的象征，它处在食物链高端。鹰食用的猎物常常是被杀虫剂毒死的，这并不总能毒死鹰，但却常常导致它们辛苦产下的蛋难以存活。人类在食物链的顶端，我们需要更密切地关注这种现象。

这项练习会让人类在生物链中有一个很准确的角色定位。以旁观者的身份回顾过往的人生，你会在某个回忆的路口久久徘徊。客观地面对过去的那一段生活，看看自己是凶猛的食肉动物还是渺小的小猎物，或是一个中立的角色。

只要仔细完成了以上冥想，我们就会在那一瞬间获取属于自己的灵性力量。灵性力量会引领我们在个人的生活和世界万物的和谐间作出完美的平衡，让动物图腾与我们合二为一。

2. 随便找个安静点的地方，回想过去三个月里最令你难忘的事。集中所有的精力，轻轻闭上双眼，想象你信仰的动物图腾正慢慢地靠近你。仔细回忆事情发生的当天。灵性力量会让你对整件事有更透彻的了解，这个过程我们要从头到尾重复四次。

有人会奇迹般地享受到过程中所赋予他的某种惊喜，他甚至会去尝试第五次冥想。在整个过程中你可能会回想起十几年前的事，那些你原本以为跟现在没有任何瓜葛的事。开始的时候也不要为付出却没有收获而灰心。不要担心，只要你与图腾建立了这层关系，无论是研究过去还是探索未来，你都将会成功。

这样的方法还可运用到其他的领域。你可以预测未来要发生的事。但在运用的过程中，我们要客观地面对所有的人和事。我们要为了美好的未来而努力，而不只是简单地回忆过去，完整的程序缺了任何一步都将功亏一篑。

与过去的人生故事一同成长，当你获得数次成功，掌握的方法也会增多。我们要学会用有限的方法去创造更多的价值。把你总结出的成功秘笈与别人分享，传播自然是最好的方法，通过这样的方法我们就可以把过去、现在和未来完美地联系在一起。

坚持实践。要费尽心思研究动物图腾，运用其能量来解决实际问题。每一次实践你都会收获新的知识，越相信动物向你传递的灵性力量，越多的成功在等待着你。

第4章

大自然是最坦率的预言家

人类是大自然的组成部分，无法从中独立出来，但我们能运用他的知识让自己受益。了解大自然的能力，使我们能够分辨生活中真正的预言。

所谓的预言就是去探测一个简单的表面现象所蕴涵的本质问题。自然界任何一个细微的变化，都预示着整体的一次巨变，我们之前遇到的困难也许会在下一个路口继续为难我们。有股神圣的力量时刻借由大自然跟人类沟通、交流。我们得靠本能的洞察力去感应大自然的回音并找寻很多之前不为人知的因素。只要你听懂了动物的语言，你就会轻而易举地了解大自然与动物间的关系。这样可以让你跟外界有更多的接触、交流和沟通。渐渐地，你会把森林里的万事万物都当成了朋友。渴望探索的你会有跟它们交流的欲望，毕竟有些东西你只能从它们那里听到或看到，如风的声音和动物的各种行为。

世界上没有所谓的偶然，每一件令我们备感困惑的事情背后都有其必然性，自然界还有很多生命规律等待我们去探索和发现。我们需要具备一种能力，即能从现实生活中看到隐藏在背后的不可见世界，他时刻都在向我们招手。

预言很容易被误解为迷信，很多人把预言和迷信错误地混为一谈。预言是通过对动植物的深入研究，认识它们所组成的大自然，并发现其生存发展的规律。生命某个细节的变化可能预示着更多的变化，因为万事万物都是相互联系的。这样的结论需要事实来加以诠释，大自然的生灵都会去验证它的正确性。

迷信是人们出于趋吉避凶的心理，把个人的欲望或恐惧强加于客观事实之上。迷信通常会夹杂各种不合逻辑的行为，迷信的人往往会按照自己的喜恶扭曲事实，把各种事物强加因果，他们看不到万物之间的内在联系，只是凭空妄加揣测。

情人节的迷信

传说每个女孩都可以通过在情人节那天看到的鸟来确定自己将来会嫁的人。

画眉 = 牧师或教士等

鸽 = 温柔可爱的人

金翅雀 = 富有的人（特别是看到金黄色的金翅雀）

麻雀 = 性格开朗的人

鹰 = 士兵、勇士或勇敢的人

交喙鸟 = 话多且脾气暴躁的人

知更鸟 = 船员

蓝知更鸟 = 快乐的人

猫头鹰 = 短命的人

啄木鸟 = 一辈子单身

这就是纯迷信的东西，跟预言无丝毫关系。这只表明，在某处看到一只鸟的可能性很大，除此之外，说明不了任何问题。一只鸟的异常举动可能预示着周围环境的变化，但绝对没法预测一个人的未来伴侣。这样的想法可以用来娱乐，就当给情人节增添几分乐趣罢了。

我们可以从短耳猫头鹰身上找到预言和迷信之间的区别。在有些地区，田鼠的数量有时候会突然暴增，这种情况多半会被描绘成不幸、邪恶来临甚至是瘟疫爆发的前兆，而当夜间一大群短耳猫头鹰突然出现的时候，人们会更加确信这种说法。

对于迷信的人来说，这看起来就像是自然的邪恶启示，尤其啮齿动物和猫头鹰长久以来都饱受歧视，因为人们厌恶它们，也就把灾难的根源推到了它们头上。但让那些对这两种动物都有深入了解的人解读，可能就完全不一样了。

很多猎手和猎物的数量都会有突然增多或突然减少的时候，很多啮齿类动物就有这样的增减循环。对于它们的天敌，这样的循环多半是相匹配的。短耳猫头鹰在食物富足的时候就会在夜间成群出现进行捕食，这并不是什么灾难的征兆，事实上它们的出现正好维持了自然的平衡。

你所感受到的自然和你所经历的生活之间的关系，不是人们强行编造出来的。你不能让自己的猜想掩饰生命的规律，只有跟动物充分的沟通才能让自然对生活的影响变得明晰。

最常见的关于预言的错误解读源于自己的恐惧感，也就是对未知世界的恐惧。在田鼠数量暴增和短耳猫头鹰出现的例子里，有些人可能会相信自己的生活中将出现灾难，因为他们还受旧时“猫头鹰是恶魔的使者”迷信说法的影响，他们被内心的恐惧击倒了，无法认真倾听动物的预言。

很多人将自然的每一个不寻常的现象都加入了主观臆想，猜测它对人类来说的非凡意义。这些人都没有真正地与动物相处过，不是用心去倾听灵魂的声音，而是胡乱猜测。他们的思想依然停留在表面，没有深入到潜意识的层面，灵性世界自然不会向他们敞开大门。所以，不论他们的解读听上去多么合乎情理，实际上都是妄加猜疑的无稽之谈。

要正确解读动物的预言，你必须了解其常见特征和行为模式，注意你所遇动物的种类和其生活习惯。你对这些常见的情形越了解，就越容易识别出特殊情况，不管这种情况有多么微妙。当有些事情稍有不同之时，便是自然在向你传递信息。

你必须意识到大自然总是会用坦率的方式与你交流。一个想传达信息的人经常使用多种多样的技巧——语言、声音以及面部表情等。如果这个信息很重要的话，他就会采用一个迫切而紧急的声调，因为声调不同寻常，所以你才会知道这个信息非常重要。

大自然以及生活在其中的动物们也是以同样的方式与我们交流。如果信息很重要的话，大自然就会采用显而易见的表达方式，但对不了解他的人而言，这种表达方式就不易察觉了。

与大自然的交流方式

大自然始终如一地与我们交谈。大自然通过色彩、外观、气味以及动物丰富多样的表现形式与我们进行交流。它们的象征意义会随着不同的背景而改变，因此你必须了解象征意义背后的自然背景。

每一种动物都有与众不同的特征、动作、形状以及色彩。每一种动物都与人类有着独特的关系。在本书中的词典中，我们为你概述了若干的动物语言，但是这种概述只能算抛砖引玉，你必须总结出自己的词典。说同一种语言但属于不同群体的人们可能会有各不相同的方言与音调，动物也同样如此。你必须学习对自己而言最有利的那种方言。假如你真心希望学习动物语言，你必须重新建立与大自然的交流方式。你必须让大自然知道你已经准备好再次聆听。

聆听练习

1. 置身大自然中，在森林或公园中散步，携带一个双筒望远镜去海滩，搜寻沼泽湿地，切勿自认为你所在的环境处于大自然的活动范围之外。尝试通过叫声辨别各种各样的鸟类，尝试通过观察树叶辨别各种不同的树木。

2. 从仔细观察你所处环境中特有的野生动物着手。你所处环境中的花草树木以及动物，能教给你众多生存的知识。尽管有些人可能感觉大自然在都市中的表达方式不值得大肆宣传，然而树木、鲜花以及它们各自的特性，长久以来一直都是神秘的象征，可以给你以启示。

3. 熟悉你周围的景色。观察你住的庭院或房屋的空间象征意义。它的形状能说明你是怎样的人呢？地势又是什么样的呢？它看起来是令人赏心悦目还是难以入目、破碎不堪，抑或倾斜欲坠？扪心自问要住在这样的地方，哪些品质是不可或缺的？

4. 更加细致地关注大自然：鸟类以及动物的外观；羽毛、毛皮、岩石或者其他任何实物；动物的叫声、震颤声以及动物发出的其他声音。注意这些征兆在何时何地最为显而易见。

5. 当你身处大自然中，注意观察什么事物看起来最不同寻常。有时，一种很特殊的花香可能会非常吸引人，有时，可能是乌鸦没完没了的叫声引人注意，在另一些时候，你可能会注意到某一棵特别的树。你在大自然中发现的最明显的事物其实就是在与你交流。注意它、问候它并接受它，然后研究它。与它有关的属性与特征是什么？这些特征反映的要么是你心中的醒悟，要么是你仍需领悟的东西。扪心自问："我可以将这些特征运用到哪些地方呢？它们对我和我的生活传递了什么信息？"

花木的象征性特征

苹果＝魔力、青春、美丽以及幸福
白蜡树＝牺牲、感性以及更高的智慧
白杨＝毅力，克服恐惧与消除疑惑
山毛榉＝忍耐、知识、缓和
白桦树＝新的开始、对过去的反思和探索
雪松＝治愈、反思、保护
樱桃树＝死亡与重生、新的觉醒
柏树＝对牺牲角色的理解
接骨木＝生命与死亡、复兴
榆树＝意志力、直觉
山楂树＝繁殖力、创造力、魔力
榛树＝智慧、占卜与预测
帚石楠＝内在、永垂不朽、创造力
冬青＝保护、克制怒气、精神斗士
忍冬＝吸取教训、辨别力、改变
丁香＝精神力量、真正的美
槭树＝均衡、心灵、许诺

橡树 = 力量以及忍耐力、益处、持续

柑橘树 = 情感、治愈

棕榈树 = 保护、和平、机遇

松树 = 坚韧、顽强、不渝和永恒

云杉 = 新的认识、治愈、直觉

悬铃木 = 交流、爱、学习接受

胡桃树 = 减轻转换、追随一条独特的道路

柳树 = 魔力、治愈力、内在幻像以及梦想

6. 在面对自然界的时候，你是否会被某种拥有特定肤色的动物所吸引？你是否觉得某种颜色的动物总是在你的生活中出现？色彩本身就可以给人的心灵带来某种力量，当它在你的生活中反复出现时，就是动物图腾在提醒你注意生活中需要某种力量的支撑，如果你能读懂它的预言，便可感受到这种力量。

乌鸦的黑色具有神秘感，暗示了从黑暗中带来光明的能力。生命的最初阶段就是被黑暗包围着的，就像生命还在母体中孕育，所以人们说“黑夜孕育了光明”。如果乌鸦在你的生活中出现，可能是为了带给你一种生命的原初能量，无形但很强大。赤狐的红色象征一种生命力的觉醒，热烈奔放、充满激情。如果赤狐走进了你的生活，你可能需要反思一下是不是缺少了积极向上的动力。

色彩既能带来积极的力量，也含有警示的意义。如果你的灵魂中某些负面力量过强，动物也会用色彩来提示你。

鲜花的象征性特征

满天星 = 谦逊、温柔的美

罗勒 = 完整、纪律、力量

秋海棠 = 均衡、灵魂

毛茛 = 自我价值、语言的力量

仙人掌 = 富贵、美丽

康乃馨 = 深沉的爱、治愈力以及自我关爱

车轴草 = 幸运、忠贞的爱情、和蔼可亲

水仙花 = 内在美的力量、思路清晰

大丽花 = 发展、自我价值以及尊严

雏菊 = 意识、创造力以及内在力量

栀子花 = 行为、目的纯洁、情感

天竺葵 = 幸福、治愈力以及喜悦

唐菖蒲 = 包容

木槿 = 柔性气质、性欲以及温暖

风信子 = 克服悲痛、温柔以及内在美

鸢尾 = 灵感、心灵纯洁

薰衣草 = 魔力、爱情、保护、治愈力以及远见

百合花 = 生命、神圣的思想以及人性

金盏花 = 忠贞、长寿、牺牲

牵牛花 = 推陈出新、自发性

玫瑰花 = 爱情、力量、激情
迷迭香 = 力量、敏感
金鱼草 = 意志力、表现力、听力
向日葵 = 机遇、自我实现以及幸福
紫罗兰 = 谦逊、成就、心灵的敏感性

要正确解读这些信息，你一定要问自己："这个颜色对动物有什么作用？"

如果你遇到的只是柔和的、有泥土般颜色的动物，无须担心，柔和的色彩是动物用来保护自己的伪装形式，是帮助它们生存的颜色。

如果你遇见的动物与它们平时的颜色不同，那就要小心了，这就是动物们在用不寻常的方式向你传递紧急的信息。静心思考，你是需要色彩带来的积极力量，还是要对它所暗示的不寻常信息采取一些必要措施呢？

以下的清单将会为色彩的重要象征意义提供一些参考。切记，大自然中的色彩总是存在着细微的差异，因此你对色彩的理解也要灵活多变。

色彩	积极象征性特征	消极象征性特征
黑色	保护、生命、魔力	深藏不露、牺牲
蓝色	幸福、宁静、真理	忧郁、孤独
棕色	稳重、新生	缺少辨别力
绿色	生长、健康、富饶	犹豫不决、吝啬、贪婪

灰色	初始、想象力	不均衡、深藏不露
橙色	温暖、喜悦、创造力	骄傲、焦躁不安、忧虑
红色	性、激情、力量	愤怒、攻击性、冲动
紫色	神奇变化、谦卑、勇气	执着、误解
白色	纯洁、分享、真理	散乱、拖延
黄色	乐观、灵感	混乱、苛刻

7. 如同色彩一样，数字也具有深刻而久远的象征意义。数字可以帮助你确定运用图腾力量的最佳领域。数字同样也可以帮助你更加清晰地理解大自然试图向你传达的内容。

当你在大自然中漫步时，可能会有3只乌鸦飞过你的头顶。不久之后，你可能会看见更多的乌鸦，它们同样也会3只地飞过。对有些人而言，乌鸦可能是死亡以及黑暗的象征，然而3只出现的情形却会改变人们的这种理解。“3”是一个意味着创造力及新生的数字，因此，看到3只乌鸦可能就表示：在能够发挥创造力的领域方面你更有优势。

数字的神秘主义也可以对你理解动物语言大有裨益。你越敞开心灵去倾听自然的语言，大自然就会越多地与你交流，你能理解的内容也就越多。你经常看见特定数量的动物吗？一只喜鹊召唤你的时候，它叫了多少次呢？它发出的声音是不是有固定的数字规律呢？

尤其需要关注不常见动物的出现。如果它们不止一次地出现而且出现的时间很短暂，这一点尤为重要。

曾有一段时间，当我步行或坐在车中时，我多次看见一只赤狐在我旁边跑步。由于狐狸在伪装方面很有天赋并且不易被人察觉，因此它的出现，尤其是它不止一次的露面便象征着重要的意义。在这种情况下，我仔细观察狐狸的特征，它出现的次数以及它移动的方向，我可以将这些都运用到那一时期我生命中正在发生的事情之中。

关于数字意义的研究，尤其是数字命理学的研究，将扩充你与自然交流的词汇量。在数理学中，最关键的在于从1到9的个位数研究。下面的图表将显示数字的部分内在含义。

数字	积极方面	消极方面
1	开始、原创性、领导者	自负、专制
2	阴柔、梦想、合作	敏感、干预
3	创造力、新生、神秘	啰唆、情绪化
4	基础、耐心、建设者	固执、死板
5	多样、改变、活跃	分散、放纵
6	家、服务、亲人	嫉妒、焦虑
7	智慧、探求、真相	不忠、挑剔
8	力量、金钱、无限	粗心、贪婪、独裁
9	治愈力、理解	轻信、敏感

（所有两位数都可以由这9个数字推算得到，例如，23=2+3=5）

8. 动物预言的另一种方式是让你注意它出现的方向。世界上

任何一个方向或方位都有它独特的意义。

不同的方位被赋予了不同的含义，例如，早上来自北方的第一声鸟啼预示着灾难，若来自南方则预示着丰收，来自东方预示着真爱，来自西方预示着好运。

方向不同，可能影响一件事情的成败，也会对一个人的心理造成不同程度的影响。有人在这个方向无论做什么都顺风顺水，而换个方向就厄运连连。当你建立了与动物图腾的联系后，你就可以根据内心强烈的需求，召唤你的图腾出现在最重要的方向。你必须明确了解每个方向对你而言的意义，才能使这种方法发挥最大的效用。

例如，如果你将东方和治愈力联系起来，一只赤狐出现在了东方，那么就可以确定它能帮助你达到治愈的目的。要想了解得更详尽，必须看那只动物自身的特性。因为狐狸是与伪装和隐形联系在一起的，所以它代表了某件你未发觉的事阻碍了你。

下面的图表是每个方向所代表的基本的联想。你并不需要完全认同，可以形成自己的对应关系，然后当一只动物从那个方向出现的时候，你就会知道它在你生命中将扮演什么样的角色。

方向	此方向的特征和能量
东	治愈、创造性、照明和直觉、新生和阳光、新知、意志力、沟通、新的诠释
西	美景、梦想、探索和旅行、感情、想象、艺术创造、娇柔、更高的同情、心灵的重生、目标
南	净化、信念、力量、觉醒的童真、即将到来的障碍、玩笑、改变、保护、自足、信任、复活
北	传授、充裕、平衡、睿智、温顺、感恩、精神财富的流露、移情作用、信任、魔力

除了东南西北四个方向，还应该注意动物相对的方位以及与你相对的运动方向。动物出现在你的左边还是右边？它是从左

向右移动还是从右向左移动？是面朝向你的方向还是远离你的方向？不同方向都有不同的意义。

右边被认为更偏向于阳性和独断，左边则更偏向于阴性和接受。如果动物在你的左边出现，可能代表了它的能量还未释放出来；如果是出现在右边，可能代表着能量已经释放或需要释放。如果它是在你的面前从右向左移动，代表着它的能量已经进入了你的生活中，甚至可能就是你的内心潜藏的力量。

了解每个方向的意义和每种运动所代表的含义。每天冥想5分钟，冥想这些内在的联系，理清动物要向你传达的信息，同时你也向自然表达了你的意思。

9. 另一个自然与你对话的方法是通过动物与你邂逅时所参与的活动实现的。我们已经讲述了方向的重要性，它们的活动或者所缺乏的活动同样表达了强烈的意义。你必须了解动物通常进行活动的方式，才能更全面地理解与自然对话的方法。

缺乏某种运动或活动也是一种提醒，提醒你需要暂停一下现在进行的活动。如果你遇见松鼠们正在嬉戏玩耍而不是聚集和储存食物，它们可能是在告诉你去玩一会儿吧。相反，如果你遇到两只动物在打架，那么它们可能在告诉你矛盾正在或即将会出现在你的生活中。通过动物获得生命的答案是最重要的方法。如果你想要自然与你对话，你必须自觉地将自己与自然连为一体。

10. 户外冥想。向大自然祈祷其指引你。留意你每次在户外所看到的、听到的、感受到的和闻到的。努力找到你所经历的和你的生活环境之间的关联。我曾听说过最好的交朋友的方式就是寻求帮助，对你求助的那个人表达信任，对他所能做的事表示敬意，让他意识到他独特的才能。学会聆听动物的语言，这是你能为地球和为你自己寻求的最好的帮助。

当你能理解动物的语言，你可以开始要求更具体的交流。一种方法就是通过你的动物图腾。一旦你与它们协调一致，你就可以要求它们与你用特殊的方式交流，你也能够一直得到讯息。

自然环境的寓意与象征

通过研究动物栖息地，我们可以更好地理解大自然赋予这些动物的象征意义。只有在动物栖息地对动物的习性进行实地调查时，你才会真切地感受到它们作为图腾会对我们的生活产生的巨大影响。我们要认识到一点，那就是我们的潜能只有在自然环境中才能够得到完全的释放。我们登上高峰时，与站在小山丘相比，视野会更开阔，会感到与自然更亲近，也就会有更多的感悟。

不同的地区环境不同，反映出来的人类生存状态也各不相同。通过研究周围环境的特点，我们可以更好地了解自己的存在状态。其中，研究自然环境中物质形态变化很重要。许多人已经认识到了这一点。他们把这些形态变化看作有象征意义的变量。我们在研究过程中必须考虑以下因素。

1. 整个自然环境中最重要的事物（包括自然的和人工的），如树木、花草、大地等；

2. 这些事物的象征意义；

3. 地势类型；

4. 小区域与整个大区域的联系；

5. 这个区域的主导颜色；

6. 这个区域内主要的野生动物。

研究自然环境中的形态变化，除了上述因素外，还要考虑很多其他因素。在本书的编写过程中，我们不能把所有复杂因素都考虑进去，但可以给读者提供一个大体的参考，从这一点出发，读者可以进行更深入的研究。

无论在城市还是在乡村，我们都可以运用这一分析方法。城市与乡村的布局不同，高层建筑代替了高山，公路代替了河流，但那些摩天大厦的大小、颜色、形状以及公路的方向也能够反映我们的生存状态。

自然环境的象征意义

通过了解你自身所处的环境的特点，你会更深刻地了解你自己，这种方法也适用于你视为图腾的动物。当你在野外偶然遇见某种动物时，你要仔细观察一下这种动物的生存环境，并试着定义自然环境中某些要素的象征意义。只有这样，我们才可以真正认识到大自然在这个环境中创造某种动物所要表达的内涵。在认识的过程中，我们必须学会运用自己丰富的想象力、常识以及心理学知识和实际动手能力。下面就列出了你在认识过程中需要考虑的因素。

城市环境

在现代社会中，大多数人都生活在城市。然而，这并不会阻止人们亲近自然，人们照样可以研究大自然中的动物，同时也可以研究有关城市的许多课题。

与城市有关的课题通常研究群体生活，比如城市生活的多样性、灵活性和适应性等。我们可以研究城市的人口构成、城市的整体构造等，并试着问自己以下问题：城市的整体构造代表着什么？市政府大楼的门冲着哪个方向（记住方向也有象征意义）？你家房子的门冲着哪个方向？你家房子或院子的形状有什么特殊意义吗？

善于观察地形的人一般认为，三角形或方形是最好的形状。因为方形和三角形的稳定性最好，这两种形状的房子自然也就最结实牢固。他们还认为后院应建得比前院高一些，这样更吉利，同时院子周围种的树也会给这家人带来健康。

我们应当认识到，城市和家庭生活都会影响我们的性情。来自同一个城市或同一个家庭的人们总会有一些共同的特点，这些共同点就是在共同的成长环境中养成的。

城市中也有土生土长的动物。这些能在城市里生存下来的动物都有着极强的适应能力。但要注意的是，我们不能对城市动物有世俗的偏见，即使是人人喊打的老鼠，也有正面的象征意义。在传统文化的属相中，老鼠被描述成既幽默又严谨认真的动物。同野生动物一样，城市动物也极具研究价值。

森林

森林也极具象征意义。森林的象征意义很复杂，但一般与创造生命的女性力量有关。研究森林的种类、覆盖程度和主要树种，可以帮助我们更深入地探索它的象征意义。

森林中草木繁盛，动物茁壮成长，远离社会文明的喧嚣。虽然森林中多多少少都会有人类文明的影子，却也不失为一个人类偶尔远离尘嚣、放松心灵的好去处。

森林象征着自由的心灵。它代表人类内心深处潜在的原始能量，这些能量还有待开发。不敢置身森林的人其实是惧怕真正的自由，不敢开发自己的创造潜能，以至于不能摆脱自己的蒙昧状态。

一个城市人对森林里的生存规则会感到诧异和陌生，因为猎手和猎物的关系非常简单，就是捕食与被捕食的关系。在这里，“物竞天择”得到了最好的诠释。社会中人的生存和发展要受到很多约束和限制，而森林中的万物只要适应自然环境，就可以自由自在地成长。

花园和植物

对于城市居民来说，花园和植物在某种程度上给他们提供了亲近自然的机会，因为花园和植物是大自然的一部分。

城市里的自然环境被高楼大厦、车水马龙的道路和熙熙攘攘的人群淹没。人们为了弥补这一缺憾，就建造了花园。因此，花园就成了大自然的一个缩影。花园还象征能够创造生命的女性力量。你可以留心一下自家的花园里种植了什么种类的蔬菜花卉，经常会有哪些动物光顾你的花园，因为这些都可以反映出你是否在利用自身潜在的创造力。

当你花园里的植物开花结果时，你就可以相应地看自己的生活是否有了新的变化。如果你的房间里有室内花园，你可以尝试把它挪到室外，这样花园里的植物就可以更加自由自在、无拘无束地生长，还可以借此吸引动物。用这种方法就可以拉近我们与大自然的距离。

打理花园的行为代表了你对大自然张开了怀抱，虔诚地接受它赐予我们的所有东西，同时还表达了你愿与自然和谐相处的态度。但是难免有人会抱怨："我什么也养不活，我每次都费劲的想养个东西，最后它却死了。"我们必须明白生老病死也是自然界的一大规律，我们没必要因此而灰心丧气。

就像万物的生长都需要时间一样，我们设法拉近与大自然的距离也需要一个过程。而现实中我们往往太急功近利，所以才会失望，甚至是产生迷信思想。我们需要记住种子都需要经过一段时间才能生根发芽，还要记住，一旦你开始亲近自然，你就会慢慢拥有无限的能量。

住所

你居住的房子以及出没在你房子周围的动物可以帮你解读自己的生活。你养宠物吗？如果养的话，宠物的基本特点有哪些？你和宠物的关系怎样？你房子周围经常有哪些动物和鸟类出没？

你的住所也会对你产生影响。人们一直认为，住所是"智慧之所"，因为它可以反映人类身体和思想的变化过程。你在住所里的哪个房间待的时间最长？这个房间什么形状？这个房间给人什么样的感觉？整洁、凌乱、温暖还是舒服？

住所对城市居民有很大的影响。它应该是一个让你感到舒适安全的地方。它的舒适安全系数越高，就越会吸引动物光顾。你可以试着问自己：你迈过门前的台阶时，有什么感觉？你走出家门时，第一感觉是什么？

出没在你住所周围的动物可以告诉你很多东西。你可以根据它们的活动反省自己的行为。动物出现在不同的地方，对你意味着不同的暗示。如果它们经常出现在你房子的前院，就表明你是一个胸怀坦荡，没有私心邪念的人。如果它们经常出现在房子的后院，就表明你内心深处有无限的能量，有待发掘利用。房子的每个部分，包括内部和外部，都有深刻的象征意义，这些象征意义都是大自然要告诉我们的重要信息。例如，如果刺猬经常出现在你的房前，就是表明你在别人眼中是一个忙碌的人，工作和生活中都很积极活跃。如果它经常出现在房后，就表明你私下里实际很忙，但大部分人都看不到你的付出，还以为你很清闲。根据动物出现的方位，我们可以判断一个人的生存状态。

沼泽地

沼泽地上生长着很多种类的动植物，很多水鸟会在沼泽地上栖息。水鸟是一种能给我们带来激情的鸟类，它的出现可以给我们的生活注入新的活力。

沼泽地的土壤经常为水饱和状态，地表长期或暂时积水，生长着湿生和沼生植物，下层有泥炭累积或潜育层存在。潜育层的土壤处于土壤更新过程中的过渡阶段——在新的土壤生成之前，旧的土壤会分解、腐化。如果你的动物图腾栖息在沼泽地中，那么你体内的净化排毒能力会变得非常强。

泥沼地主要由淤泥构成，雨后的泥沼地还会有动物出现。淤泥是水和土的混合物，这种混合就象征着过渡与转型的过程。淤泥是代表新生的一种物质。这种自然物质暗示你生活中的某一方面会有明显的提高和改进。通过动物图腾，你可以确定是哪一个方面会有提升。物极必反，如果淤泥过多，在上面驻足的动物就有可能会陷入其中。这就是在警告我们：当你陷入困境时要想办法挣脱出来，也不要沉迷于往事中无法自拔，要张开怀抱迎接新的生活。

草原和山谷

草原是生长草本和灌木植物并适宜发展畜牧业的土地，草原附近经常会有河流，水可以滋养草地，所以我们经常把两者联系起来。草原上会有一些树，还会有成片的小草和野花，给人一种亲切感。

受雨水和万物的滋润，草原上的土壤也很肥沃。把草原作为图腾的人们应该学会爱护自己，养成健康的体魄。我们应注意观察草原上最常见的颜色、花朵和地形地势，也应该知道草原是一个安静神秘的适合万物生长的地方。

人们常常把山谷和草原等同看待，但它们两者之间有一个明显的差别，那就是山谷的地势较低。山谷中生长着很多动植物，它象征着无限的生命力，把它作为图腾有助于你激发新的生命活力。

高山

高山经常用来象征无穷的力量和崇高的精神。高山上的动物可以帮我们发掘自己的精神力量。人们常常习惯用山的高度来形容男性力量，山的外在形态可以体现一种阳刚自信的精神。人们也喜欢把山看作博大胸襟的象征，把山脉看作龙的象征。

高山还与我们身体内部的排毒系统有关，因此把高山上的动物作为图腾，可以帮助我们调养身体。许多传说认为山里面是空的，就像一个熔炉，可以磨练人的意志，因此常把山洞称为“死亡之地”和“精灵之家”，这也在一定程度上解释了山上的动物图腾为什么都与仙境有关。

山也代表我们经历艰难困苦之后得到的精神慰藉。有些山高耸入云，让人产生遐想，以为它是连接天地的阶梯。神话故事中的城堡经常建在山顶上，便于人类与神灵沟通，汲取他们的能量来恩泽人间。因此，高山也象征着更高的精神境界。

海洋与河流

水极具象征意义，原始生命都受过它的恩泽。许多神话传说和雕塑都传达了“水是万物之源”这一思想。海洋是发源地、母亲和女性的象征。所有与水有关的图腾也都有一些类似的象征意义。

海洋代表动态的能量，它总是在变化中，这也反映了我们的生命特征。把海洋作为图腾，可以帮助我们学会适应生活中的变化。海洋还象征我们的潜意识甚至是模糊的意识状态。与海洋有关的图腾可以帮我们唤醒这种模糊的意识状态。水代表我们的心理活动和情感，所以海水或河水的流动状态也可以反映我们的内心活动。自古以来，人们常用河水象征生命形态和时间的流逝。与河水有关的图腾可以帮我们更好地处理过去与未来的关系。

因为河水一直流动永不停息，所以它还象征着持续的发展进步。我们可以根据河水的水质、水流的快慢以及与河水有关的动物图腾精神，确定自己有哪些方面的进步，学会如何加快提升自己的过程。

岩石地区

岩石地区地形多变，被赋予了诸多神话色彩，神话故事中经常把岩石比作一种需要克服的障碍，有的人也用它象征真实的自己。不同的岩石，因其特点不同会有不同的象征意义。高山上的岩石区域，因其遥不可及而往往被认为是神仙居住的地方。

另外，岩石也代表坚韧、坚定、专注的精神，这一点值得我们学习，因为许多人就没有“会当凌绝顶，一览众山小”的毅力。在研究动物图腾的时候，我们不能只研究动物自身，如果我们想真正了解大自然通过动物想要告诉我们的哲理，就必须研究动物经常出没的自然环境。

人在一生当中会见到不同类型的自然环境、气候和动物，所有这些都会告诉你一些道理。为了更好地了解大自然借助动物要告诉我们的这些信息，我们可以问自己下面这些问题。

1. 某种动物图腾的特点是什么？这种动物是在这一特定区域生长的还是后来被引进来的？

2. 这种动物的原始栖息地在哪里？

3. 这种动物的原始栖息地有哪些象征意义？

4. 这种动物出现地的气候如何？那里的气候什么时候会变得干燥？

5. 这种动物以及它所在的自然环境给你哪些启示？

翅膀的魅力

即使人类拥有翅膀，

有黑色羽毛，

也很少有人会像乌鸦那般聪明。

——亨利·比彻

第6章

鸟和羽毛的灵性力量

鸟类的灵性力量

鸟类自古就带有神秘色彩，它的行为、特性和其他一些特点，都有着自然和超自然的意义，它通常被认为具有某种灵性或被认为是灵性的产物。

在北欧神话中，奥丁神养了两只乌鸦作为信使，一只叫福金（Hugin），意指思想，另一只叫雾尼（Munin），意为记忆。在中世纪的美洲神话中，大气之神被刻画为一条长着羽毛的蛇。在美国神话中，雷鸟是一个伟大的造物主，有无穷的创造力。埃及神荷鲁斯常被描绘成一颗鹰的头，而埃及的真理之神通常带着一身秃鹰的羽毛现身。印度教徒认为，鸟类代表着一个更高的生命境界。可以说，鸟类反映了意识与无意识的一种融合。它的飞翔能力给人以无限想象与渴望。鸟类是创造力想象的源泉，它们有能力唤醒我们的想象力。

鸟类是这个星球上最古老的一种生命形态。很多科学家相信，鸟类在1.4亿年前就从爬行动物开始进化。它是人类与神之间的桥梁，也是连接陆地和天堂的桥梁。它们代表着超越，代表着生命从低级形态升至高级形态。每只鸟都有其独有的特质。观察你遇到的那些鸟，你可以慢慢学会辨别它们，并能从其身上得到启示。每一种鸟都能帮助你，让你认识到每天的生活有无限可能。

学习如何辨识鸟类，并从鸟类身上获得灵性力量，有助于培养你对过去、现在和未来的感知能力。鸟类懂得与所有动物对话的方法，它们有能力让我们的想法具象化，更有成效。当你在生命旅途中与磨难狭路相逢时，鸟类就化身为你的导师和领路人，你可以从它身上学习到跳出当时的环境，从更高的层面上看待自我，从而发现自己的潜能。

不管是鹰、雕还是小小的蜂鸟，所有鸟类都能唤醒人的好奇感，使人感受到飞翔的魅力，它们是超越的终极象征。它们提醒我们，我们都能超越我们现有的生活。一定要认真研究鸟的颜色、行为和其他方面，来辨识它们真正的力量，并从它们身上找到可以给你启示的特质。这种鸟图腾展现出了你生活的哪个方面，提醒你哪个方面需要保持，哪个方面需要加以提升，从而让你获得更强大的能量和灵性力量。

鸟类是人类的远亲，它们在大自然中是独特的。像人类一样，它们的两只脚可以站立，它们不仅是自然的一部分，同时也拥有灵性的力量。当你开始关注鸟类并有所发现时，你就可以发现大自然的奥秘。鸟儿邀请我们进行创造性想象，让我们获得灵感、创造力，增强知觉力，更好地掌控周围的环境和自己的生活。这将是鸟图腾带给我们最有效的启示。

鹰之舞

特定的服装和举动都是为了唤醒各种动物内心的原始力量。鹰之舞是很多种族的信仰之舞。鹰是一种有力量的图腾，因为它能一飞冲天，人们相信它与太阳紧密相连,它的力量通常藏于火中。鹰的羽毛以及飞翔的动作，都能展现它的力量。不同类型的羽毛代表着鹰的不同方面的能量,飞羽代表力量，绒羽代表呼吸。

空气精灵——羽毛的暗喻

当你开始研究和珍惜你遇到的这些鸟时，你会发现冥冥之中自己与羽毛有着不可言说的缘分。羽毛不仅与鸟类紧密相连，同时也是与空气的能量紧密联系的纽带。很多古老的故事会讲到大自然的语言，认为整个生命体系由看不到的物质组成。这些人类看不见的物质，是我们通常所称作仙境的成员——仙女、精灵、小妖等。

童话里满是这种与空气物质紧密相联的生命故事。这些生命大小不同，形状各异，有大到能呼风唤雨的妖魔，也有小到随风漂浮的精灵，有的像尘埃，有的如天使。当与空气相关的物质被供奉时，它们也就随之出现了，与鸟图腾有关的人们都跟它们有联系。

仙女和空气的精灵总是通过鸟类来帮助人类理解思想的力量，通过鸟类，它们帮助人类开启智慧之门。

羽毛则是与它们之间联系的直接纽带。羽毛是一种辅助语言，像符号和礼物一样，它们也有特殊的暗喻，最常见的如下。

1. 与造物主和灵性力量直接对话；
2. 引路人；
3. 人际交往工具；
4. 你的潜能或是你必须面对的周围环境中的一种能量；
5. 你能加以利用的一种灵性力量；
6. 与大自然对话的使者；

7. 预兆和象征；

8. 其他灵性力量的参照物；

9. 一种启示；

10. 一种感召力。

所有羽毛都有上述的寓意，不过仍要仔细研究每一种鸟和其羽毛，发现其独特之处，并将鸟类身上的特点、行为与你自己的生活联系起来。当你这样做时，你就拥有了鸟和羽毛具有的那种灵性力量。

第7章

这只鸟想要教会我什么？

鸟是人类生活中的一分子，但大部分人对它们并不在意，或者干脆忽略它们的存在。即使他们关注，关注点也是在鸟的捕食者身上。鸟的捕食者是鸟世界中的贵族，它们是权威的象征，是美感和能量的使者。

所有的鸟类都被直觉和习惯性思维所控制，它们天生就具备在各种环境下生存的能力，这是它们的本能之一。任何鸟图腾都能教给我们在不同环境下直觉反应的能力，这样我们就可以学会运用先天的直觉更有效地掌控我们的生活，而不是被生活左右。

然而，在向鸟图腾学习时，你必须谨慎看待鸟的力量，避免产生误解。如果你想深入了解灵性力量，想了解大自然灵性力量的呈现方式且与其产生共鸣，那么从鸟类的灵性力量入手不失为一个好方法。

鸟类在动物界是“装傻”高手。说它们是高手，是因为它们会随环境的变化而改变自己的生活习性。如果人类具有鸟类这种适应各种环境的生存能力，人类将会取得不可小觑的成就。

鸟的身体生来很轻盈，这使得它们的新陈代谢过程较快，身体因此变得更轻盈、更易飞翔，这对飞翔来说是至关重要的。那些想与鸟图腾和谐共处的人可以借鉴鸟的灵性力量，来帮助他们调整自己的新陈代谢。与鸟图腾共处，会教你放松，这种放松不是身体上的，它是一种意识上的解放，使人们不论身处何种环境，都能轻松应对。

鸟类的消化系统比一般的动物更完善。它们新陈代谢的特点是迅速吃掉食物然后频繁地进食，但是每次都吃得很少。那些要与鸟类图腾共处的人，可以从鸟类特殊的进食习惯中得到一些启示，来有效改善他们的消化系统。今天的营养学家常常推荐一天之中要少吃多餐，这与鸟类的饮食习惯如出一辙。饮食规律对人类来说非常重要，这会让人类的身体变得更轻盈、更健康。很多鸟也有行为迟缓的时候，这时身体需要的食物较少。它们会在自己的窝里放慢速度，心跳会慢下来，呼吸的频率也会降低，体温也相应下降，这在很大程度上有些像哺乳动物的冬眠。对鸟类来说，这样的调整能帮助它们飞得更远，充分利用摄入食物的全部能量。

那些拥有鸟图腾的人也可以培养出与鸟类相同的能力。观察你的鸟图腾的进食和消化的习惯，你会发现，当你研究它时，你的新陈代谢和消化系统也会呈现出与鸟类相同的进食习惯和行为模式。如果一只鸟作为图腾闯入了你的生活，它将促使你在饮食习惯上发生相应的改变。你会更关注会饮食、新陈代谢和消化，也会时常提醒自己：“这只鸟想要教会我什么？”

鸟会教你新的呼吸方法，让你身体的新陈代谢变得更健康。鸟还会教你如何从体内食物中汲取额外的能量。我们可以研究鸟类的呼吸方法，通过户外运动和呼吸练习，让你精力倍增。

通过呼吸和放松练习，你会发现不用费很大力气就能完成生活中的很多事情。瑜伽等很多方法可以帮助我们的身体放松，直面许多身体健康问题。

所有的鸟都有极佳的视力，鸟头两边都长有眼睛，这使它们能同时看到多个方向的事物，具备判断距离的超强能力。鸟图腾能教会我们同时注意多个方向（包括时间纵线——过去、现在和将来）的变化，它们能帮助我们看清更长远的事情，让我们增强直觉辨别力。

鸟类的脖子非常灵活，这使得它们能够及时关注到周围发生的事。对于任何一个拥有鸟图腾的人来说，保持脖子放松和灵活是很重要的。在做日常伸展运动的时候，你不仅会发现你的身体得到了放松，你的直觉也越来越敏锐。如果有一只鸟进入了你的生活，可能是因为你能更快地感受到周围的变化。也许在提示你：你太墨守成规了吗？你害怕向前看或向后看吗？你拒绝向他人学习吗？你做好开阔新视野、拓展新领域的准备了吗？

通常，鸟图腾还暗示着一个关于世界和你的生活更有创造性的远景。许多鸟尤其是猛禽，有三层眼皮。“3”是一个代表创造力和新生的数字，它象征着新的视野。

研究鸟图腾的飞行模式和行为，会让你获得更多的信息。所有鸟类都以两种基本方式飞行：一是拍打翅膀；二是降落和一飞冲天。拥有鸟图腾的任何人都应该学会鸟的飞行模式，有时振翅，有时滑翔，有时一飞冲天。你了解鸟类飞行的自然规律，就会发现，你在生活中也会自觉地遵循这种规律做事。你将不急不躁地以不同的方法应对不同的事，到那个时候，会发现自己常常事半功倍。

对鸟类来说，迁徙是很平常的事。迁徙，简单地说就是为了寻求食物，从一个气候带迁移到另一个气候带。鸟儿知道什么时候启程，要走什么路线，飞去哪里，什么时候准备返程等。它们不用跟着以前迁徙过的年长的鸟类，似乎生来就具备这种能力。如果你的图腾是一个迁徙鸟类，那就要好好研究一下它的迁徙模式，它会帮助你发现自己追逐的梦想，会让你成就自我。它也会帮助你为争取最有利的资源而迁徙，它们可能是食物、工作甚至是爱人。另一些鸟类则不用迁徙，它们自己发展出了一套自我适应的能力，可以自在地存活在出生时的气候带。这些不迁徙的鸟类，在很偶然的机遇下也会迁徙。这样的图腾提醒我们，任何时候都不要固守一隅。记住，灵活是鸟类教给我们的智慧。一般人认为猛禽不会迁徙，但是必要的时候，它们也会这样做。

所有的鸟类对季节变化都很敏感。随着时间的推移和锻炼的增多，你会逐渐具备感知你的鸟图腾顺应季节变化的能力。所有鸟都可以教会你怎样辨别季节的变化，甚至教会你怎样让自己发生改变。你的图腾有着普通和独特的品性，你观察得越多，就能越懂它的语言。你可能会知道它想告诉你的是哪些人生智慧以及关于你的人生的答案。

第8章

鸟对生命答案的传递

鸟儿总是被看成预言者，甚至被看作天气预报员，它们会和每一个想仔细聆听的人交流。他们必须学习和感知鸟是怎样将生命的答案传递到他们生活中的。实际上，我们是通过大自然和一切生物那里知道这些答案的。鸟类的飞行行为和方向不是偶然的、无意义的，它们飞行的时间、出现的地点以及遇到动物的反应，对我们来说都是富有启示意义的信息，都可以让我们领悟到与生命有关的意义。

练习一　想象自己就是鸟

我们涌现出和鸟类交流的想法，开始交流前的第一件事是花一点时间放松，让大脑安静下来。想象自己走出门，遇见了一只鸟，这是大自然在跟你打招呼。在脑海中想象，不管这只鸟给你带来了多么重要的信息，你就是你遇见的这只鸟，想象一下这只鸟将带给你怎么样的一天。

就这样想象，想象的细节越多越好。不要担心这想象会使你变得迷信，实际上，它只是个入门练习。它让你开始看到并作出反应，将自然作为你和你生命的信息源。要记住，鸟和心理活动有关，你的鸟图腾将带给你很多启示。

为了得到自然的回应，你应该培养一种心态。出门之前花点时间冥想一下，你希望信息怎样到达你的身边。如果鸟正好出现在你的右边，你希望它是什么含义，左边、北边、南边、东边、西边分别是什么含义呢？向上飞和向下飞又是什么含义呢？在这些事出现之前，你要先想象一下你希望它们分别代表什么意思。你不必和鸟待在一起，因为随着你和鸟的交流取得进展，你也会得到更多关于生命的启示。

注意鸟飞行的方向，这是聆听自然的一种古老的方法。有一种普遍的观点认为，出门时鸟向右飞暗示着一切都会很好，向左飞就意味着最好还是待在家里，不要出门。这几年来，我培养出了一种察觉能力，能判断鹰的姿势和活动通常意味着旅途中会发生什么情况。这就是你现在可以训练的能力。

每天花一点时间冥想，告诉大自然你准备接收的信息。你会渐渐增强对大自然和它千奇百怪的表象的回应能力。在进行下一步前，每天坚持冥想五分钟，坚持一个星期。

经过一周的冥想准备后，开始进行下一步行动。继续想象，请求大自然通过一只鸟给你一个信号，告诉你这一天将怎么度过。在你的脑海中想几遍这一天可能是什么样子。然后出门，深深地呼吸早晨的空气。

坐下来，放松一下，听、看。听到什么？看到什么？这一切让你感觉如何？这种感觉预示着你接下来的一天是什么样子。如果你看见了一只鸟，它是飞着的还是静止不动的，这预示着这一天是轻松的还是忙碌的。

鸟类所象征的特点

知更鸟 = 幸福和成就

金丝雀 = 治愈、敏感

乌鸦 = 智慧、警惕、魔力

鸭子 = 母爱、安慰、保护

鹰 = 超能力

雀 = 新的经历和邂逅

翠鸟 = 安静

猫头鹰 = 智慧、治愈、魔力

孔雀 = 智慧、华美、保护、力量

鸽子 = 安全感、繁殖、能量

乌鸦 = 预兆

天鹅 = 多愁善感、梦想家、长寿

火鸡 = 祝福

秃鹫 = 净化、警觉、守护者

啄木鸟 = 预言家

你要注意鸟类的基本特征。观察它的毛色，单是这些就能反映出很多信息。当你看见鸟时，它是在鸟群里还是落单了，如果在鸟群里，有几只呢？记住数量是很重要的。当你看见它的时候，它处于什么环境中？它是在晚上活跃还是在白天更活跃呢？

这些所有的信息预示着明天将是怎样的一天。相信你的直觉，这只是第一步，然后感谢那只鸟和出现在你生命中的大自然的事物。既可以在心里感谢，也可以是身体力行地祈祷，然后去做你这一天要做的事。忙的时候，不时停下来向外看看，那只鸟有没有出现。到现在为止，你早上经历的事情与你真正遇到的事有没有关联。在这一天结束的时候，回想一下，那只鸟的行为有没有对今天发生的事做出预示。信息怎样才能更清楚，只要你坚持，一个月内你就会发现鸟儿在这天开始之前，就已经能够准确地向你透露一些重要信息了。

练习二　模仿鸟的习惯和动作

自然界中的所有事物都暗含生命的答案。动物、植物、鸟类和石头都分别以独特的方式反映着大自然的灵性力量。你越能和自然和谐相处，就越容易理解自然的语言，越快拥有大自然的灵性力量。

一直以来，最常见也最有效的了解自然的方法就是模仿动物。设想动物们的姿势和动作，并把它们整合成神圣的舞蹈。通过舞蹈和画着动物的服饰，人们可以识别自己的图腾。通过模仿动物的动作和外形，你可以更好地感知动物的力量。这将会帮助你更好地理解那些自然界的特殊表达。找一些关于各种鸟的书籍和录像，研究它们的基本姿势和动作，观察它们是怎样行动和站立的，它们怎样支撑着头部的，它们走路的时候脚步是怎样的，然后，在家的时候模仿它们。把这看作是一种舞蹈，这种舞蹈就是在向你的图腾致敬，让你拥有动物图腾的灵性力量。

鹤姿

对从事于体力劳动与脑力劳动的人来说，仙鹤象征着内心平和、发展均衡。模仿它的姿态与动作，有助于你发现平衡而不乏动力的新天地。

练习三　观察蛋与鸟巢

要想解读你的图腾，首先你应该仔细观察你的鸟图腾的繁殖场所，从中可获得大量信息。

1. 分析它们交配和最常下蛋的时节，能够使你意识到你的潜能何时将更能为他人所知；

2. 从你的图腾鸟下蛋的数量，你能够知道要使自己的潜能有

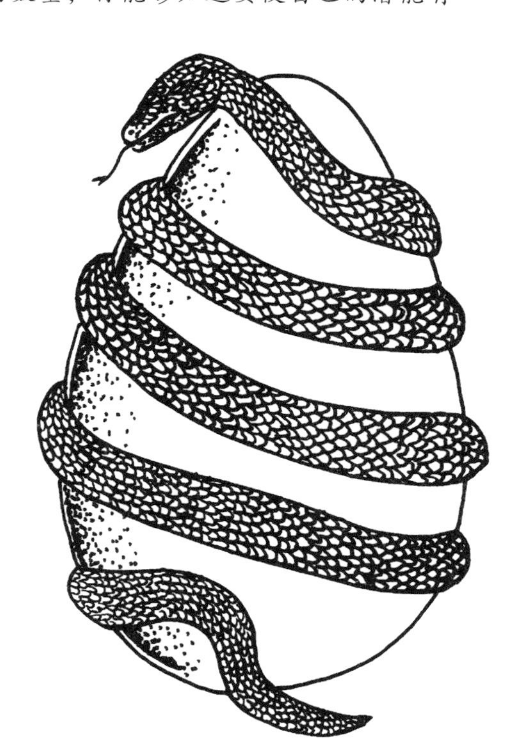

巨蛇与蛋

多种多样的神秘的蛋常常被作为象征繁衍与新生的最为古老的标志之一，当雄性蛋、雌性蛋以及巨蛇蛋出现时，它们就创造了新生。

所发挥，将有多少条路径可供选择；

3. 如果研究小鸟孵化前的孕育期，你可以认识到，要了解自己图腾的语言，要做多少准备，以及它对你的生活可能带来的影响；

4. 鸟由孵化到长大所需的时间，可以告诉你需要等待多久你的才能得到全面展现。

同样，从鸟的筑巢场所中，你能学到关于如何组建新家庭的最行之有效的方法，因为这里面体现了鸟怎样才能最高效率地开发自己潜能的全新状态。无论是巢的大小、构造，还是鸟巢的位置，对于你以及你的生活都有重要意义。

找到自己的鸟图腾，研究鸟是如何建造、扩充和利用自己的鸟巢。一些鸟类，拿乌鸦来说，总是在最高的树上筑巢，从而使得它在自己的领地上看得更远。还有一些鸟则每年都会筑一个新巢，而其他鸟类是在已有的鸟巢的基础上进行扩充。正确认识自己的图腾，有助于你选择自己家庭住所的理想位置。

练习四　静思

静思这一仪式主要是让你认识鸟类所具有的力量，以及那些在它们身上所展示出的灵性力量。这一仪式不仅增强你与你的鸟图腾之间的联系，还能使你从中发现真正属于自己的图腾。

这一仪式首先是为了达到一种效果，让你感觉到你与你的动物图腾心有灵犀；其次在于让你懂得鸟类所代表的和它们所实际具备的能力；再次是让你领悟鸟类飞行的最基本介质——空气。该仪式还将唤起你体内召唤鸟儿原始力量和鸟的真实形态的潜能。对于静思的人来说，现实情况下偶然能够有让自己的图腾展现在眼前的机会，图腾信徒们坚信着这一伟大时刻的到来，并持之以恒地静思。

在某种程度上，倘若你想与你的鸟图腾进行更深入的交流，也许会很希望能够有这样的静思练习，方法如下。

1. 确认自己在不受任何干扰的状况下开始静思，关掉电话，坐着或者躺着都可以，只要能让自己感觉舒适。

2. 你可以穿戴一些你以往制作过的鸟类面具或服饰。

3. 如果你有鼓或者其他发声乐器，可以拿出来用，敲击的节奏讲究缓慢和沉稳，五分钟的慢节奏击鼓对于让你迅速静思进而达到心神合一的状态大有裨益。假如你在静思过程中跟不上击鼓节奏，不要惊慌，只需中途停止击鼓就行。

4. 深呼吸。如果你感觉到紧张的话，那么建议你放松下来，你越放松，就越能从中获得更强烈的享受。

5. 请闭上双眼深呼吸。继续深呼吸，你会觉得凉爽的空气在轻抚你的脸，进入更深远的想象。

你发现你在一片绿色的草地上，郁郁葱葱的草就在你身边，摸起来软软的，空气里闪烁着太阳的光辉。环顾四周，你发现自己所在的草地坐落于巨大的高原上，四周都是羽饰，像一片片七彩云霞。你看到你居住的小镇，而你的家是那么的特别。

再一次感受到轻轻的风，一个影子从你身边掠过，暂时挡住了太阳。没多久，它消失了，过了一会儿又出现了。目光穿越远处的草地，你看

鹰面具，戴在头上的帽子面具

自己制作的鸟面具和服饰，穿着简单且便宜。这对认识你的鸟图腾来说，是一种美妙的方式。

见阴影原来是一只大鸟。每一次阴影掠过，都伴随着一阵风，你仿佛已经被强大又温柔的翅膀煽动了。

你仰望天空，当你看到这只巨鸟时，它猛扑过来，用利爪将你抓起，坚定而有力。

每一次呼吸都向你的头脑和身体注入快乐和活力，很快你就意识到你不是在呼吸，你就是呼吸本身。你站在悬崖边，感受呼吸的气流透过你，你觉得自己越来越轻，越来越轻，你像雄鹰伸展翅膀那样张开双臂，捕捉每一丝空气。你开始理解鸟儿离开地面那一刻的感受了。

你的手臂伸展开，飞出了巢穴。在缓缓的下坠之后，气流把你托起来。你开始滑翔飞行，像是变成了有着宽大轻盈翅膀的鸟，为了驾驭气流，你要向下顺势飞翔来适应它。

随着逐渐放松，你发现你正在慢慢地向下滑行。从这个视角来说，你好像将整个世界吸了进去。你看到了一切，每个人都像是新面孔。慢慢地，气流让你缓缓下降。你穿过云层飞着，然后看到下面是一片草地，中间是一棵树，而你正在向它滑过去。气流让你慢慢落下，你轻柔地伸出手触碰树枝，它帮助你控制自己，从而稳稳地降落在葱翠的草地上。

你充满惊奇，再次仰望着山岭和天空，搜寻那只把你托起的大鸟。天空中什么也没有，你失望地收回目光，却发现那棵树也消失了。在那棵树原来的地方，是一根木头手杖，它的顶端是一只鸟的形状，周围有着羽毛环绕。这些羽毛来自你生活中一直让你感到欣喜的那种鸟。你开始明白了，这是你的旅行手杖，借助它，你开始学会将鸟儿邀请进你的生活中。它会变成那棵大树，在它的帮助下，你将从此学会各种各样神奇的飞翔。

你双手举起手杖，伸向天空表达谢意，作为回应，一阵清风拂过。你闭上双眼陶醉其中，你深深吸入这清风的精髓，并鞠躬向长着翅膀的生灵致谢。

练习五　像鸟类那样呼吸

呼吸是连接身体和心灵的桥梁。呼吸看似平常，却是维持我们体内能量运转的关键，我们每个人都在不经意地重复这个动作。

瑜伽、道教的修炼方法里都有关于呼吸的训练。改变你的呼吸，就改变了你的能量运转方式，不仅有益于身体健康，还有助于净化我们的灵魂。观察你的鸟图腾的呼吸方式，像鸟一样呼吸，这也是增强你能力的途径之一。

鸟类的呼吸永远不会竭尽。它们能驾驭风的力量，利用空气来消化体内的食物。和鸟的灵性力量共处可以学会新的呼吸方法，帮助加快或减缓身体新陈代谢的节奏。

我们人类的呼吸是通过隔膜收缩肺扩张来完成的。大多数鸟类呼吸的方式与人类的呼吸大相径庭，它们飞行时主要依靠气囊的伸缩来协助肺完成呼吸。鸟类最有力的呼吸发生在飞行振翅中，因为那时全身的肌肉都参与了运动（包括翅膀上的肌肉），以保证飞行时的氧气供应。作为参考，你也可以练习加速或减速呼吸频率。一个人的呼吸率大约是 16 次／分，在运动时会增加 5 ～ 6 次（21 ～ 22 次／分）；而鸽子在休息时呼吸频率为 29 次／分，飞行时为 450 次／分。鸟的呼吸系统是单向循环，空气进入体内，直接在肺部更新。这也是在提醒我们，经常到户外练习深呼吸，比在家里运动要有效得多。

第9章

羽毛与飞行的奥秘

羽毛的奥秘

羽毛对于人有着天然的吸引力。我们喜欢与羽毛接触，喜欢拿着它轻轻挥舞，喜欢它拂过脸颊的感觉，甚至我们还用它制成被褥。如果我们把一支羽毛给了一个孩子，他就会用它扮演飞翔的小鸟，玩得不亦乐乎。我们都赞叹鸟儿的神奇，它们居然能够用这样脆弱而有力的东西飞翔起来。

羽毛已经变成了一种符号，它代表着平衡，代表着从地心引力中逃脱出来变得自由自在。

羽毛分为四种类型：飞羽、廓羽、绒羽和纤羽。

飞羽很坚硬，它的羽片会比其他羽毛更大一些。飞羽通常分为五类：初级羽、次级羽、三级羽、覆羽和尾羽。前三种羽毛使鸟儿能够起飞，推动鸟儿飞行并降低阻力。这使我们很容易联想到自己身上的一种力量，这种力量能帮助我们在沉思中达到新的高度，并将我们生活中的负担抛到脑后。

初级羽通常会成对脱落，左右对称。当一对初级羽完全更换成新羽时，次级羽毛才开始脱落。这样可以保证鸟儿总是身披羽毛，而不必面临换羽带来的潜在威胁，所以鸟儿总是有飞行的能力。如果你细心观察，常常会发现羽毛是成对掉落到你面前的，可能有一天你发现了一根羽毛，而两天后就会发现另一根。鸟类换羽的这一特点反映出了一种节奏，这种节奏可以让我们联想到那些母性的能量，比如说创造性的想象、生育和直觉等。

覆羽更小些，长在鸟儿翅膀上朝前端的位置边缘，使得翅膀前端更厚实，翅膀上面的空气流动得更快。尾羽的作用是舵和闸，类似于我们生活中那些能帮着我们掌控生活和适时停止的力量。

三级羽非常大，形状像蕨类植物。这是最常见的一种羽毛，多数人一想到“羽毛”就会想起它。三级羽包裹着鸟儿的身体，赋予它一个丰满的外形。这种羽毛能够使空气自由流过鸟儿的身体，从而使飞翔变得更简单。这就是为什么鸟儿可以借助羽毛飞起来，从而体会飞翔的奇妙。

绒羽藏在鸟儿的廓羽下面。这是一些绒毛，极其柔软。它们为鸟儿保持体温，抵抗气候变化，此外，绒羽还能将一些廓羽连接起来。绒羽可以不断生长，即使尖端被磨光了，它们也会变成粉末，帮助鸟儿滋养皮肤。它们也因此被赋予了一种象征意义——恒久的守护。实际上，绒羽对于改善人体皮肤也有很棒的作用，还可以用于心理分析，激活人的整个感官系统。

在心理学上，绒羽对于促进或是控制移情有极佳的作用，可以帮助人缓解激烈的情绪、思想甚至还有疼痛。

第四种羽毛被称为纤羽。它们常聚集在廓羽的羽根周围，通常长得像绒羽。熟悉鸟类身后的这些原始能量可以帮助你发掘你自己生活中的意义，帮助你发现与探究你自己生活中秘密的能量。

当一片羽毛成为你的囊中之物时，它可以激励你的生活，可以用来阻隔并且使你免受生活之苦的不利因素。羽毛以及羽毛所属的鸟的种类可以帮助你发现生活的障碍，从而保护你并且使你振奋起来。举例来说，鸽子这种鸟常与和平相关，对霍皮人而言，鸽子能将他们引领到水源处。

飞行的意义

羽毛在飞行中不可或缺的，然而，不同的飞行方式需要配以不同的翅膀结构。鸟类翅膀的骨架和人类手臂的结构类似，相当于人类手的部位，相对长得更集中、更长一些。正因为如此，鸟类的翅膀才拥有了更强的力量，同样，这也证明了鸟类是人类的远房亲戚一说。

不同的鸟类拥有不同的飞行方式，因此鸟类的体型也丰富多样。50年前，科学家们无法理解为什么蜜蜂会飞，从空气动力学的角度讲，蜜蜂的翅膀太小，不足以支撑其体重。现在人们知道了，蜜蜂是通过快速地抖动翅膀来实现悬浮和飞行的。事实上，正如鸟类破空飞行一样，企鹅也能在水中穿行。当鸵鸟奔跑时速达到 40 英里时，它们会利用自己的翅膀来掌握方向。这让我们意识到，抛开外在条件不谈，我们仍拥有突破到新高度的能力，所以应该寻找最适合自己的方式。

比较常见的翅膀结构有四种。你应该考虑一下，看看你喜欢的鸟类是哪种结构，以便找出哪种飞行方式能给你的生活带来帮助。

1. 大、长且宽的翅膀不利于悬浮，却利于高空飞行和滑翔；

2. 小、呈后弯式的翅膀能带来超快的飞行速度和机动性；

3. 长且窄的翅膀，通常意味着每次拍打都要消耗巨大的能量，但十分有利于滑翔；

4. 短、宽且呈拱形的翅膀有利于快速起飞。

对于任何鸟类来说，起飞和降落是它们飞行当中最危险的两个时刻，如果没准备好就起飞和降落，会非常危险。拥有鸟类图腾的人，要尤其重视这一点，尤其是当一切与你的生活关联，或者当一切发展到一个新维度的时候。如果你准备不足，或者准备松懈，将会带来严重的问题。因此，要学会在任何情况下都能迅速地理清思绪，让自己达到平衡且受控的新维度，这才有可能避免不必要的风险。个体，包括鸟类，如果不懂得适度练习而一心求速度的话，通常会给自己带来这样或那样的伤害。鸟儿的飞行习惯，可以教会我们如何安全并简单地实现我们要达成的目标。

你在生活中付出努力的时候，总会有些因素会影响你的起飞和降落，正如鸟类一样，速度、翅膀的大小以及翅膀的倾斜角度都会对起飞和降落产生影响。鸟类自身体型越大，体重越重，它起飞就需要获得更多的外界支持。由于自身体型的原因，秃鹰要想起飞的话，要么以悬崖边上出发以取得上升的动力，要么就得去找一股呈螺旋式上升的暖气流，而潜鸟则无法从陆地起飞，它必须在水面上奔跑以获得腾空的动力。你喜欢的鸟类又是怎样成功起飞的呢？这些将会告诉你如何在生命中开始行动。你会像秃鹰一样，需要外界来给你提供助力吗？

着陆比起飞要困难得多，它象征生命的结束和进行新的转变时机。在飞行的过程中，一枚新下的蛋是安全的，但飞行因遇到地面而中止时，它就难说了。对于一只鸟来说，飞行时可能会遭遇树枝的阻挡，可能会遇上一阵强风，因而鸟的双脚要能够克服这些外力的阻碍。这同样提醒我们，不管我们的飞行能力有多强，都要保证顺利地停止飞行，安全着陆。在有形的世界里，环境经常变换，而我们必须适应变换的环境。我们对自己的能力要能够收放自如，随机应变。

第10章

鸟图腾词典（51种）

要理解鸟图腾，首先得仔细研究鸟类。普通的一瞥起不到什么作用，漫不经心地观察它们的品种和行为，将导致你错过一些重要信息。我们往往容易误解它们所扮演的角色，尤其在开始阶段。

先从问自己一些基本问题开始。

1. 它是什么颜色？

要记住，颜色的意义重大，且具有代表性。一些鸟类和其他动物会随着季节的变换改变自己的肤色。你可由此问问自己，这对于你的生活有何启示。

2. 它有多大？

3. 它外观如何？

4. 它的表现如何？

5. 它如何飞行？

鸟类如何飞行这一点很重要，鸟类在哪里飞行也一样重要。如果鸟类迁徙，它将迁往世界上一个特别的地方，你可从中获得很多信息。要记住，鸟类飞行的方向同样具有启示意义。有些时候，鸟类迁往的地方能反映出你原来的生活对你的影响，并让你从现有的生活中发现更多有利因素。

6. 它从哪里来？

地区对于鸟图腾来说，和其他方面一样具有代表性。一些鸟类和其他动物实际上是由其他国家引进的。倘若这样一类动物作为图腾进入你的生活，那么它能够反映出你以往的生活与那一地区或时期的联系。

7. 什么时候最常见到它？

你从每天最常见到它以及它最活跃的时间段，可以得知它何时精力最为充沛，并能在自己的生活中切身地感受到这一点。

8. 它发出了什么样的声音？

观察鸟类声音常常在何时发出、怎样发出，可以看出这类图腾所具有的能量状况，因为声音的状况是鸟类精力旺盛与否的表现。

9. 它最爱吃什么食物？

要知道，食物链总是处于平衡状态的，所以它的主要食物来源也常常是其他一种图腾。

10. 它何时繁育后代？

通常说来，生育期能反映出鸟类处于最旺盛、最多产、最明显的能量阶段。

11.它居住在什么样的环境中?

要记住，它居住的环境好坏将关系到你日常生活中的精神状况。它是栖于林木还是灌木，亦或居于开阔地带?你要做的仅仅是找出它居住在哪里。

接下来的部分将引导你入门，书中关于鸟类介绍的关键词以及它们活跃期的说明都是指南与索引。鸟类的关键词是在我的研究与观察基础上对鸟类所体现的精神的一种梳理。书中关于鸟类活跃期的说明，或者可以启示读者鸟儿在哪年哪月甚至哪一天最为活跃，或者根据它的交配季节，让读者能够发现它最合适的繁殖期。当然，在读者们自己更为深入的研究中，也许能够找出鸟儿更适于繁衍、能力更强的时期，那你们大可使用新的资料。请谨记，书中的内容都是作为引导，仅供读者入门研究而已。

金丝雀

关键词： 歌声的力量

活跃期： 全年

金丝雀本来是橄榄绿或黄绿色夹杂带着黑黄条纹的鸟类，几个世纪的繁衍使它们拥有了纯粹的黄色。黄色代表了快乐的力量，它们美妙的歌声可以治愈心灵上的创伤。

德国有一个金丝雀繁衍中心，在那里，金丝雀被训练唱歌，这会把金丝雀作为图腾的人跟古老的游吟乐手联系在一起。中世纪，一批游吟诗人团体在欧洲盛行，其中在德国纽伦堡有一批游吟诗人，他们发掘出了音乐的力量，这种力量包括身体的力量和灵魂的力量。这也是我们现在所熟知的民谣风格的一部分。那些以金丝雀为图腾的人，前世也一定是个游吟诗人，希望了解更多关于音乐的奥秘，了解音乐如何治愈病痛并降福于世人。

在与金丝雀进行沟通的过程中，你声音的能量将被唤醒，这并不仅仅只代表你的音乐天赋。无论是说还是唱，声音都是宇宙间最有力的能量。拥有了声音，你就可以唤醒直觉，治愈灵魂的负面情绪，并且拥有快乐的能量。当金丝雀以图腾的形式出现时，你就该问问自己，一直以来最喜欢唱哪一首歌？是否有一些苦涩的音符在你的生命中回响？它们是从哪里来的？你会发现，那些你说出来的美好会变得更加美好，你说出的痛会让你感觉更痛。你说的话拥有了更大的影响力，因为金丝雀唤醒了你身体中声音的能量。

金丝雀曾被带到煤矿中去检测有毒气体，它们非常敏感，一旦有毒气体存在，就会很快死亡。新鲜空气对于金丝雀的歌声来说是最重要的，它对你来说也将愈加重要。如果金丝雀是你的图腾，你必须注意自己营造的谈话氛围。随着磨炼次数的增加，你会发现你的生命开始谱写新的乐章，而那些苦涩的乐符已经渐渐消失不见。

红衣凤头鸟

关键词：觉醒，重现生机

活跃期：全年（通常以12个月为一期）

很多人能轻易分辨出这种红色的鸟。它同样属于雀科，雀科的研究资料对理解红衣凤头鸟图腾也是有帮助的。跟其他鸟不同，它们通常一年四季都栖息在同一个地方，我们全年都可以感受到它们的影响力和能量。它们告诉我们，无论什么时间，我们必须一直保持充沛的精力，并充分意识到自我价值的重要性。

红衣凤头鸟

红衣凤头鸟的出现反映了我们需要重获新生，意味着我们应该包容并接受一个新观念，即要真正地看重自己。

红衣凤头鸟的叫声清脆响亮，我们要仔细聆听，关注到底是什么声音正在风中飘扬。在红衣凤头鸟的种群中，雌性也会一起加入鸣叫的行列，这在鸟类中很不寻常。这说明我们必须学会聆听内心深处的声音。雌性鸟通常比较安静，所以那些图腾为红衣凤头鸟的人，在创造力和直觉方面有特殊的能量。

所有的红衣凤头鸟都很友善，它们以杂草和害虫为食，蝗虫便是害虫一种，但蝗虫很可能会损害它们。红衣凤头鸟的饮食习惯警示以红衣凤头鸟为图腾的人，必须要非常注意自己的饮食，因为食谱可能会对自己有害，从而影响身体的健康。

雄性红衣凤头鸟是好家长，它们通常会协助雌性一起进行孵蛋工作，喂食巢内的雌鸟和小鸟。通常雄鸟的颜色比较明亮，但当它们参与孵化的时候，为了伪装，通常会变成与雌性一样的颜色。这其实向你传递了责任感和协同工作的一些重要经验。

红衣凤头鸟的出现会使整个环境更加耀眼。它们十分引人注目，为我们的生活增添了许多色彩。当它们成为图腾时，提醒我们要努力成为人群中的焦点。

猫鹊

关键词： 交流

活跃期： 春季与初夏

这种头部为黑色和深灰色的鸟儿是以其像猫一样的叫声而命名的。它是才华横溢的不倦歌手，能够发出各种各样的声音。这种能力，尤其是发出猫一样声音的能力，是精通外语的象征。

那些以猫鹊作为图腾的人会发现能够习得一种新的沟通方式。这也许与实际学习一门语言有关，尽管知更鸟对于语言的学习更有效率，而猫鹊却反映出更加容易地读懂一个人的心思。

猫鹊是一种好管闲事的动物。它的出现提醒你要谨慎对待你要说的话与诉说的对象，因为事情被公开和被扭曲的可能性很大。它的存在也暗示其他人过于窥探你的个人生活，或者你正试图窥探别人的生活。猫鹊通常一季哺育后代两次，也会迁徙，它的存在意味着一个生命中简短而丰裕的阶段即将来临。

猫鹊图腾的存在，也宣告着你将会遇见超越你平常的交际圈内的人。猫鹊通常在人类居住的区域内筑巢。以猫鹊作为图腾，你可以在生命中寻找新人来帮你提高交流能力。

公鸡

关键词：魅力，警觉，复兴

活跃期：破晓

公鸡长久以来都具有一定的象征意义，首要的象征就是性魅力。由于它清晨啼鸣，还被认为是太阳的象征。每一天当太阳升起，公鸡都预示了这一复兴，也意味着夜间横行的鬼怪在白天将不复存在。另一个将公鸡与复活相联系的原因，是公鸡预示了耶稣降生。

当母鸡在院子里的时候，公鸡会表现得非常警惕。它会不停地走来走去，很多人认为警惕性是保持精气神儿的首要因素。《圣经》中提到，当彼得拒绝耶稣时，公鸡啼叫了三声。警惕性这一精神上的含义，在四世纪被延伸为另一种说法，即公鸡会预报末日审判的到来。

鸡也是中国传统的十二生肖属相之一。它们的特点是充满热情和幽默。尽管人们普遍认为公鸡行为古怪，外表华丽，但它们对生活却抱有坚定的信念。如果公鸡是你的图腾，它也许是想向你传达同样的信息。当然，它的出现也可能是为了教你如何更坦诚地面对生活。公鸡能激发你的积极情绪和乐观心态，让你散发出独特魅力。

燕八哥

关键词： 亲子关系

活跃期： 没有特定的时期

燕八哥是黑鸟中体型小的鸟类之一，它们的羽毛并不全是黑色的，燕八哥是黑色的身躯上长着一个深棕色的脑袋。这两种颜色的组合，可以提示我们，要时刻保持与大地的联系，要勇于承担责任。

燕八哥通常被看作一种残忍的鸟类，因为它们习惯于将自己的蛋下在其他鸟类的巢中，让其他鸟类替自己照看孩子。麻雀和知更鸟是它们最喜爱的托管对象。产下蛋后，它们就会离开，将自己的蛋留在麻雀或知更鸟的巢中。麻雀或知更鸟就在无意识中替它们担负起了孵化蛋和养育幼鸟的责任。刚被孵出的小燕八哥的体型会比其他刚孵出的小鸟大，出生后它们很快就能控制其他的小鸟，从它们的嘴中抢夺食物。因此，麻雀或知更鸟为了喂饱它们，很可能要牺牲掉自己的一窝幼鸟。

这种行为对那些拥有燕八哥图腾的人来说意义非凡。它反映出了一个古老的问题，即父母遗弃子女，也反映出这个古老的问题亟待解决，它还反映出我们到了该重新确立父母立场的时候。燕八哥出现在你的生活中，可能是为了告诉你，你太溺爱孩子了，你对孩子的生活干预太多了，也可能是为了告诉你，你对自己的孩子不够关爱，没有给予他们应有的呵护。当你在生活中见到燕八哥时，就应该好好反省一下，在亲子关系中，你承担了应负的责任了吗还是负担太多了，你与孩子之间的关系均衡吗。

我见证过许多这样的事情，当那些被收养的孩子打算寻找自己的亲生父母时，燕八哥就会走进他们的生活，成为他们的精神图腾。燕八哥可以帮助那些寻找亲生父母的人解决许多关于收养的问题。

鹤

关键词： 长寿，精力充沛

活跃期： 全年／白天

中国传统文化认为，鹤是力量的象征，还象征着公平与长寿，是一种与太阳有关的图腾。鹤是一种水禽，因为水与柔性力量有关，所以它可以向我们展示如何发挥自身的温柔魅力。

我们在照片中看到的鹤大部分是成年鹤。这可能是由于幼鸟的数量很少，加之成年鹤很注意保护弱小的幼鸟，很少让它暴露在外。在哺育幼鸟的过程中，鹤保持了高度的隐蔽性。以鹤为图腾的人，要注意提醒自己是否自我保护意识过强，对新生事物过于抗拒。

尽管鹤一次会产下两个蛋，但一般情况下它们只会孵化其中一个，这体现了集中精力做事的重要性。父母在养育孩子时，应该用心呵护孩子健康成长。把鹤作为图腾的妈妈，一般会放弃工作，当全职妈妈。但实际上，许多妈妈必须工作来挣钱养家，这时我们可以从鹤身上学到如何兼顾家庭和工作。

鹤还可以代表过去的生活经历，在中国，它是“鸟中皇后”，而在日本，它被比作“尊贵的皇帝”。因为在东方神话中，鹤有崇高的地位，常与神圣的太阳和挺拔苍劲的古松联系在一起。而在凯尔特人的神话故事中，鹤被用来祭祀死神，预示着战争和死亡。

鹤的叫声洪亮，平缓而有韵律，像是一种原始的庆祝新生的方式。鹤可以教会我们如何在工作中集中注意力，以激发潜能并充分展现自己的创造力。

乌鸦

关键词： 奇迹，创造力

活跃期： 全年 / 全天

乌鸦有一种特异功能，这种功能大多数鸟类都不具备，那就是让自己变得快活。它们深谙这样一个道理：宁做鸡头，不做凤尾。

在日常生活中，我们听到乌鸦的叫声心里总会有一些不快，而在神话故事中，乌鸦一直给人一种神秘感。把乌鸦作为图腾的人，可以研究它的生活习性，并了解它的神秘故事。

乌鸦最显著的特点就是它的黑色羽毛，有时还夹杂着一些深蓝色和紫色的羽毛。黑色代表母亲的创造力，因为可以孕育出生命的子宫内部就是黑色的。夜晚也是黑色的，所以人们常说“是黑夜孕育了新的一天”。乌鸦主要在白天活动，这就暗示人在白天有无限的潜力和创造力。在古罗马神话中，乌鸦的羽毛颜色曾和天鹅一样白。但是有一天，一只白天鹅在德尔法（众神之地）发现阿波罗的情人怀孕了。它把这个消息告诉了阿波罗，阿波罗很生气，就把气撒到乌鸦身上，将它变成了黑色。

直到现在，乌鸦仍然有很强的警示作用。它们经常把巢建在高高的树冠上，就像哨兵一样，可以监视它们的整个居住地。偶尔我们会看到乌鸦攻击同类，据说这是因为被攻击的乌鸦没有履行好职责。当有危险时，乌鸦还会提醒同类和其他动物。人们曾发现，看到猎人出现时，乌鸦就会制造骚动，提醒鹿群和其他鸟类赶快离开。乌鸦对各种危险时刻保持警惕，尤其是在进食的时候，也是最危险的时候。

乌鸦的这种警示作用，很大程度上归功于它极具辨识度的声音。乌鸦的叫声复杂多变，每种叫声都有不同的含义，听得多了，我们就会慢慢理解每种叫声的含义。乌鸦的叫声是在提醒我们，生活中随时都有可能发生奇迹。

乌鸦是一种很聪明的鸟类，具有超乎寻常的智商。它的适应能力也很强，几乎什么都吃，它超强的适应能力在很大程度上归功于杂食的特性。此外，乌鸦同类之间的沟通协作能力也很强，如果发现一只猫头鹰闯入它们的领地，它们会结群偷袭这只猫头鹰，并把它赶跑。

家养的乌鸦或鸦科类动物身上很容易带有它们主人的气质。一些人把乌鸦当宠物养，他们发现乌鸦很容易驯养，也很容易建立一种只属于主人和乌鸦的沟通方式。然而在野生环境中，尽管我们能经常看到乌鸦，却很难接近它们。我由此想到，在现实生活中，大多数人都意识不到去尝试改变的重要性。

乌鸦的求偶过程也充满了神奇的色彩。雄乌鸦在求偶之前会把自己收拾得干净利索，鸣叫声听起来更婉转，像是在歌唱“爱情能让你快乐”。雄乌鸦和雌乌鸦会共同筑巢，为了安全，它们会把巢建得很高，还会收拾得干干净净，即使是幼鸟，也不会把自己的巢弄脏。研究乌鸦的这一特性，可以更好地理解健康、家庭和自尊对一个人的意义。

关于乌鸦的神话故事很多，通过阅读这些故事，我们可以了解古时人们的生活方式和文化传统，还可以认识到乌鸦身上拥有的灵性能量。人们通过观察乌鸦飞行方式的变化，还可以预测台风、雨等天气情况。乌鸦一直被认为拥有神奇的魔力，祖父就曾经告诉我，见到死乌鸦预示着我们会交好运。

在中国，三腿的乌鸦被认为是太阳神，给人们一种高高在上的感觉。在阿拉斯加，亚大巴斯卡流域的印第安人认为乌鸦是造物主。凯尔特人认为乌鸦与创造力有关。在《圣经》中，希伯来先知以利亚在荒野中时就以乌鸦为食。在挪威神话中，北欧神话中的欧丁神就把两只乌鸦作为他的信使。

不管乌鸦在哪里，它们都与魔力相伴，它们是创造力和精神的象征，提醒我们要寻找机会来创造和展现生活的魔力。它们是信使，召唤我们去寻找潜藏在日常生活中等待我们去发现的创造力和魔力。

布谷鸟

关键词：预示着新的变化

活跃期：春天

在欧洲的各种语言中，布谷鸟的名字都是拟声词，就像它的叫声。

布谷鸟的叫声是春天里雄鸟吸引雌鸟的一种方式，预示着新的开始。布谷鸟的歌声也是在暗示我们要提高自己聆听的能力。我们在听别人说话时，不能只考虑表面意思，要学会听懂那些言外之意。

仔细研究布谷鸟，我们可以发现它与我们的生活有诸多联系。当你在生活中遇见一只布谷鸟时，你可以留心观察一下鸟嘴的颜色。布谷鸟的嘴的颜色很引人注意，通常是黄色或者黑色。如果嘴的颜色是黑色，它就是在告诉我们，要注意自己的言辞；如果是黄色，就是在提醒我们要学会与他人分享已经学到的知识。

布谷鸟一般不会自己筑巢，欧洲的布谷鸟同燕八哥一样，会以寄养的方式养育幼鸟。它们很会偷懒，会事先观察其他鸟类的巢，看里面的蛋是否与自己产下的蛋颜色、大小一样。北美的布谷鸟会自己筑巢哺育幼鸟，无论布谷鸟什么时候出现在你的周围，都预示着你的家庭会有一些变化。

所有鸟类几乎都不爱吃毛毛虫，但布谷鸟是个特例，它并不介意毛毛虫体外那层厚厚的绒毛。对于那些把布谷鸟作为图腾的人来说，这代表着一种与人友好相处的能力。我们在与人交往的过程中不能过度敏感，也不能只注重别人的外表，而应该多看到别人的内涵，只有这样我们才能够真正地了解一个人。

布谷鸟还能消灭一种极具破坏力的天幕毛虫，这使我们联想到，我们可以通过摒除一些坏习惯和消极想法，使自己获得新生。

布谷鸟的嘴是弯曲的，很漂亮，脚有四趾，两趾向前，两趾向后，这一特点能让它保持平衡，它飞行时疾速无声。这也让我们联想到，春天时一切事物的变化都是那么悄无声息，但又井井有条。从布谷鸟身上，我们可以学会如何让自己的生活变得有条理，张弛有度，并学会如何克服困难。

布谷鸟的叫声通常被人们赋予吉祥的意义。有人认为，听到布谷鸟在春天里的第一声鸣叫可能会发财。还有人认为，听到它的歌声时许个愿，这个愿望就很可能会实现。单身的人，从它的叫声中可以判断他的姻缘会何时到来。

现在，欧洲还有很多人相信布谷鸟能够准确地预测雨天。有一段时期，人们甚至把它叫做“雨鸦”。在瑞典，人们认为听到布谷鸟鸣叫的方位不同，可以预测一个人的运势。如果从北面听到布谷鸟的声音，会有不好的事情发生；从东面听到声音，则会化险为夷；从南面听到声音，这个人即将死亡；而从西面听到声音，这个人会交好运。

研究布谷鸟和它的叫声，能让我们更好地理解生活中的新变化。

鸽子

关键词： 和平，母性，预言能力

活跃期： 黎明／黄昏

关于鸽子的神话故事有很多，大多都与女性或母亲有关。在希腊神话中，阿芙洛狄忒（司爱与美之女神）就是从一个鸽子蛋中长出来的。亚历山大一直寻找的神谕最终就是被鸽子发现的。斯拉夫人认为，人死后会变成一只鸽子。炼金术师把鸽子视为精华的象征。它还与阿施塔特（司爱情与生育的女神）和伊希斯（古代埃及司生育和繁殖的女神）有联系，所以用来象征女性的生育能力。因为与众多女神有关，它还被认为是母亲的化身。我们常说的信鸽，就是在我们生活中普遍见到的由鸽子衍生、发展和培育出来的一个种群。人们利用信鸽是因为鸽子有天生的归巢的本能，人们培育、发展、利用它来传递紧要信息。研究鸽子的习性，能帮助我们更好地理解鸽子在我们生活中的意义。

鸽子是一种在地面觅食的鸟类，这反映了它亲近地球母亲的本性，象征着地球拥有无限创造力的母性能量。鸽子主要以各种谷粒为食，但也会吃一些沙子，将其存在砂囊（鸟类的胃）中，以帮助消化。把鸽子作为图腾的人，会发现多样化的食物能帮助我们消化，还能增强体质。

鸽子的叫声最具辨识度，它的声音像是雨滴的声音，因此，它的叫声也象征着生命之水。它的叫声是在提醒我们，无论现状怎样，我们的生命中总会出现新的生命活力。它还让我们铭记，地球母亲是一位伟大的女性，它能让所有生物获得新生。

尽管我们在白天也能听到它的叫声，但似乎在黎明和黄昏会更清晰。黎明和黄昏都属于“过渡时间段”，在这段时间中，人间与仙境、过去与未来的界限会变得模糊，也就是说，人在这个时间段的创造力最强。

鸽子能用歌声向人们传达信息，它的叫声总是会触动人们的情感。小时候，在夏天的清晨，我爱早起，我还记得每天迈出大门，就可以沐浴到温暖的阳光，林间还会传来鸽子那甜美的歌声。它的歌声通常能让人们内心燃起希望。鸽子的歌声就是在告诉我们，在怀念过去的同时，也要憧憬未来。它是一种有预见能力的鸟，能帮我们预见生活中会有哪些改变。

鸭子

关键词： 舒适感，安全感

活跃期： 春天 / 夏天

鸭子是我们最常见到的一种水禽。因为与水有关，它们也象征柔性力量和人类的情感。水是生命之源，没有水，任何生物都不能存活。鸭子的出现就是在提醒我们要靠饮水来维系生命活力，还要保持自己的情感特质。

所有鸭子都会游泳，有些可以潜入水下100呎深处，其余的则在浅水处轻啄觅食。这从侧面提醒我们，即使物质匮乏，精神食粮也可充饥。除了林鸳鸯，其他鸭子都生活在水中或岸边，陆地上的林鸳鸯并不经常迁移。有些人将鸭子作为图腾，这反映出他们对于生活中的人际交往方面感到不适，他们需要和那些追求生命真谛的人一起，在独处时寻求舒适，鸭子时刻提醒我们，这个机会一直都存在。

鸭子的颜色决定了它将在你的生活中所扮演的特别角色。大多数鸭子有很多种颜色，绿头鸭和林鸳鸯就拥有从白色到深蓝绿的绚烂色泽。绿头鸭是鸭类中多产的品种之一，它们可以表现得很友好，也可以表现出丰富的情感，甚至还会模仿。我曾领养过绿头鸭，饲养到一定年龄就会被放回野外，让它们去特定区域繁殖。在饲养它们的那段时间，它们总是跟着我四处走，毫不掩饰对我的喜爱。它们是群居动物，喜欢有人伴随左右。无人时，它们就会回到让自己感到舒适、安全的地方。这也

林鸳鸯

林鸳鸯是鸭子中特殊的一类，它们不仅会爬树，而且会将巢筑在树上。然而与其他鸭类一样，它们能帮助我们建立连结自身原始能量的纽带，正是这种原始的能量，有助于我们获得情感上的舒适度，并激发我们的保护欲。

给我们以启示，为人处世总要让自己感到舒服，就像鸭子那样。当夏天来临，大多数雄性绿头鸭会经历“月食”阶段—— 一段无所畏惧的时期。在这段时间，它们会“穿上”像母鸭子抚养小鸭子时的褐色羽衣作为保护伞。即使雏鸭也敢轻易下水，这提醒我们不要过于封闭自我，我们应该像发掘生活中的其他事物那样，学会释放自己的情感。雏鸭是如何离巢并居于水上的，这一点不得而知，但被普遍接受的一种说法是，雏鸭是凭一己之力从树上跳下来的。

总体而言，林鸳鸯有很多令人着迷的习性。当你研究它们时，你总能找到一种方法将这些习惯应用于自己的生活中。

鸭子在水上是优雅的，把它们作为图腾，有助于你以更多的优雅姿态来处理自己的情感。它们指引我们如何在生活的起伏中应对自如，在处理情感纠葛时，将鸭子作为自己的图腾，等同于向心理咨询师求助。

雕

关键词：灵魂的灯塔，治愈能力，创造力

活跃期：四季的白昼

雕是伟大的为人所敬仰的以捕猎为生的鸟之一。对很多人来说，它是灵感的象征。它们翱翔与捕猎的能力让所有见识到的人都叹为观止。事实上，因为雕非常擅长捕猎，所以它们花在捕猎上的时间很少。而正是因为它们不仅仅是为了食物才翱翔天空，人们才更愿意把雕看作一种图腾。它会教你拥抱世界，而不是陷入某种情绪中难以自拔。

世上有很多关于雕的神话传说。宙斯经常变幻成雕的形态，以便于自己控制闪电和雷鸣。苏美尔人崇拜雕神，而赫梯人把双头雕作为他们的象征。人们也把雕和罗马帝国强有力的象征——朱庇特联系在了一起。在古埃及楔形文字中，雕是元音“A”的代表，同时也是灵魂的象征，还预示着生命的温度。在早期基督教神秘主义中，雕是重生的象征。在古阿兹特克族的传统中，主昭示人们寻找一只栖息在仙人掌上的食蛇雕，并在那里居住下来，这就是现在的墨西哥城。对印第安普埃布洛族人来

说，雕是天空之鸟，它可以螺旋上升，穿过云层的空洞，直达太阳，它和太阳所有的物理力量和精神力量都有联系。印第安普埃布洛族认为，世界有六个方向——北、南、东、西、上和下，雕是上方的象征，因为它能够向着高处飞翔，在这样的高度上，它可以纵览四方，由此，雕成为远视和感知力的象征。

世界上一共有59种雕，它们一般被分成海雕、食蛇雕、短翼雕和靴隼雕四类。每种雕都因其独特而美丽的颜色和羽毛图案，具有各自的特点。

海雕主要靠海中的鱼虾等为生。那些拥有白头海雕图腾的人，需要研究一下它与水之间的象征关系。水和鱼是生命和创造力的象征，同时，水将陆地和天堂分开，因此海雕就反映了在现实和梦想之间转变的能力，或是学习这种转变能力的必要。

食蛇雕通常头顶有羽冠，它们的脚趾短而有力，以便能抓住扭动的蛇，这显示了它们获取更高智慧——蛇的智慧的能力。

短翼雕是雕中最巨大和最强大的，它们有巨大的爪来抓住更大的猎物，其中包括鹿。对于其食物偏好的研究，能给你带来更多的信息。

靴隼雕在北美大陆上的代表是金雕，属于靴隼雕家族。它们通常都有着斗篷般的羽毛，围绕在它们的头颈部。它们的腿部也有很多羽毛，看起来像是穿着靴子。这些是无穷智慧、治愈力和创造力的象征。

雕象征着英勇、高贵和神圣的灵魂。它们是天堂的信使，也是太阳灵魂的化身。传说，随着年龄的增长，雕的眼睛会变得暗淡，然后雕会飞到离太阳很近的地方，接受太阳的炙烤，之后再寻找一个纯净的水源，三次投入其中。太阳的火与清洁的水是相对应的元素，在这一过程中，它们和谐共处，并带来了改变。这表示那些拥有雕图腾的人有以下需求：

1. 他们要参与创造；

2. 他们在极端环境中能够激发更强的生命力；

3. 他们非常希望用自己的热情来净化心灵，哪怕需要历经磨难；

4. 他们非常希望沉浸在自己真正的感情世界中，从而重新发现自己失去的童年，并唤醒童真、热情、创造力、治愈力和灵魂。

对于雕个性和行为的研究，能让你更多地了解其中的治愈力量。雕的足部有四趾。“4”是一种传统符号，它能帮助你建立一个坚实的基础。雕尖锐的喙可以切割、撕裂和压碎猎物。雕有着强有力的颚部肌肉，对于人类来说，颚能够帮助消化和说话，但雕却不是这样的。雕的语言能力很差，但是它的颚部肌肉却很发达。拥有雕图腾的人需要知道何时说话，说多少，怎么说。如果你不能够控制这种能力，它就很容易伤害别人（切割、撕裂和压碎的力量）。

雕的眼睛主要在头的前部，因此它们有和人相似的三维视野。它们可以看到前方和两侧，但视力却是人类视力的8倍。冥想“8”这个数字（尤其是它的形状，因为它的形状也是无穷的符号），你可以揭开围绕这种能力的更多秘密。对拥有雕图腾的人来说，他们会拥有新的视野，这种视野会跨越过去、现在，一直延伸到未来。

雕的耳朵比较隐蔽，一般人看不到，但它的听力十分好，它几乎可以像运用视力一样运用听力捕猎。对于那些拥有雕图腾的人，他们的听力都会增强，包括听觉和倾听的能力。

很多雕一生会保持忠贞。雄雕会收集筑巢的材料，而雌雕会进行实际的建造工作。这种角色分配值得所有人思考。它们的巢穴总是很大，并且

在很高的位置上建造，以保证安全。虽然筑巢的角色各有分工，但喂养幼雕的工作却由双方共同担当。这些行为暗示我们，合作和分工负责有着特殊的重要性。

雕是真正的捕食者。像其他任何捕食者一样，它帮助生物圈保持平衡。捕食者捕捉弱小和生病的个体，帮助自然界保持健康，阻止疾病传播。因此，那些拥有雕图腾的人本身就拥有治愈的能力。

雕在捕猎的时候，非常注意保存能量。它们经常会滑翔、等待，享受美妙的飞行和空中跳舞，而又始终保持很好的视野，在必要的时候疾飞捕捉猎物。这种懂得保存实力的意识，对于那些拥有雕图腾的人来说非常重要。

雕也是机会主义者。它们会让别的鸟类捕猎，然后从它们那里偷取食物。每当一只雕飞进你的生活，机会总是会随之而来（哪怕是那些早已失去的机会）。拥有雕图腾的人要学会看到并抓住那些出现的机会。

雕并不总是俯冲下来进行捕杀。它们对自己的双翼有着非常好的控制力，可以缓慢滑行，并在猎物没有感受到它们到来之前就将其猎杀。

它们甚至可以在空中暂停并保持一段时间，以便更好地调整攻击行动。拥有雕图腾的人，可以学习雕这种掌控时间和节奏的能力，学会飞翔、下坠和盘旋，从雕的翅膀中获得更多的经验。

与雕建立联系，意味着你需要承担更多的责任。从因果的角度来看，说明事情将会发生得更快，而你的思想、行为和话语无论正面或负面都会更快地带来更多的反应。接受雕图腾，意味着接受了一个强大的生命维度，它让你的灵魂负有更高的责任感。在这个过程中，你会变得更加强大，你将能够让梦想照进现实，治愈自己和他人，变成一个合格的调停者，并获得新的创造力。

雀

关键词： 多样的能量

活跃期： 因种类而异

一只成为图腾的雀总会给你带来更多的机会接触各种事情。雀有300多种，多样的种类反映出了它能将事物联系在一起的能力。如果一只雀飞进了你的生活，这就预示着你应该经历更多的事，去和更多的人交朋友。

对于雀的颜色，要尤其注意，不要只凭名字进行判断。紫红朱雀身上几乎没有紫色，它的颜色更像是一束旧玫瑰。你要研究雀出现的位置以及它的踪迹，不同地方的传说故事可能会告诉你很多信息，例如，金翅雀对于宾夕法尼亚的荷兰人来说，是幸福的一种象征。

雀能够唱出悦耳的歌曲，其中一些雀甚至被训练来唱歌。这反映了你生活可能会出现更多的潜在机遇。无论何时，当雀出现在你的生活中时，你的生活就会变得更加丰富多彩，充满生机与活力。

扑动鴷

关键词： 新的成长，爱

活跃期： 夏天（尤其在夏至期间）

对扑动鴷和它们普遍特征的研究，无疑将提升你对生命的认识。扑动鴷将树木中的生命力转化为大地上的生命。它们为了食物而敲击树木，从而给你的生命带来了新的节奏。

扑动鴷的头后部有一块红色斑纹，胸部有黑色斑点，这些都具有独特的象征意义。当它们从草丛中飞起来的时候，往往非常有力量，翅膀上还闪烁着金色的光辉。当你的生命中出现一只扑动鴷时，它反映了你心灵成长的新阶段即将到来。

它们头后部的红色反映的是对头部的精神中心的刺激，这些中心被刺激后可以带来新的变动。这反映了更强的天赋和直觉，并且通常反映着你生活中将会出现重大的、有创造性的改变，而你的天赋将成为改变的催化剂，你的生活也将发生重大的变化。如果扑动鴷是黄色的，意味你内心的想法会发生改变。

胸部的黑色月牙斑纹也很重要，这主要是因为它出现的位置。月亮是感性和情感的标志，而黑色的月亮斑纹暗示着新月。因此，扑动鴷是一种即将觉醒的能量的象征，这会刺激新的治愈能量，也说明你将会经历更强烈的感情。

扑动鴷的名字实际上和它发出的声音有关。它可以发出很多种声音，在交配季节，它们会展现出自己的音乐天赋。当然，是它们的敲击声将它们与音乐和韵律联系在了一起。

拥有扑动鴷图腾的人应该开始学习打击乐器，这些乐器并不贵，甚至很轻易就可以制造出来，但是它们却有极佳的治愈功能。

扑动鴷是击鼓大师。它们可以让你和世界上的其他任何节奏联系起来，它们可以教你倾听地球和地球上其他动物的心跳。鼓点象征着宇宙的自然韵律，它告诉我们，如果我们不与自然规律保持和谐，我们就无法取得成功。

扑动鴷生活在树林和其他环境中，它们会在树洞中筑巢，会把巢穴收拾得很整洁。它们是非常称职的父母，双方都懂得共同担负责任，因为扑动鴷的幼鸟有很多需求，这一点就显得非常重要。

扑动鴷用自己强有力的、尖锐的喙敲击树木来寻找昆虫和其他食物，它有很长的舌头，可以从树洞中获取食物。嘴是消化过程的起点，无论是食物还是语言，这反映了扑动鴷在你生活中可以扮演的不同角色。

扑动鴷两趾向前，两趾向后，这和大多数的鸟类不同，这种平衡让它们既可以在树干上保持平衡，也能帮助它们攀爬。对于拥有扑动鴷图腾的人，这一特征意味着你的生活将进入一种新的平衡状态，只要你的生活趋于平衡状态，你就会变得更健康。

如果扑动鴷进入你的生活，就意味着快速成长和信任，扑动鴷会唤醒一段新的旋律，让你掌握治愈的能力和机会。

黄雀

关键词： 自然的灵魂

活跃期： 夏天

黄雀的名字源于它闪亮的黄色羽毛。黄雀有黑色的翅膀，头顶还有一块黑色斑点。这种色彩组合具有很强的象征意义。

黄雀的存在通常意味着那些原本存在于小说中的生物开始觉醒和活动。黄雀可以帮助你增强感知力，便于你开始看到并感知自己精神世界的活动。这种感知力的加深反映在黄雀黑色的头顶花纹上，这些花纹象征着看到那些潜藏的能量。

黄雀通常定居在一个地方。那些黄雀定居的地方，通常还会有小精灵出没。黄雀喜欢在两种地形的交界处驻足，尤其是那些地方的新灌木丛，因为这些交界处是进入生命其他维度的入口。

黄雀筑巢的习惯，也反映出与交界处的联系。它们会将自己的巢建在枝杈上或是比较高的、向外延伸的枝条上。它们的巢通常由蓟花的冠毛做成。蓟是一种寓意着祝福的植物，它曾经被用来向潘神祈祷，它也是耐力的象征。黄雀是帮助我们与自然界相连接的鸟儿，它可以教给我们如何保护野生和家养动物。

黄雀很少有安静的时候。它提醒我们，自然一直在和我们进行对话，而我们应当学会倾听，并在各个层面上和自然对话。自然界的灵性力量总是围绕在我们周围。

冬天，黄雀雄鸟头顶黑色的斑纹会消失，亮黄的毛色也会变成一种如同橄榄般的黄色。冬天，自然界的灵性力量不像春天和夏天那样积极地表现自己，但这并不意味着它们不存在了，只是说它们不像之前那么容易被感知到。

黄雀飞行时的姿态上下起伏，这种规律可以被看作是为了帮助解开内心能量的枷锁，让它挣脱身体的禁锢。这种波浪形的姿态也同样反映了黄雀能够带领我们从关注内心转向关注外界，从关注现实层面转到精神层面。

雁

关键词：使命的召唤，神圣之地的旅行

活跃期：秋天（对于雪雁来说，是冬至和每个满月）

雁是一种存在于古代神秘学和符号主义中的鸟类。在罗马朱诺神殿中，雁是一种神鸟。雪雁还和希腊神话中的北风神有关，它在印第安人的药轮上还是冬至的图腾。

雁是反映童年快乐的图腾，反映着对那些故事和神圣之地的向往。我们童年时最爱的故事通常反映了我们生命的整个旅程，只有这样它才

会引起我们的共鸣。重读其中的一些故事，会帮助你认识你生命的轨迹。这些故事要么反映了生命的印迹，要么其本身就会给你带来一些新的想法。这和幼年的雁很类似，它们会跟着出生后看见的第一样会动的东西。

雁还是帮你进行沟通的一种图腾。它的羽毛在很长一段时间内都是人们最基本的写字工具。任何想从事写作的人，都可以将雁视为自己的图腾，它能够激发你的想象力，并帮助你克服创作的瓶颈。

雁羽最大的用途是制作床上用品，它同样被看作是多产和对婚姻忠贞的象征。对于很多人而言，睡在雁羽做的被子里会多子多孙，确保忠贞。雁一生只寻找一位伴侣，它们会一起抚养幼雁，事实上，这一点反映了我们对于一个特殊伴侣的需求。

雁比鸭子更有领地意识，而且是素食主义者。对于那些拥有雁图腾的人，他们需要更多地吃素，甚至是在一段时间内变成一个素食者。

在北美有 8 种雁。“8”这个数字和无穷符号十分类似，它象征着向前和向后运动的能力，对于雁来说，它象征着精神上的使命。它们的迁徙规律和行为更深刻地阐释了这一点。它们在秋季离开，这提醒我们要出去寻找新的世界。它们不停的叫就像在呼唤着我们，一起踏上完成伟大使命的征途。它们的归来是继知更鸟之后第二春到来的征兆。雁是迁徙的缩影，它们一直在变换着队形，以便形成气流，从而使队形后方的雁飞得更轻松。这提醒我们，只要有人开始了他们的征途，追随者踏上征途就会容易很多。雁从来不直接从某地飞到目的地，每只雁的视野都是开阔的，这提醒了我们不要忽视生命中的任何使命，一定要有全局意识。

V 字队形本身也有象征意义。V 这个字母来自于希伯来语中的“vau”，意思是钉子。这种队形通常意味着，我们将要踏上一条新的道路，它就像一个箭头，指引新的方向和可能。

雁只寻找一位终身伴侣，一起抚养幼雁，它们会轮换着守巢。幼雁十分安静，尤其是在它们刚出生不久时，在那之后，它们才会挣脱束缚。雁图腾反映了你挣脱童年束缚的能力，即将变成独立的自我。如果你获得了雁图腾，就会发现自己充满了对旅行的渴望，无论是真正的旅行还是精神上的旅行。

鹩哥

关键词：克制，感性

活跃期：早春

虽然鹩哥通常被认为和乌鸦、星椋鸟一样同属黑鸟家族，但实际上它并不是，它是与草地鹨和黄鹂同族的鸟类。这是一种有着很长尾翼的大型黑色鸟类。它的头部和肩部有闪闪发光的羽毛，周围光源不同，羽毛的颜色也会随之改变，可能会是蓝色、绿色、紫色或是铜色。

这个特质对于那些拥有鹩哥图腾的人来说，意味着改变的必要性。它说明了现实可能和你想象的有所区别，你看待它们的方式也可能有问题，尤其是和感情有关的问题。

鹩哥头上有紫色和铜色的斑纹，这意味着拥有鹩哥图腾的人，考虑问题过于感性。鹩哥的出现，会提示我们纠正这一点，学会理性地思考问题。

在求偶季节，雄性鹩哥会将自己的尾羽折成钻石状的槽，这种钻石形状反映了积极的一面，意味着你在面对感性状况的时候，要想一想你是否过于被动了，是不是在面对这些问题的时候只说不干。鹩哥会警醒你，要变得更为积极、主动，要少说话多做事。

鹩哥的上颚是坚硬的，这有助于它们食用橡子。我们经常听到这样的话：“这是一粒很难打开的坚果”，这反映了鹩哥图腾的特点。对你来说，要建设性地面对你的感情和任何困难，鹩哥可以帮助你明白怎么做到这一点。

鹩哥喜欢栖息在松树上，松树对于感情有着很好的治愈力。在香精疗法（一种顺势疗法）中，松树的味道可以帮助你舒缓情感压力，尤其是愧疚感。鹩哥的这一特质，提醒着你及时清理自己的情绪垃圾，因为没有被妥善处理的情绪可能会影响你的日常生活，甚至有可能影响你的身心健康。

大多数的疾病都有象征意义，这些疾病经常意味着我们正在压抑自己的情绪，这种压抑可能是哭泣，或是拒绝面对长期以来存在的问题。我们有可能忽视了一些状况，从而让疾病有时间发酵、恶化。这也反映了我们在过去的感情中不能自拔，抵触新生活，鹩哥可以告诉我们如何处理这种状况。它会提醒我们要及时清理负面情绪，教我们正确处理感情，怎样避免意志力消沉，并重新找回自我，重新感受积极乐观的情绪。

蜡嘴鸟

关键词： 家庭心灵的治愈力

活跃期： 春季 / 夏季

蜡嘴鸟的胸部有一个形状像流血的心脏一样的玫瑰色三角形。以这种鸟作为图腾，能教会你抚平原生家庭带给你的伤痛。

照片由俄亥俄州特洛伊市布鲁克纳自然保护中心提供

玫红蜡嘴鸟

这种美丽的小鸟能够帮助我们正确地处理家庭关系，还能够有助于我们抚平来自家庭的创伤，让家庭成员彼此关爱。

蜡嘴鸟的声音优美动听，这一点很有意义。因为美的旋律是靠一个个音符结合在一起而形成的，单个的音符无法产生动听的旋律。所以从蜡嘴鸟身上，我们不仅能够认识到在一个家庭中，人与人的关系就像一首旋律中的音符一样，单音不成曲，单人不成形，这也会使我们明白家庭对我们生活的影响。

蜡嘴鸟特别顾家，公蜡嘴鸟深受母蜡嘴鸟喜爱，在幼鸟面前也是一位好父亲、奉献者。它在幼鸟的孵化期负责抱孵，在对幼鸟的养育过程中也表现出了让人称赞的优点。

蜡嘴鸟经常迁徙。对于那些以蜡嘴鸟为图腾的人来说，你们也许希望从蜡嘴鸟以往的生活中发掘出能有助于你们目前生活的方方面面。事实也的确如此，如果你以蜡嘴鸟为图腾，那么它将在你现在的家庭中充当重要的角色，比如它能助你和你的家人更好地理解家庭对每个人的影响。

海鸥（银鸥）

关键词： 行为得体

活跃期： 全年

海鸥，学名又叫银鸥，是一种岸禽类鸟，常着陆在海岸、岛屿、河流岸边的地面或石滩上，它们很少会进行远距离的飞行，它们的栖息地是一个充满神秘色彩的地方，是陆地与海洋交界的海岸线。人们认为海岸线是一座通往仙境的桥梁。正因为如此，海鸥图腾能帮我们打开仙境（尤其是水精灵王国）的大门。

海鸥既可以漂浮在水面上游泳、觅食，也可以在低空飞翔，它们熟练地掌握了这两种技能，可以轻松自如地改变自己的状态。以海鸥为图腾，我们可以学会如何在不同的领域展现自己的才能。

海鸥是一种奇特的鸟类，在群居生活中，它们的举止习性与人们平常看到的很不相同。

海鸥自身拥有一套复杂的行为表现方式。日常生活中，它们做出的每个动作（如号叫、肢体语言）都有可能是在向伙伴传递信息。正因为如此，它们可以教会我们如何更好地读懂一个人的内心，如何理解别人的言外之意，如何理解别人的肢体语言。总而言之，海鸥掌握了心灵沟通的技巧，因此，当一只海鸥出现在你的生活中时，就是在提醒你，你的行为举止可能有不当之处，你要加强这方面的学习，并给他人必要的指导，加强修养，更好地与人沟通。

海鸥除了以鱼虾、蟹、贝为食外，还爱拣食船上被人们抛弃的残羹剩饭，故海鸥又有“海港清洁工”的绰号。港口、码头、海湾、轮船周围，它们几乎都是常客。当海鸥作为图腾出现时，就是在提醒我们，要为环保事业贡献一份力量，同时也要对自己的行为举止进行反思，清除杂念，净化自己的心灵。

海鸥幼子对食物非常挑剔，刚出生时，它们的食欲需要刺激，红色就有这个作用。成年雌海鸥的喙上有一个红色斑点，幼鸟知道只要戳这个部位，就可以获得吃的。幼鸟取食的这一过程有很多象征意义，这代表了正确的饮食习惯，切忌暴饮暴食。对海鸥的这一特点进行更深入的研究，可以让我们更深刻地了解自己的生活需要改进的地方。

鹰

关键词：预见能力，监护责任

活跃期：春分/秋分

在人们眼中，鹰是最富有神秘色彩的鸟类之一，它常被用来形容成信使、保护者以及有远见的人。在所有动物中，鹰的眼睛最尖锐，能很快发现猎物。

鹰的种类有很多，不同种类的鹰的大小、外形、栖息地都不尽相同。我们常见的品种有白尾鹞、森林鹰、海鹰、草原鹰等。研究鹰出现之处的自然环境，可以提示我们如何释放自身的能量。

有时人们即使说不出一只鹰所属的种类时，也能确定它属于鹰科，因为所有的鹰都有一些鲜明的共同点，比如它们捕食能力强、视觉敏锐、飞得快等，这些特点都象征着生机与活力。

我们不可能把所有种类的鹰的特点都研究一遍，不过，我们可以集中精力对其中的一种进行细致的研究，那就是鹰科数量最多的红尾鹰。红尾鹰因为尾部羽毛是鲜红色而得名。实际上，只有成年鹰的尾部才是红色的，幼鸟除了尾部颜色不明显，眼睛的颜色也暗淡一些。这让我们能很容易地分辨出幼鹰和成年鹰。

红尾鹰那红色的尾巴极具象征意义，代表生命力。把红尾鹰作为图腾的人们，能学会激发自身的能量，自身的能量被激发后，我们才会更好地实现自己童年时候的梦想。当你向着目标努力进取时，红尾鹰有时也会突然出现在你的生活里，让你更有激情去奋斗。

红尾鹰有宽大的翅膀和尾巴，既能靠自己的力量翱翔，又能借助气流的变化滑翔。尽管红尾鹰有这样的本领，但它们大部分时间还是立在树顶或电线杆上，利用其尖锐的眼睛锁定猎物。通过观察它们的起飞动作，我们可以学会如何从地面跃到高处。

鹰偶尔也会遭到其他小鸟的攻击或骚扰。把鹰作为图腾的人应该认真理解这蕴含的象征意义，它暗示你可能会受到其他人的攻击，这些人不理解你的所作所为，他们会质疑你办事的能力。

人们普遍认为红尾鹰实行一夫一妻制，夫妻终身为伴。雌鹰会在春天产下两三只幼鸟，与雄鹰共同抚养。它们会积极防护自己筑的巢，以免外敌入侵，它们对家的归属感很强。一般情况下，它们能在野外生存14 年。

“14”是一个极具象征意义的数字。塔罗牌中的第 14 张牌是代表“自制力”的牌。这张“自制力”纸牌代表人类的自控、自制和自省的能力。“14”这个象征符号能够激发你自身的生命活力。此外，它还代表一种使我们变得美丽的原始能量，能帮我们达到潜意识的更高层次。这时，我们的心灵能量就会大大增强。红尾鹰能帮我们恰当地运用自己的认知能力，来确立正确的生活目标。如果你把红尾鹰当作图腾，就要好好研究塔罗牌中第 14 张牌的象征意义，你可以从中学到如何运用自己的创造力。

红尾鹰尾巴上的红色反映了你生命中的能量正在逐渐增强，这种能量的增强体现在身体、情感和心智等方面。这种鸟还是一种催化剂，能激发我们新的希望和梦想，它暗示我们应从枯燥的生活中抽离出来，去拥抱新的生活。

科罗拉多中部的印第安人在宗教仪式上会用红尾鹰的羽毛祈求雨水降临。印第安的一个部落认为红尾鹰代表领导能力、协商能力和预

红尾鹰

红尾鹰是一种有预见能力的鸟类，能够引领我们达到自己的目标。它是一个信使，它出现的时候，就要提醒自己，注意观察是否有新的信息出现。

见能力。红尾鹰和罗马神话中的墨丘利（诸神的使神，掌管商业的神）很相似，可以让你变得机警。红尾鹰的翅膀张开时，能伸得很宽，这就暗示我们要最大限度地利用自己的创造力，并拓宽自己的视野。

看到红尾鹰的人经常会评论它们的喙和爪子，和它们的红色尾巴一样，这两个部位也很引人注意。红尾鹰力量强大，甚至可以制服毒蛇，它的腿部有鳞片覆盖，可以免遭毒蛇的咬噬，它一旦抓住蛇，就能在瞬间把蛇头撕碎。在一次去科罗拉多大峡谷的旅途中，经过堪萨斯州时，我有幸看到一只红尾鹰向一只蛇猛扑下去，几秒钟后就又飞了起来，从我眼前溜走。我还可以清楚地看到蛇的头部只剩了几块皮，在风中摇荡。整个过程发生得如此之快，还没等我反应过来，红尾鹰就在我眼前消失了。

红尾鹰这种图腾可以激发出强大的能量，所以把它作为图腾的人们就要在自己的说话方式上多加注意，以免伤到别人。因为他们会像鹰撕碎蛇头那样，凶猛地攻击自己的敌人，他们的言论和行动会像鹰的喙和爪子一样，极具杀伤力。

红尾鹰换毛实际上分两个阶段，对于把它作为图腾的人来说，这两个阶段都有重要的意义。红尾鹰的羽毛颜色在夏天会淡一些，而在冬天颜色会深一些。淡颜色通常象征着欢快、张扬、热闹的气氛；而深颜色暗示我们要收敛一些，给自己一些独处的时间，让头脑冷静下来；尾部的红色则是在暗示我们谨防火灾。

天空是鹰自由飞翔的地方。鹰在飞行的过程中会与人类以及造物主交流，因此，它可以拓展我们的视野，并激发我们的创造力。

苍鹭

关键词： 矛盾

关键词： 春天

世界上有各种各样的苍鹭，比如鹭鸶和白鹭。注意不要弄混苍鹭、鹳和鹤。苍鹭属涉禽类，它生活在沼泽地和浅滩上。所有涉禽类的鸟都有相同的特征：又长又细的腿，长长的脖子和锋利的嘴。这些特征有助于理解为什么有的人会把苍鹭作为一种图腾。腿使动物和人类能够在陆地上行走，腿是平衡的象征，同时也代表了前进与进化。当然，腿越长就能进入越深的水，也能探索到更深处的生命气息。这个事实告诉我们，我们不需要多粗壮的腿来维持稳定，但一定要依靠自己的力量。作为一个孤独的猎手，这个道理对以苍鹭为图腾的人来说有着重大的意义。

苍鹭吃东西时会站在水面上，这反映出一种与地球的联系。对于任何一个有苍鹭图腾的人，探索周围各种各样生命的活动和维度都是很重要的。站在水面上，也是涉猎的方式之一，对有着苍鹭图腾的人来说，他们会从中得到启示，探索更多，从而懂得更多，也更容易获取成功。

大部分人永远都不能像苍鹭那样生活，因为这不是一个系统的方式，也没有稳定性和安全性。但苍鹭的方法是安全的，因为它能协助完成很多任务，如果一种方法失效了，另一种就能起作用。对于这些认知，拥有苍鹭图腾的人们好像天生就知道。在这些人的一生中，似乎不需要很多人围在他们周围，他们也不会因为要跟与自己地位相同的人保持关系，或维持他们生活中的角色不变而觉得有压力。他们只有在需要共同协作时才会聚在一起。他们会表现出他们的优势，知道如何抢夺看起来不起眼的资源，并充分利用他们的优势。

蜂鸟

关键词： 乐天派

活跃期： 白天

蜂鸟也许是世界上最小的鸟儿，但也是最迷人的鸟儿。任何一个见过这种鸟的人，心里都会充盈着愉悦。它的名字是由它飞行时翅膀的振动而来的。我们知道，唱歌能使心情愉悦，而低声哼唱更有效果，它释放了心底的压力，还原了心灵的健康和平衡。这也是蜂鸟提醒我们做的事，不论我们在做什么，都要寻找到快乐，并让它释放出来。

蜂鸟有很长的喙能够帮助它们从花上吸取花蜜，事实上，它们离开花就活不了，而许多花儿没有它们来授粉也无法繁殖，蜂鸟身上反映了原因和结果之间的奥秘，因此你也可以去汲取属于你的“花蜜”。

蜂鸟知道如何用花来治愈自己的伤口，这是由花的芳香、颜色和具有灵性力量的本质决定的。蜂鸟会以自身的经历教你如何探知出生命的本质，并且发掘出属于你自己的灵性力量，它们能教会你如何使用花来疗伤，并获得爱人的真心。

蜂鸟是所有鸟类中最擅长飞行的。它能在高空中盘旋，并能向后、向前和向侧面飞行，虽然它不会走路，但它能飞到任何一个地方。这也告诉我们，如果我们享受正在做的事，灵魂就会变得像羽毛一样轻盈，生活也会像甘露一样甜美。

蜂鸟起飞时速度很快，在高空中快速飞翔时，也能马上停下来。蜂鸟在空中能很熟练地飞翔，因此它们不惧怕任何猎手，甚至敢于追逐老鹰。除蜂鸟以外，没有鸟儿能够向后飞行。这反映出蜂鸟有探索过去的能力，并能从中获得愉悦。在任何情况下，蜂鸟都能教会我们怎样来寻找快乐，它的敏捷通常使你能尽快抓住快乐的密码。

蜂鸟的食量很大，但因为它们的食物大部分是花蜜，所以每天大概要吃五六十顿才能饱。因为它们体型娇小，活动频率也高，所以会很快地失去能量，因此它们也必须很快地补充能量。而有着蜂鸟图腾的人，则需依据自身含糖水平而定，是摄入得过多还是过少，食欲低糖症还是高糖症，是否没有在生活中获取足够的花蜜，是否没有体会到生活中美好的事情。

蜂鸟是技术娴熟的设计师，它们会细心设计和建筑自己的鸟巢，有的设计的十分复杂，但对它们来说，每一种设计都是独特的。如果蜂鸟占据了你的住处，你可能就应该重新装修房子了，它们用这种方式告诉你要做一些改变来给家庭制造快乐。

蜂鸟也会整夜的“冬眠”，那时它们的体温会变得很低，为了保温，它们会把羽毛卷起来与外界隔绝，在它休息的时候，看起来就像死了一样，这样做是为了防止过度疲劳。当它休息的时候，能量的供应对它的生存是很必要的。对于那些把蜂鸟当作图腾的人来说，能够得到充足的休息和深度的睡眠是很重要的，这样才不会把自己累坏。

红宝石喉蜂鸟是迁徙界的一个奇迹，它们每个冬天都会有一次令人惊讶的旅行。它们在出发前会连续吃 7 天，把食物和能量储存在它们微小的身体里，然后不间断地飞行，直至到达气候温暖的地方。有一些蜂鸟因为飞了2500多千米而为人所知，科学家们现在都不能确定，它们是如何储存能量来完成这次长途旅行的，但它们确实做到了。正因为如此，蜂鸟象征着创造奇迹的力量，它们将教你怎样在你生活中发现奇迹。

翠鸟

关键词： 温暖，成功，爱

活跃期： 冬至日 / 冬季

在希腊神话中，有一个叫郝思万的女人和她丈夫塞克斯的传说。他们举行婚礼后不久，塞克斯必须去航海旅行，在旅行途中，一阵暴风雨袭来，塞克斯溺水而亡。在他离开后，郝思万每天都要走到海岸边，盼着她的丈夫归来。七个月后，她丈夫的尸体漂到了海岸边。郝思万过于悲伤，也投海自尽了。上天被她的爱和不幸感动了，把她和她的丈夫变成了翠鸟。他们从海里飞起来，一起开心地飞向了蔚蓝的天空。有传言说，每当翠鸟在海上筑巢产卵时，海将会变得平静。太阳将会在每年最短一天的前七天和后七天闪耀，而这一天就作为太平岁月为人所知了。现在，所有阳光照射在水面上的日子都被认为是平安的日子。

翠鸟很长时间以来都被看成和平与成功的象征，关于它有许多的传说，古希腊的大部分起源都来自关于翠鸟的神话。翠鸟的身体如果干了，可以避开雷电和暴风雨；如果将翠鸟的身体挂在橱窗里，可以远离蛀虫的啃啮，把东西保存得完好、新鲜。

翠鸟是一种灰蓝色的漂亮的鸟，底部有着白色羽毛。世界上大部分翠鸟的颜色是鲜艳的蓝色和绿色。有个古老的传说讲述了翠鸟过去是怎么成为阴灰色的。当诺亚从方舟上放飞它时，它朝着太阳飞去，当它飞向太阳时，被点燃了，然后变成另外一种更明亮的颜色。翠鸟意喻着你生命中对温暖、成功和爱的许诺。

在大部分鸟类中，翠鸟的颜色是独一无二的，而雌鸟比雄鸟有更多的颜色，许多人认为这和郝思万伟大的爱情传说有关。这可以看出，当我们愿意为爱做出牺牲，就会迎来全新的生活。

翠鸟会在沿水或离水源近的岸堤旁筑巢，有时候它们会挖大概 10 英寸深的隧道通到岸堤。它们一次下 5 ～ 8 个蛋，当宝宝们出隧道的时候，它们就已经做好了依靠自己生存的准备。有翠鸟图腾的父母们会教他们的孩子怎样享受生活，怎样在生活中获得成功。

翠鸟是勇于探索生活的勇敢之鸟，人们经常能看到它在池塘、小溪、河流周围飞翔。当它看到小鱼时，会直接俯冲入水里，将鱼儿叼出水面，这种能力反映了翠鸟能及时施展捕捉才能的机会。这就暗示以翠鸟为图腾的人要直接参与某个活动，事后会被证明这样做很有益。

如果有一只翠鸟朝你飞来，就准备好投身新生活吧。你曾逃避过新事物吗？你曾害怕过向前跨越一步吗？你需要新的温暖吗？别担心，如果有一只翠鸟在你周围，你将会拥有新的阳光，生命将会充满爱。

潜鸟

关键词：梦想，复苏

活跃期：黄昏 / 黑暗

潜鸟是一种不寻常的鸟，与其他水鸟相比，它是独特而突出的。潜鸟是北美所有鸟类中最好的游泳者，甚至比企鹅还会游。

潜鸟总是生活在水的周围，水是梦想和其他意识的古老象征。许多神话会通过描绘跨海旅行来预示着新的意识形态的萌芽。

尽管潜鸟在陆地上的表现是笨拙、迟钝的，它却是一个游泳高手。它的翅膀起主导作用，它的脚像潜水生物的鳍一样。潜鸟可以在水底游泳超过 5 分钟，比其他鸟类游得更快更深，它们就像小规模的潜水艇。

潜鸟的骨头是实心的，不像其他鸟类的骨头里充满了空气。为了更好地潜入水里，潜鸟会排空它们肺里的空气，但会保持吸入足够多的空气来维持肌体的需要，正是这种能力帮助它从许多猎手中逃脱，成为游泳健将。当它们处于看似恍惚的状态时，就表明它们该调整呼吸了，通常会进入一个极慢的节奏。潜鸟可以教会我们在不同意识间转换，并时刻保持着对意识的控制力。这种能力也反映了一个人在追逐梦想的过程中变得更聪慧的潜力。

当潜鸟作为一种图腾出现的时候，它就是在召唤你要坚持梦想，不忘初心。当你变得越来越活跃，生活越来越多姿多彩时，这些依旧很重要。在心头萦绕的潜鸟的呼喊也许在告诉你，那些你曾把它们藏入心底的梦想将会浮上心头。潜鸟也许还想告诉你，不要在现实面前妥协，否则你的内心会备受煎熬。

潜鸟在海岸线附近生活，它能教你用不同的角度去发现新的维度和生活的不同方式。潜鸟的呼叫可以看作一种呼唤，象征着来自远方的诱惑。

对大部分人来说，潜鸟的呼叫声是它最容易辨别的特征，它的叫声令人难以忘怀，以最原始的方式触动着人的心灵。潜鸟的叫声很频繁，好像有很多种叫声，每一种叫声都不同，一种叫声很像狼嚎，一种又很像颤抖的笑。它们经常用各种叫声将猎手从它们的巢边引开。对于待在户外的人来说，潜鸟的叫声是狂野的，不管人们之前沉迷于思考什么事，当他们听到这个声音时，之前的思绪就会被彻底扰乱，就好像这叫声唤起了我们早已忽视了的东西，或把我们拖到思想秘密的边缘。

在陆地上，潜鸟不能很好地走路，只能蹒跚前进，它们着陆时很辛苦。有着潜鸟图腾的人会经常发现，他在一种或两种环境下感到很舒适，这些人在大部分情况下都不喜欢传统的行为习惯和社会风俗。以潜鸟为图腾，它能告诉你怎样在不同的环境下，使自己感到更舒适。

对那些将潜鸟作为图腾的人来说，他们的想象力非常丰富（不论是睡着还是醒着的时候），因为幻想的场面通常很逼真，人们经常很难区分真实还是梦幻。如果你是有潜鸟图腾的人，一定要问自己几个问题：你经常戴着有色眼镜来看待一切吗？你会时刻不忘保持丰富的想象力吗？你会让你的想象和梦想的生活影响你的工作吗？当你遇到一件可能将来会带来困难的事时，你会转移重心吗？

关于潜鸟，有许多传说。对于挪威人来说，潜鸟可怕的叫声是即将死亡或立遗嘱的象征。许多北方的印第安部落相信潜鸟的呼叫是将要下雨的信号，或者是它的叫声唤来了雨水。对于阿尔冈琴族的印度人来说，潜鸟是超人英雄格鲁斯该普的使者。在西伯利亚，人们相信当潜鸟飞向天空时，是在将死者的灵魂护送到天国。

爱斯基摩人关于潜鸟的故事中提到，它过去不是一种鸟。曾经有两个男人在钓鱼，但只有一个人钓到了，那个一整天什么也没钓到的人就把钓到鱼的人打倒并抢走了他的鱼，还割下他的舌头，确保他不会把这件事告诉其他人。之后，他把船推到了海里。当船上的人痛苦哀号的时候，善良的精灵听到了他的声音，并把他变成了一只潜鸟。许多人相信，有关潜鸟的可怕哭泣象征着人们对正义的诉求。

所有这些都反映了潜鸟的神秘，它们那令人难以忘怀的、可怕的怪叫，它们那彩虹般的颜色和它们游泳的非凡能力，都是对人类的提示，提示人类可以从不同的角度看待一切。潜鸟唤醒了我们的想象力，让我们坚信有机会让希望、愿望和梦想成真。唯一阻碍你实现梦想的，就是你向现实妥协、投降，而潜鸟可以带你找回你最初的梦想。

喜鹊

关键词： 超能力

活跃期： 冬天 / 夏天

喜鹊是乌鸦的远亲，它是一种有着闪耀的黑色头部的大鸟。喜鹊有一个坏名声，就是会偷走任何它们能拿到的东西，这点反映出它们能充分利用它们的搜寻能力。喜鹊作为一种图腾，能帮助你使用任何一种你已拥有的、抽象的或神秘的知识，而不管这种知识是否完整，唯一一点就是你必须要注意思考和行动。

喜鹊是食腐动物，并且是一位投机者，这反映出了它们的高智商，因此它们也可以教你怎么用手边的东西获益，或者它们将在你的生活中反映出一种“随意的”模式供你借鉴，可以帮助你增长知识或提高生活水平。

喜鹊被看成是幸运或不幸通常取决于它们被看见的时间和数量。传说它是唯一一种拒绝进入诺亚方舟而宁愿栖息在屋顶的鸟儿。这个古老的故事引发了一个新说法，就是如果喜鹊栖息在一个房子的房顶上，那么这个房子将永远不会倒塌。

喜鹊用泥巴和小枝筑巢，它们的巢通常很大，一般固定在树的分岔口或布满荆棘的灌木丛中，这使得它们的家很结实。喜鹊的家经常很乱，这也提醒人们不要妄图通过超能力寻找快速简单的方法来获取成功。它们的家通常有一个屋顶，而且能从侧面进入。将喜鹊作为图腾，暗示着你能以不同的方式进入一个不可思议的灵性王国。

苏格兰人有一首讲述财富的小诗，描述一个人遇到的喜鹊数量所代表的意义：

> 一只是伤悲，两只是欢笑，
> 三只是婚礼，四只是出生，
> 五只是洗礼，六只是饥馑，
> 七只是天堂，八只是地狱，
> 九只是戏弄自己的选择。

在美国的民间传说中，也有类似的说法：一只喜鹊表示不幸并暗示愤怒，两只就代表快乐和婚姻，三只代表成功的旅行（婚礼亦可以算是一次旅行），五只代表好消息、五个伙伴或聚会。

喜鹊和魔法有关。据说喜鹊是有灵魂的。喜鹊的智商和狡猾的性格使它成为一个有趣但不容易控制的图腾，它是一种有着自己思想的鸟儿，有把动物变成伙伴的能力，它也能教我们怎样用超能力迅速取得成效。把这种鸟作为图腾，你也许能得到你想要的，但它将会以一种迟钝的、不寻常的方式出现，也许还会有你没有考虑到的其他成效。

如果喜鹊出现在你的生活中，你需要问自己一些严肃的问题：你是否拥有一些知识，但没有加以运用？为了得到你最想要的东西，你运用了所有技巧吗？你恰当好处地运用了你的知识和技巧了吗？喜鹊能帮助你学会可靠又有效地运用超能力，并向你展示运用这些超能力将给你的生活带来的变化。

紫崖燕

关键词： 好运，和平

活跃期： 晚春／夏天

紫崖燕是燕子中最大的一个品种。一般情况下，你也许会想研究燕子，以帮助你确定紫崖燕在你生活中所扮演的角色。

紫崖燕的颜色是最有意义的，紫色的紫崖燕是最杰出和最令人熟悉的。它的颜色使它与神学家联系在一起。它的颜色和飞行的能力使它被称为上帝的弓和箭。紫崖燕是一种幸运鸟，很久以来，人们一直认为如果它在哪个房子上筑巢、下蛋和抚养小紫崖燕，那一家就会非常幸运。

在更原始的时代，每家每户为了让紫崖燕在自家筑巢，都会悬挂干葫芦，这样它们自然就会成群聚集到那里。许多紫崖燕的巢都是人造的，是看起来很大的巢，在这个巢中，它们相处得很融洽。

当紫崖燕作为图腾出现时，就是在提示你在生命中寻找积极的改变。这是一种象征和平的鸟儿，它能帮助我们解决很多与群居生活有关的问题，帮助你思考什么时候搬进一个新的环境和社区更合适。它会帮助你做出积极的决定，让你在新的环境中感觉更舒适。

草地鹨

关键词： 快乐

活跃期： 夏天

草地鹨是一种黑鸟，它的胸部是亮黄色，中间有一块黑色新月，这是在提示你即将经历一段快乐的旅程。它的许多行为反映了内心的旅行和与自我发现有关的进步，这可以看作是直觉、想象力和内在能量。

草地鹨的行为和活动，反映了它们内在的旅行。它们会建筑拱形的巢，有时会用它们下蛋时地上的塌丝。与大部分鸟儿不一样的是，当它们在觅食时，会在地上走而不是在原地等着。这反映了它们对与空气相接的地球环境感到舒适。

不像大部分鸟儿只在休息的时候唱歌，草地鹨经常会在飞的时候唱。它们居住在开阔的草地上，这些草地是它们成长和繁殖的地方。草地鹨的飞行是与众不同的，它用坚硬的翅膀和摆动的动作来完成飞行，可以自由地选择航程并同时拍打翅膀，这让它们的飞行变得很有趣。

草地鹨教我们要自得其乐，它帮助我们找到了一种方法，让我们通过认识到每一个人也是一次很棒的旅行，让我们能在不同的生活状态下开心歌唱。它也教我们，探索的快乐不在于目标的实现，而在于探索的过程。

模仿鸟

关键词： 天赋

活跃期： 每一天

模仿鸟生活在平坦林地，歌声嘹亮。它在唱歌和讲故事方面非常有天赋。它是南方的传统标志，每一个有着模仿鸟图腾的人都应该研究一下方向的象征意义。

尽管模仿鸟的外表很平凡，但它的美丽已经被所有人认可，这种美丽也体现在它的歌声中。它是唱歌最动听的鸟儿之一，可与夜莺相媲美。它还有模仿的天分，可以模仿其他的鸟类，甚至是猫或狗。

模仿鸟会住在离人类很近的地方，因为它不害怕人类。它们喜欢结伴而行，这反映了要与他人分享美妙歌声的想法。它们整年歌唱，甚至飞的时候也在歌唱，这在鸟类中是很少见的。在月光下唱歌，更是给它们增添了神秘和浪漫的色彩。

模仿鸟可以传递给你歌声和嗓音的力量，它能教你学会新语言，并让你觉得这似乎是你与生俱来的本领。无论什么时候，模仿鸟作为一种图腾出现时，都是在提醒你，不要浪费你的天赋，勇敢地展现出来，不要管其他人怎么看你，想象人们只看你的行动，而不看你的外表。

模仿鸟可以帮助你意识到你的天赋，并让你将这些天赋淋漓尽致地表现出来。它能帮助你找到你生活中的圣歌，唱着圣歌时，你会发现你的生活会有更多回报，也更有意义了。大部分人即使知道他们生命中的圣歌，也害怕采取行动，而模仿鸟恰巧可以在这方面给予引导他们。

模仿鸟是一种勇敢的鸟，在繁殖的季节（内在能力的成长阶段），它会攻击猫或其他的侵入者，它不会容忍任何人对它的无礼，坚定地保卫着它的巢，它会充满自信地与侵入者决斗，绝不怯懦。

模仿鸟一年会下两到三次蛋，这反映了它们追随内心的圣歌，永远都不会迷失，它们经常会回到原来的地方。

无论说还是唱，模仿鸟都是精通语言的大师，它能够读懂肢体语言并把这种能力教给你。它能教会你交流的秘密，使你能在生活中更好地与人沟通。

模仿鸟的肩膀上有明显的白色斑块，当它走路时，有时候会张开翅膀，这时白色斑块会变得很显眼，能反射太阳光，从而使附近区域的昆虫感到恐慌。当昆虫有反应的时候，模仿鸟就会看到它们，把它们当做美味的晚餐吃掉。

巧妙地刺激别人做出反应的能力，也是模仿鸟能教给你的哲理。在生活中，它可以帮助你发现周围阻碍你进步的一切，并发现它们的藏身之所。模仿鸟能帮助你识别出其他人可能漏掉的微妙线索，使你能看穿别人的真实想法。

不管模仿鸟什么时候来到你身边，都要记得找机会唱出你自己的歌，跟随你自己的步伐，运用你的创造力和直觉，这样你就可以用最和谐的行为和语言，一路向前高歌。

五子雀

关键词： 智慧

活跃期： 全年

五子雀是看起来是无关紧要的鸟类中的一种，但研究后你会发现它有着独特的特征。它反映了我们需要脚踏实地，并唤醒我们在日常生活中所需要的精神力量。

五子雀从一棵树上下来时头会先着地，这个事实反映出，我们应该推倒生命与智慧的大树，并将这个道理应用于自然世界中。通往认知的真正道路是学会表现出自然的精神，这就是五子雀教给我们的。

这些年来，我遇到过许多心理学家和医生都把五子雀当做图腾，他们很难适应真实的世界，因此他们沉浸在精神王国中。他们与外界无联系，而且不太健康，当他们钻研精神领域的时候，通常忽略了自己的身体。五子雀图腾让我们关心与呵护自己的身体，就像我们给予精神世界的滋养一样。

当我们勇于探索内心的真正想法时，我们将会对世界有不同的看法。对于任何将五子雀作为图腾的人来说，他们要学会相信自己的能力，并相信所学到的在物质世界运用灵性力量的相关知识。

五子雀是啄木鸟的旅行伙伴，当啄木鸟敲击出新的节奏，五子雀就会开始工作，把虚幻的王国击破，并带领它们回到土地上来。任何一个有着五子雀图腾的人都应该研究一下啄木鸟。

五子雀的胸部是白色的，白色象征着相信和事实，五子雀能告诉你真相在哪里，并能告诉你怎样才能发掘真相。五子雀也教我们不要盲目地信仰，它告诉我们，说实话的人不一定是真理本身。它教导我们，指向太阳的人本身不是太阳，它通过让你相信你自己，让你找到更多可以寻找到真理所需要的能量。

金莺

关键词： 新生活

活跃期： 夏天

在北方的许多地区，漂亮的黄色、橘色或黑色的金莺被看成是夏天到来的第一个标志，它们那清楚的、振奋人心的歌声和亮丽的颜色是新生活的象征。金莺的名字来源于拉丁语，意思为“小的温暖的”，这个词反映了它象征的主题。

不管金莺什么时候出现，它都会花两个星期来寻找阳光。这件事可能会在你生活的任何一个领域发生，在做与金莺有关的任何事时，请沉思两周，这将有助于事情向好的方向发展，这是因为金莺的蛋（4 ~ 6 个）就是在两周内孵化的。

在你家附近，如果有金莺或它们的巢存在，这就意味着仙女和精灵正在靠近，或它们甚至已经住进了你家。金莺用种植的纤维编织它们那悬挂着的巢。在交叉的分支会停下来，这个暂停的过程，反映了它能帮助你暂停时间和空间，并将它与你内心的力量连接起来。交叉和十字路口就是在不同领域交叉的地方寻找新方向的标志。

金莺是一名织工，它们的巢编织得很杂乱，这反映了它们沿着新方向编织生活的能力。以金莺为图腾，它将帮你在任何你想要的地区编织新生活，它还会帮助你找回你内心世界的童真，并让你重新开始体会到生活的愉悦。

鸵鸟

关键词： 脚踏实地

活跃期： 全年

如果你发现最近自己变得有点儿古怪和轻狂，如果你的朋友和其他人都说你变得有点儿失控了，那么尝试一下应用鸵鸟的灵性力量，这会对你很有帮助。

鸵鸟是鸟类中最大的鸟，但它不像其他鸟一样能飞，这是很有象征意义的。鸟类是生活的更高精神境界和更高知识层面的象征。不能飞翔的鸟也可以通过这些相同的能力与我们保持联系，也能帮助我们在生活中运用它们。鸵鸟能帮助你把新知识超越理论层面应用于实际，也能帮助我们与思维认知领域联系起来，防止我们迷失在其中。它的高度给了我们一个提示，就是它的腿和脖子的象征意义不应该被忽视。

鸵鸟的脚有着惊人的力量，它能在陆地上跑得很快。踢腿是它对外界的防卫方式，鸵鸟可以用它的脚杀死敌人。脚是人类与地球接触的媒介，这又一次反映了脚踏实地的象征意义。如果鸵鸟作为一种图腾出现，那么你应该问你自己一些相关的问题：你有没有脚踏实地？你有没有害怕运用你的知识进入新的层面和新的领域呢？你有没有运用你的知识有所进步呢？你运用你的知识了吗？你变得轻狂了吗？你周围的人变得轻狂了吗？

曾有个古老的传说，说当鸵鸟感到害怕时，它们会将头埋进沙滩，拒绝看或了解外面发生了什么。这并不是真的，鸵鸟不会把它的头埋进沙滩，它会把它的头低到能保护它的姿势，因为这个姿势能使它和它的蛋更隐蔽。如果有鸵鸟对你摆出这个姿势，你应该考虑更好地保护你自己，让自己更难被发现，确定你没有把自己置于一个易受攻击的处境。

鸵鸟经常在斑马和羚羊中间行走，这些动物为鸵鸟弄来昆虫和其他食物，它们相互提醒对方猎手的来临。如果你有着鸵鸟图腾，那你最好也研究一下斑马和羚羊的特质，因为它们通常是伙伴关系。

猫头鹰

关键词： 魔法，预兆，智慧，洞察力

活跃期： 夜晚

猫头鹰是拥有最多传说的神秘动物，它由来已久的神秘感，很大一部分是因为它是一种夜间活动的鸟，而黑夜对于人类来说似乎一直是很神秘的。

猫头鹰是女性、月亮和夜晚的象征，它被当作偶像来崇拜，也被当作邪恶的化身而受到憎恶。猫头鹰是一种既能代表黑暗和魔法，又能代表预言和智慧的鸟。对古希腊人来说，猫头鹰是与女神雅典娜联系在一起的，它是更高智慧的象征，是雅典卫城的守护者。

对于波尼人来说，它是一种安全感的象征。对奥吉布瓦人来说，却

是邪恶和死亡的象征。在普韦布洛，它与骷髅人、死亡之神、女性皆有关联。许多迷信和信仰都与它联系密切。猫头鹰被认为是死者的转世。在威尔士，人们认为猫头鹰与生育有关，如果附近有一个女孩怀孕，它的到来表明一个新生命即将诞生。最突出的一点是猫头鹰能获取秘密，因为猫头鹰拥有敏锐的视觉和听觉。在古代罗马，有人认为将一根猫头鹰的羽毛或其他部分放在一个沉睡的人身上，你就能发现他的秘密。

照片取自俄亥俄州特罗伊市的布鲁克纳自然保护中心。

猫头鹰的奥秘

短耳朵的猫头鹰在所有被捕食的鸟类中，是最有天赋和勇气的鸟，它甚至能逃出海猎鹰的魔爪。

猫头鹰是夜间活动的鸟，而夜晚一直象征着人类在黑暗里隐藏的秘密。猫头鹰有极好的视觉和听觉。它的眼睛特别适用于发觉细微的动作，它的视网膜上也有额外的感光的视锥细胞来帮助做到这一点。甚至在伸手不见五指的晚上，猫头鹰敏锐的视力也能精确查明猎物的所在地。猫头鹰的耳朵是不对称的，通常一只耳朵比另一只大，位于头部的不同位置，这使它能捕捉到听觉信号，帮

照片取自俄亥俄州特罗伊市布鲁克纳自然保护中心

横斑林鸮是猫头鹰家族的歌唱冠军。与大角鸮表现的尊贵、冷漠和危险不同，横斑林鸮尽管看上去凶狠，但几乎是无害的。

助它更容易地锁定猎物。

猫头鹰黄色的眼睛非常具有标志性，能表达更多的内容，暗示太阳的光芒在黑暗中闪现。与大家所相信的猫头鹰在日间能看到更多事物不同，它在晚上看得更清晰、更准确。

一个与猫头鹰共处的人能看到和听到别人试图隐藏的东西。你将听到人们内心的声音，或看到被藏着的和在阴影中的东西，你可以准确地感知到一些微妙的事情。但这会使别人感到不愉快，因为他们无法向你隐瞒任何事情。像猫头鹰一样的人有一种独特的能力，就是看到别人的灵魂和性格的阴暗面，这对于大部分人来说是很可怕的。猫头鹰作为一种夜间活动的动物，可以讲述所有发生在夜晚的秘密。猫头鹰是黑夜的眼睛，能看到别人看不到的东西，分享着他人的秘密。

猫头鹰的种类有 100 多种，它们和人类有着亲密的关系，人类居住在哪里，以啮齿动物为主要食物的猫头鹰就居住在哪里。不幸的是，许

照片取自俄亥俄州特罗伊市布鲁克纳自然保护中心

猫头鹰的奥秘

大角鸮和鸣角鸮是两种最常见的猫头鹰，它们都有一簇像耳朵一样但并非耳朵的羽毛。这些不是耳朵的耳朵象征它们能听到别人听不到的事。谷仓猫头鹰因为它的颜色和无声飞行，有时也被称为鬼猫头鹰，是古老的精神与鬼魅联系的象征。

多猎人和农民一直在频繁地捕杀猫头鹰，因为他们相信啮齿动物存在时，猫头鹰才能更好地工作，没有什么比这更扭曲的事实了。谷仓猫头鹰在一个夜里能抓到的老鼠数量是一只猫能抓到的数量的10倍，而且当它们需要喂养孩子时，能抓到的更多。

猫头鹰与人类一样，通过闭上眼皮来眨眼，这增加了它们的神秘感。与人类不同的是，它们的眼睛是不能动的，但脖子很灵活，这使它们能看到更远的地方。它们的头不能完全回转，但转动速度之快让我们以为它能转过头来。那些有着猫头鹰图腾的人，如果你的脖子不够灵活，会阻碍你的认知进入到一个更高的层面，而按摩脖子，对那些有着猫头鹰图腾的人来说是很有益的。

猫头鹰就像鹰和其他猎手一样，有第三层眼皮。这层眼皮是从一边眨到另一边，能使它的视线更清晰，这反映了有猫头鹰图腾的人生来就有较强的感知力，能看清周围不认识或不了解的事物。通常，有着猫头鹰图腾的人都有一种能看穿别人内心想法的能力，这种先天的感知力通常被认为是狂野的想象。有的人会想，究竟为什么我要这样看待这个人呢？而这些怀疑，不管是消极的还是积极的，都不应忽视。

许多猫头鹰喜欢独居，它们只是在繁殖的时候待在一块。有些猫头鹰根本不筑巢，它们会在树的分岔口下蛋或用其他鸟丢弃的巢。通常只有雌猫头鹰才会孵小猫头鹰，但雄猫头鹰会保证它的配偶和小猫头鹰有着稳定的食物供给。雄猫头鹰供养雌猫头鹰和小猫头鹰一个晚上，需要杀死很多老鼠或类似的猎物，这证明了猫头鹰有强大的猎食能力，并能控制鼠害。

猫头鹰翅膀前段的那段流苏使得它飞行时很安静。大多数猫头鹰的翅膀都比自己要大。这也使得它可以慢慢地、平稳地、更容易地悄悄接近它的狩猎目标。这种安静接近目标的本领是所有有猫头鹰图腾的人应该练习的本领。保持安静，然后冲向你的目标，这将带给你巨大的成功。

研究人员做了许多关于猫头鹰捕猎食物的研究，发现猫头鹰的健康受损极有可能是“猫头鹰炮弹”的原因。一只猫头鹰会将它的猎物从头部开始整个吞下，而猎物的有些部分是难以消化的，比如骨头、羽毛、牙齿、爪子等，然后这些东西在猫头鹰反刍时就形成了炮弹。在先吞食猎物头部的时候，猫头鹰让自己吸收了猎物最聪明和最有能量的部分，而反刍却影响了它去判断那些对它没有益处和损坏它健康的猎物的能力。

研究每个猫头鹰种群的独特性和共性是十分重要的，它将能帮助你准确地判断猫头鹰会怎样影响到你和你的生活。在本书中，我们将研究六种猫头鹰，这已经足够将你的猫头鹰图腾与你的个人生活很好地联系在一起。

有些猫头鹰是荤素平衡的猛禽，这包括夜间活动的银色猫头鹰和白天活动的、能见阳光的猫头鹰。猫头鹰和一些鹰会用凶悍的狩猎本领在白天捕猎，而另一些则在晚上行动。它们并没有必要和谐共处，但它们却能在变化的环境中彼此包容，这可以被视为个性和共性的平衡。

我们研究的第一个猫头鹰，是一头有着巨大角的猫头鹰，它是在美洲的猫头鹰中最残忍且最凶猛的食肉动物种类。它非常有力量，而且身手敏捷，可以轻易地撕咬美洲旱獭，毫不犹豫地捉到在它眼前出现的任何猎物。这种大角鸮甚至会把其他种类的鸟类作为猎物，很多动物都畏惧它们强大的爪子和喙。

有着红色尾巴的、在白天活动的鹰，通常被认为和在夜晚活动的大角鸮一样，这是因为它们的巢穴可能安置在了同一个地方，但并不代表它们之间可以友好相处。事实上，大角鸮会反复袭击红尾鹰，只要有机会，红尾鹰就会尝试消灭大角鸮。猫头鹰的凶暴使它们更能适应周围不断变化的环境，并存活下来。它用高度的热情迎接生活，不幸的是，这样的凶猛却影响了游隼重新进入它以前的栖息地。游隼走了以后，大角鸮就会占据它们的住处和食物，而且再不会拿出来分享。

对许多人来说，大角鸮寻找配偶时的叫声是洪亮有力且连续不断的，这是春天来临的前兆。它最喜欢的栖息地是生长着阔叶树和针叶树的黑木地区，不过它们可以在任何有食物的地方生存。大角鸮最喜欢的食物是臭鼬，任何有着大角鸮图腾的人也应该研究一下臭鼬的意义。这种猫头鹰没有很灵敏的嗅觉，这可能也是为什么它是臭鼬最害怕的猎手。研究乌鸦也是有利的，因为乌鸦总是会聚集在一起围攻猫头鹰。乌鸦知道，如果猫头鹰在白天找到了它们的巢，那么很有可能会在晚上乌鸦看不见也听不到的时候它会偷袭。

大角鸮头顶部的一簇不是它的耳朵，只是简单的一簇羽毛，它的耳朵在头的下面。所有猫头鹰都是极敏锐的，它们的听觉像视觉一样敏锐，甚至比视觉更敏锐。

第二个研究对象是普通的谷仓猫头鹰，这种猫头鹰有着很独特的心形面部轮廓，这反映了它有把灵魂和思维联系在一起的能力。这是这种猫头鹰教给我们的一部分。

普通的谷仓猫头鹰有许多名字。当在晚上看到它时，因为它有着白色的羽毛，看起来很可怕。因为这个，它得名“幽灵猫头鹰”。它是一种能用它的灵性力量把你和你的家乡、精神归属和你牵挂的家人联系起来的猫头鹰。谷仓猫头鹰的听觉使它成为一个优秀的猎手。事实上，它的大脑的大部分都是用来选择它采集到的听觉信号，它有能力运用回声定位技术（一种定位猎物的声纳）。对于那些以谷仓猫头鹰作为图腾的人来说，他们可以听到内心的声音，甚至能感受到灵性力量的召唤。

谷仓猫头鹰是有发明才能的机会主义者，它们适应能力强，无论它们在哪里找到食物，都会把食物带走，它们的猎物基本是老鼠。那些有着谷仓猫头鹰图腾的人，也应该研究一下老鼠的特点。

另一种了不起的猫头鹰是横斑林鸮，它们歌唱技巧娴熟，个性迷人。它们身形又大又圆，有着深色的眼睛，羽毛上横向交叉处有很多道纹络，这些纹络象征着它们体内残暴的本性被抑制住了。这种猫头鹰经常在茂密的落叶阔叶林和沼泽地活动，因为居住环境慢慢减少，它们也经常侵占斑点猫头鹰的栖息地。在白天，与横斑林鸮意义相等的是赤肩鵟。与大角鸮和红尾鹰之间不一样，它们友好地共享同一片领土。横斑林鸮和赤肩鵟都生活在潮湿的林地，它们有时甚至会分享同一块筑巢的地方。

横斑林鸮天性温和，这就是它最突出的优点。尽管有时它会试图表现出吓人的一面，但它是无恶意的。它是极棒的演员，演技超群。很多人认为它的歌声比其他动物和人类的歌声更出色。这反映了这种猫头鹰在教我们怎样用声音收到更好效果的能力。

鸣角鸮与它们的名字相反，不会真正地鸣叫，它们的声音更像一种温软的低喃。在交配的季节，雌雄鸣角鸮将会演唱二重奏，雄鸣角鸮有一个很低的音高，当小鸣角鸮受到威胁时，通常就会发出这种低喃声。鸣角鸮要比那些我们前面讨论过的猫头鹰小得多，它像长角鹰一样在头上有一簇看起来像耳朵的羽毛，颜色通常是微红或者灰色，只有 6 ~ 10 英尺高。尽管它们体型很小，鸣角鸮却经常拥有大角鸮那般的勇气。在这方面，它经常被许多人认为是大角鸮的缩小版。鸣角鸮是很棒的猎食者，喜欢以蟋蟀和老鼠为食，它们偶尔也会与茶隼合作猎食，这种利用合作谋生存的能力是鸣角鸮可以教给我们的。它能告诉你，怎样在保持自始至终是个体的情况下，通过与别人合作变得更强大。

短耳鸮是会在日夜觅食的少数猫头鹰之一。这点可以看出来，它的灵性力量无论在白天夜晚，都是很强大的。在筑巢这一点上，它非常细致。它也会迁徙。它身上的标记是火焰状的，这体现了它火爆的性格。我在前文中提到了短耳鸮极强的感知力，这敏锐的第六感，就是短耳鸮能教给我们的灵性力量。

短耳鸮既勇敢又爱玩，当乌鸦围攻和追逐其他猫头鹰时，短耳鸮会无所畏惧地攻击乌鸦。当乌鸦尝试围攻短耳鸮时，它们就变成了受害者。短耳鸮很小，但速度快，也很强壮。在飞行速度方面，没有鸟类能与它相媲美，甚至被认为沼泽之王的大型蓝色苍鹭，有时也会落在短耳鸮的后面。即使是与它极相似的以敏捷著称的鹞鹰，也不能在飞行速度上胜过它。这两种鹰经常会共享同一片领土，它们筑的巢彼此相邻，而且很少打架。

短耳鸮多才多艺且有求知欲，它的能力不比任何鸟差，而且再强调一遍，它非常勇敢。它能激发人们对生活的热情和灵感的火花，它能唤醒人们的想象力。

我列举的最后一个例子是华丽的雪鸮。它比大角鸮大，最显著的特征就是白色，它经常出现在北极的冻土地带，但它需要尽可能地向南方迁徙来寻找食物。

大部分猫头鹰都是晚上出来猎食的，但像短耳鸮一样，雪鸮白天和晚上都待在家里，它可以在充足的太阳光下觅食，也可以在黑暗中觅食。它能够开闭它的虹膜，来适应不同的光线强度。

雪鸮最主要的觅食方式是守株待兔，它们觅食时看起来懒洋洋的，好像准备休息一样，但实际上并非如此。它们在保存能量并密切观察，等到机会来临了，它们会立即采取行动，精准地把握时机是雪鸮教给我们的智慧。

雪鸮最初的食物是旅鼠和北极的野兔，拥有这种鸟图腾的人应该好好研究它。它每天会吃相当于体重的食物。就像短耳鸮一样，它有迁徙的能力。它似乎能凭直觉侦察饥荒的来临，并在适当的时候搬走和迁回。我们要从它身上学习这种预见未来的能力。

当雪鸮到达其他领域的时候，它并不会大肆宣扬自己的到来，它会迅速地投入到工作中，这也许就是它成功的部分原因吧，我们也可以从中受到启示。当行走的时候，它的爪子张开，放在坚实的脚垫上，这反映了即使力量有限，它也不怕任何威胁。它是靠调速和技巧来完成任务，而不是靠威胁与恐吓。真正的强大的力量是温和的，这就是这种鸟教给我们的道理。

在现实的生存游戏之中，雪鹗是一种技巧娴熟的鸟。就连雏鸟也可以冲刺、潜水，假设在受到威胁时逃脱不及的话，它甚至还可以装死。这种鸟似乎在抵御外敌方面表现出令人敬佩的力量。除此之外，它还有技巧、勇气和反应敏捷等方面的天赋。

鹦鹉

关键词： 乐观，治愈

活跃期： 全年

鹦鹉是太阳之鸟，它鲜艳的颜色和光泽赋予了它神奇般的魔力。它的羽毛可以用来祈祷，以期在一年的任何时候，都能获得来自太阳的能量。普韦布洛的传统中，鹦鹉跟盐有着密切的关系，人们认为那些有盐的地方是来自太阳神的礼物。在普韦布洛人看来，鹦鹉就是太阳之鸟。

鹦鹉身上的颜色是五颜六色的，任何视鹦鹉为图腾的人都应该研究一下鹦鹉的颜色以及这些颜色的效应，就会发现鹦鹉是光和色彩方面的大师。

有一些鹦鹉已经学会模仿人类，也因为这个能力，鹦鹉被视为人类王国和鸟类王国的联系中枢。从某种意义上来说，鹦鹉应该算是鸟类王国的使节、外交家和翻译家。它们能使你更加容易听懂它们的语言，可以帮你激发社交潜能。

孔雀

关键词： 复活，警惕

活跃期： 春季 / 秋季

孔雀是一种拥有很多传说和神话的鸟类。所有遇到它的动物都会被它的美丽羽毛给迷住。像其他鸟一样，雄性孔雀的羽毛比雌性孔雀更鲜艳和招摇，当然雌孔雀更华丽。孔雀是一种能够自卫、力量强大的鸟。

在所有鸟类中，孔雀的外表最接近传说中的凤凰。凤凰是一种在火中死去，然后又在灰烬中重生的高雅的鸟。孔雀作为凤凰的代表，非常深入人心。在中国的神话中，凤凰有五彩羽翼，声音清亮，是吉祥的神鸟。

孔雀能够毁灭毒蛇，被看作是很神圣的。在埃及，它的地位仅次于朱鹭。因为它有很多眼睛，它与智慧和能明察秋毫的视力联系在了一起，也与不朽联系在了一起。这一部分是因为它的外表与传说中的凤凰相似，同时也来源于一个肉体不会腐烂的古老传说。

孔雀最突出的两个特征就是它的羽毛和它怪异刺耳的叫声。孔雀的羽毛常被用来装点一些重要的仪式，羽毛上的图案和形状揭示了孔雀的神秘。蓝绿色营造了令人敬畏的感觉，而蓝绿色的眼睛的颜色经常与皇权联系在一起。羽毛的“眼睛”经常与明察秋毫的视觉和智慧联系在一起。这种警觉性也能在希腊神话中看到端倪。白眼巨神是女神赫拉的看守人，他有一百只眼睛，当他在值班时睡觉被杀以后，赫拉把他的眼睛放在了她最爱的孔雀身上。

除了羽毛外，孔雀的另一个突出特征是它怪异刺耳的叫声。我听说过一个有关孔雀叫声的故事。孔雀有着丑陋的脚，每当看到它的脚，它都会发出尖锐的叫声。对任何一个有着孔雀图腾的人来说，应该研究一下脚的象征意义。脚是我们身体的支柱，是我们人体构造的基础，能让我们移动和直立起来。对于任何以孔雀为图腾的人来说，对脚的反射疗法的检查和应用的研究都是很有益的。

企鹅

关键词： 梦想，潜意识

活跃期： 全年

企鹅是一种不会飞的鸟，只有当它在水中时，它的翅膀才会发挥作用。企鹅是一个游泳高手，它在水中游动时，就像其他鸟飞行时一样平稳而流畅。它的翅膀起着鳍的作用，能帮助它在水中推动自己，并作为船舵来使用。

企鹅可以跳出水面，并用脚着陆，它还可以跳跃五六步，这个行为与它和水的联系具有象征意义。水是生命的灵魂层面，处于梦想的维度上。企鹅在水中自由行动的强大能力，能反映出梦的潜意识的觉醒。对于任何将企鹅作为图腾的人来说，你可以期待经历一个清晰的梦。当你很清楚做梦的过程时，你就可以改变你的梦，当你可以改变梦的时候，你也就可以改变现实生活中的状态了。

企鹅生活中的其他能力对有企鹅图腾的人也很有帮助。孵蛋时，雄

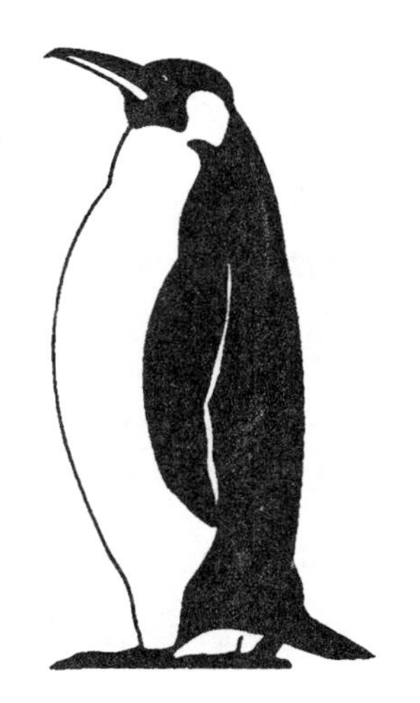

企鹅对蛋的保护和关心无微不至。企鹅不筑巢，下蛋之后，雄企鹅会把它放在自己脚上，用羽毛盖住它，防止它在冰上冻伤，就这样不吃不喝不动坚持整整两个月，直到小企鹅孵化出来为止。在这时候，雌企鹅会接管抚养的任务。

这种行为是很有象征意义的。请记住，水是与女性和生育的能量联系在一起的。企鹅反映了你生命中有关创造的才能。对于那些有着企鹅图腾的人来说，很有可能会出现1～2个月的时间段，在这个时间段里，你培养、保护并帮助孕育富有创造性的能量。雄企鹅在孵蛋过程中承担了传统女性角色这个事实反映了梦想、新的状态和创造力的苏醒。

野鸡

关键词： 繁殖，性别

活跃期： 全年

任何以野鸡为图腾的人，都应该研究一下松鸡和小鸡，这将很有帮助。尽管它们属于同一家族，但两者也有不同。野鸡经常在草原和麦地以及在野外的树篱和灌木丛中出没，有着野鸡图腾的人应该研究一下这些环境。

野鸡来源于希腊，它的名字来源于凡赛河附近的区域，它们在科尔基斯的王国里胡乱地奔跑。而今天，一些野鸡就像它们的远亲松鸡和鹌鹑一样，是野生的；另一些，准确来说是家养的。正因为这一点，野鸡通常与繁殖和性别联系在一起。

大部分野鸡都有着灿烂的尾羽，而尾羽常与性别联系在一起。野鸡的羽毛和种类不断变化，这样就可以提供更好的洞察力。比如环颈野鸡就成功地加强了对羽毛的掌控，它脖子上的环形标记是呈螺旋形向外发展的，反映了它的繁殖能力和成长。另外一个例子是在雉鸡上发现了獾羽毛，这些羽毛的锥形斑纹类似于獾。任何一个有着野鸡图腾的人，研究一下獾本身的特征也是很有意义的。

颜色能够反映的东西太多了，大多数的野鸡都有着多种多样的颜色和羽毛，它们能体现野鸡对你而言象征着的不同意义。野鸡还能教会你如何通过温暖的色调来营造浪漫的氛围。

鸽子

关键词： 爱，安全的家

活跃期： 全年

关于鸽子的神话故事有很多，大多数都与女性或母亲有关。在希腊神话中，阿芙洛狄忒（司爱与美之女神）就是从一个鸽子蛋中长出来的。亚历山大一直想要找到的神谕最终是被鸽子发现的。斯拉夫人认为，人死后会变成一只鸽子。基督教徒把鸽子看做和平的象征。鸽子还是众多生育女神的象征，被认为是母亲的化身。

鸽子对家乡有一种不同寻常的感觉，无论它走了多远，都知道如何找到回家的路。正是因为如此，在某些时候，当我们迷路了，鸽子能教我们如何找到回家的路。鸽子帮助我们唤醒我们已经放弃或失去的家和家庭生活中的爱。鸽子是唯一可以靠吸吮来喝水的鸟，这提醒我们无论家多么遥远，我们都能从家中得到关爱和力量。曾经是什么让我们的家如此温馨？我们忘记自己是谁了吗？我们陷入了“想当初如何”和“将来一定要如何”的模式了吗？我们忘记了我们坚强的后盾——家庭给予我们的财富，包括爱、信任、勇气了吗？你的鸽子图腾会帮你找到它们。

鸽子在风暴来临时会挤在一起，如果你在生命中遇到了风暴，记得与你的家人共渡难关，可以是一个拥抱，也可以是精神上的鼓励。这样做的话，会让你更有安全感。

鸽子是一种在地面觅食的鸟类，这反映了它亲近地球母亲的本性，也象征着地球上拥有无限创造力的母性能量。鸽子一次会产下两个卵，传统上认为“2”代表有创造力的母性能量。研究“2”这个数字，可以帮我们更好地理解鸽子的象征意义。

鸽子主要以各种谷粒为食，但也会吃一些沙子存在砂囊中，以帮助消化。把鸽子作为图腾的人，会发现食物的多样化能帮助我们消化，还能增强体质。

鸽子的叫声最具辨识度，像是雨滴。因此，它的叫声也象征生命之水。它的歌声是在提醒我们，无论现状怎样，我们生命中总会出现新的生命活力。它还帮助我们记住，地球母亲是一位伟大的女性，它能让所有生物重获新生。

尽管我们在白天也能听到它的叫声，但是似乎在黎明和黄昏会更清晰。黎明和黄昏都属于“过渡时间段”，在这段时间中，人间和仙境、过去与未来的界限会变得模糊。也就是说，人在这个时间段的创造力最强。

鸽子能用歌声向人们传达信息，它悲惋的叫声总是会触动人们的情感。小时候，在夏天的清晨，我爱早起。我还记得每天迈出大门，就可以沐浴到温暖的阳光，树间还会传来鸽子那甜美忧伤的歌声。它的歌声通常能让人们内心燃起希望。

鸽子的歌声就是在告诉我们，在怀念过去的同时，也要憧憬未来。鸽子是一种有预见能力的鸟，能帮我们预见生活中会有哪些改变。

鹌鹑

关键词： 团体的食物和防卫

活跃期： 春天 / 秋天

鹌鹑长得像鸡并以鸡形为人所知的鸟家族中的一员，它包括小鸡、雉鸡、松鸡等。事实上，鹌鹑拥有很多与鸡相同的习惯，一旦一只鹌鹑进入了你的生活，你很快就能发现这一事实。

因为鹌鹑被认为是美味的，因此它们在许多地方都与营养有关。它们热衷交配，这使它们赢得了生育能力强的名声。在古希腊，它们被认为是春天到来的一个象征。

美洲鹑有着与众不同的叫声，据说在小孩出生的前后一个星期，如果你听到了美洲鹑的叫声，就代表着你给小孩取的名字是非常好的名字，会给他带来好运与成功。

鹌鹑会集中居住在一起。在寒冷的天气中，它们会紧贴着保持温暖。它们往往会在地面上围成一个紧密的圈，把尾巴都放在中心，头放在环的外缘，看起来就像是车轮的辐条。这种姿势使它们能够飞往各个方向，当它们受到威胁时，还可以迷惑猎手。

鹌鹑具备一项很强的能力，就是能很容易就发现危险。它起飞时会发出巨大的声音，这样会惊动猎手，分散其注意力，自己得以逃脱。鹌鹑的出现，就是在提醒你要注意危险，以及当受到威胁时，如何找到藏身之所，同时，它还会教你如何在危机时刻当机立断，不犹豫。

渡鸦

关键词： 魔力，变身，创造

活跃期： 冬至

渡鸦是有多种绝杀技能的鸟类之一，关于它有很多神话传说。

在中东，渡鸦被认为是不洁的，因为它是食腐动物，是在《圣经》中禁止买卖的食物之一。渡鸦是洪水之后，诺亚遣发出去却并未返回方舟的鸟类之一。另一方面，在《圣经》的传说中，也有隐藏亚哈王时，渡鸦如何喂养先知以利亚的故事。

在斯堪的纳维亚的传说中，渡鸦有着积极的象征意义。北欧神奥丁有一对渡鸦信使。它们的名字是 Hugin（想法）和 Munin（记忆）。奥丁自己变身为一只渡鸦，这表明渡鸦是伟大精神王国的信使。

渡鸦成为一个预兆，具有悠久的历史。在中世纪，呱呱叫的渡鸦被认为预示着死亡或战争。有些百姓甚至认为，基督教社区的邪恶祭司死后会变成渡鸦。即使在今天，一些老人也许还会告诉你，当一只渡鸦直面阴云遮盖的太阳时，炎热的天气就即将来临了。

渡鸦是鸦科成员，与乌鸦、喜鹊和其他鸟类是一家。事实上，乌鸦和渡鸦之间唯一真正显著的差异是它们的大小，渡鸦比乌鸦要大得多。这表明，对任何一个以渡鸦为图腾的人，如果去研究乌鸦的信息，将会很有好处。许多相同的信息适用于一个事物，也会适用于其他事物，只是程度有所不同而已。在本书中，我想介绍给你一些并不常与乌鸦相联系的信息，而不是简单重复一些众所周知的内容。

在太平洋西北部，有传说认为渡鸦给世界带来了生命和秩序。渡鸦从一个想让世界永久处于黑暗之中的动物那里偷走了阳光，所以如果没有渡鸦，世界上的一切都将不复存在。渡鸦在艺术界也备受推崇，图腾柱上经常有渡鸦的图案。有关渡鸦的童话和神秘故事也开始随之发展起来。

有了渡鸦，人类和动物的灵魂开始合二为一。在黑暗中，万物掺杂在一起，无法区分，直到黎明来临。渡鸦知道怎么变成另外一种动物，以及怎么说它们自己的语言。因为这个原因，渡鸦可以帮助我们重塑我们的生命。

渡鸦很擅长发音，它们可以学会说话。传说夸扣特尔印度人将刚出生的男婴送到渡鸦那里，以便当他们长大时，动物们可以听懂他们的哭声。渡鸦也可以教你理解动物的语言。

渡鸦们喜欢嬉戏，擅长使用工具。它们可以使用石头和其他任何可以使用的东西，去帮助它们击碎坚果和类似的东西。它们不怕任何恐吓威胁，而且速度很快，动作机敏。也正因为这个原因，它们不会轻易地被其他动物和鸟类捕食。这也暗示着它们有能力教你如何无畏地传播生命的活力。渡鸦也因它们的热情而闻名，这反映了它们有强大的创造力。如果渡鸦已经进入你的生活，那你就期待着灵性力量的到来吧。在你生活中的某些地方，灵性力量可能已经在发挥作用了。渡鸦刺激着魔性能量的释放，而这些灵性力量都与你的意愿和意图密切相关。

渡鸦也意味着变身的可能性。每个人的身体内都潜藏着另一个邪恶的自己，只有渡鸦可以告诉我们，如何把那部分的自我从黑暗中带出来，引向光明。渡鸦还意味着精神王国的信息，这能帮助你在生命中戏剧性地变身。渡鸦还能教会我们如何找到那些未完成之物，并把它变成你渴望的事物。

冬季是以渡鸦作为图腾的人能量最强大的季节。冬至是一年中最短的一天。太阳在这一天照耀的时间最短，因此这一天是最黑暗的一天。从这一天之后，太阳照耀的时间就会稍微多一些。渡鸦教我们如何进入黑暗，而后带来光明。每一次的努力，我们就能迎来更多的光明，这就是创造力的意义。

槲鹳

关键词： 敏捷

活跃期： 春天 / 夏天

槲鹳的身上有条纹，头上有冠。像其他有冠的鸟一样，它象征着一种未被激活的才能。它住在有仙人掌和豆科灌木的区域，以这种鸟为图腾的人应该研究这些区域的环境地点。

榭鹳要吃大量的蚂蚱，对那些以它为图腾的人来说，这种猎物的数量和特征也要纳入研究的范围。它将使你更加洞悉这种鸟将在你生活中扮演什么样的角色。

榭鹳实际上是一种在地上生活的杜鹃。它习惯了在地上生活，几乎失去了飞行的能力，但在很少的情况下，它们还是会飞。它们最强的能力就是跑步，可以跑到每小时 18 公里。

榭鹳会教我们快速地思考问题。拥有这个图腾的人，将学会快速地思考并沿着目标前进。榭鹳将会帮助你更快速、敏捷地回忆自己的思路。从精神上来说，你会发现更容易控制自己的思维，不至于涣散，而且可以随时根据目标调整思考的方向。

榭鹳的尾巴就像一个气闸那样工作，它能帮助你在思考过程中暂停或者转变思考方向，也暗示着让你以能够证明你想法的行动，来激发你的潜能。你可能曾经喜欢计划，却半途而废，现在它能帮助你增加你安排计划的机会，你可以根据这些计划重启行动。

以榭鹳为图腾的人总是在思考问题。有时，旁人会很难跟上他们的思维列车，但如果他能慢下来，听取一下周围人的想法，可能会激发他们一些新的灵感，而这些新的灵感他们可能都没想过。

知更鸟

关键词： 新成长

活跃期： 春天

知更鸟俗称“红襟鸟”，传统上人们认为它是春天的象征。尽管知更鸟经常迁徙，但它们也会在一个地方长待。缺乏食物或者是需要避寒时，它们才会迁徙。如果食物供给充足，它们也会全年待在一个地方。

春天里，知更鸟的歌声很容易辨别。事实上，没有其他鸟的歌声能胜过知更鸟。一旦知更鸟进入到你的世界，那么你生活中的方方面面都会出现新的生机与活力。

关于知更鸟有很多神话传说，流传最广的一个，是说当耶稣在十字架上受刑时，知更鸟从他头戴的血淋淋的王冠中拔出了一根刺，因此它的胸脯才变成了红色。有人认为，偷知更鸟蛋的人会有霉运，还有人认为，当你看到春天里的第一只知更鸟时，你应该在它飞走之前许愿，否则在新的一年里，你都不会交到好运。

抛开这些传说，对知更鸟的研究可以让我们了解它作为图腾的真正意义。知更鸟代表红色，对于雄性知更鸟来说，红色胸脯向其他雄性发出的信号是“离开我的领地”。红色当然也与灵魂有关系。知更鸟身上的红色不是纯锈色，而是像被其他颜色稀释了一样。同时，红色覆盖了它的整个胸脯，这在某种程度上表明，它会激发你方方面面的生机与活力。

知更鸟的歌声是一种欢快、婉转起伏的颤音。作用之一是帮知更鸟建立自己的领地。同一区域的两只雄鸟会用尽全身力气歌唱，来争夺地盘。因此，知更鸟的争斗通常是通过歌声完成的，这种争斗方式只是象征性的，不会伤及对方。对于把知更鸟作为图腾的人来说，这一点很重要。知更鸟图腾的精髓是，如果你希望有新的生机与活力，就放声歌唱。任何对抗相对于真正的打斗来说，只是一种表演，所以尽可能展现自我。

知更鸟孵化的蛋的颜色很独特，是浅灰色的。这种颜色常象征激发人类喉部的活力，喉部与意志力和创造力相关联。把知更鸟看作图腾的人们，会有与生俱来的生机与活力。知更鸟来到你身边，是为了帮助你完成重焕生机与活力这一过程，是要指出你一直以来做得不恰当或效果不明显的地方。不管怎样，知更鸟会告诉你怎样成功完成这一过程。

知更鸟父母会共同喂养幼鸟，平均每 12 分钟就给幼鸟喂一次食。这样做是很有必要的，因为幼鸟出生时身上完全没有羽毛。而且，知更鸟的繁殖能力强，一年可以孵化不止一窝幼鸟。这又可以表明，知更鸟的红色具有激发生命活力的能量，而这种能量是由知更鸟的心脏所赋予的。

麻雀

关键词： 自尊、自信

活跃期： 全年

麻雀是一种欢快、自信的鸟，可以设法逃过各种追捕。麻雀在所有鸟类栖息地上都可以生存，而且繁殖速度惊人。

麻雀和许多其他种类的鸟一样，也有关于它的传说。其中一个传说是讲它出现在耶稣受难的整个过程中，象征最后经过长期忍耐后取得的胜利。在英国，它曾经是神灵的象征，并且在中世纪的整个欧洲，都曾经是农民和下层阶级的象征。那个时候的农民正遭受地主的欺压，常常很无助。正因为如此，他们爱听麻雀的故事，这些故事中的麻雀虽然弱小，但最终战胜了像狼、熊、鹰（传统上认为是虐待农民的权贵的象征）这样强大的敌人。

麻雀繁殖能力强，可以保护自己免于各种捕捉。由此我们可以得出这一观点，即平民也具有与生俱来的高贵的灵魂。那些把麻雀看作图腾的人要思考自身的价值。可以问自己以下问题：你曾经允许别人践踏你的尊严吗？你忘记自己的价值了吗？麻雀会告诉你如何在困境中生存，它会唤醒你的自尊，并赋予你自信和自我认同感，帮你取得成功。

麻雀的歌声是胜利的象征。它的喉咙和胸部有三个斑点，呈倒三角形状。它的喉咙两边各有一个黑色斑点，胸部中央也有一个深色斑点，这反映了能量的延伸，这种能量可以唤醒心脏和喉咙部位的活力。麻雀用自信心和意志力，激发出与生俱来的高贵感，才会放声歌唱。这就是麻雀给我们的启示。

欧椋鸟

关键词： 集体生活、集体行为

活跃期： 春天

欧椋鸟是一种社会性很强的鸟类，不在鸟巢栖息时，它们会聚集起来，组成大型的鸟群，它们几乎都是一起飞行和进食。正因为如此，欧椋鸟在集体行为和礼仪方面有许多值得人类学习的地方。从它们身上，我们可以学到怎样让集体活动更有效地运转，并且知道自己的行为在集体活动中是否恰当。团体或集体活动中的任何行为，无论好坏，都可以参照欧椋鸟的行为进行学习或纠正。欧椋鸟不好的集体行为之一，就是集群对其他鸟发动突然袭击。知更鸟、蓝鸟、鶲鹈甚至是茶隼，都会被欧椋鸟偷袭吃掉。只有尖叫鹗凭借其强健的体魄可以抵挡欧椋鸟这样的集体进攻。

如果你的生活中遇到欧椋鸟，你要问自己这样一些重要的问题：你是否感觉周围的人在集体对你进行攻击？你在给别人施加压力，扰乱别人的心情吗？你最近在集体活动中的表现如何？欧椋鸟的出现甚至可以理解为一个警告，提醒你注意可能存在的不当行为。如果你被其他人集体攻击，你就应该想想尖叫鹗的方法，以帮你制止他们的行为。

春天里，欧椋鸟的喙是黄色的，这代表了很强的语言表达能力。你要注意自己说的话是否得体，因为人们偶尔会曲解或夸大你说的话。另外，它还暗示你应注意他人话语中的言外之意。

欧椋鸟会模仿许多鸟类的语言，这种能力也是在集群生活中锻炼出来的。一个团体中许多人要想和睦相处，必须学会用多种语言沟通，这也是欧椋鸟象征意义的一部分，它象征着在集体生活中与他人清晰沟通的能力。

鹳

关键词： 新生，非语言交流

活跃期： 全年

按最古老的传统的说法，毫无疑问鹳是新生的象征，其象征意义和中国的鹤差不多。它还是一种用于祭祀罗马司婚女神（代表家、孩子和家庭责任）的鸟类。此外，鹳也与基督教的古老传说密切相关。我小时候听说过这样一个故事，讲的是鹳在十字架的上空盘旋，为耶稣哀号，并给予他力量。鹳甚至被认为是人类的近亲。在一些神话传说中，鹳被描述成能变成人形的鸟类，传说它在受伤时会像人一样流泪。

鹳是一种涉禽的鸟儿，它的腿很长，能在海岸边或浅水（这些区域通常会通向平原）中活动。因为它的涉水习性，所以它象征着情感和创造力。鹳可以帮助我们理解自己的情感，并享受新生的乐趣。

众所周知，鹳对幼鸟呵护备至。作为父母，它们对自己的孩子十分爱护，保护意识非常强。这就解释了为什么鹳与古罗马司婚女神有关。鹳通常是年复一年地往返于固定的鸟巢之间，繁衍下一代。

通过了解鹳如何履行自己的职责，你可以反思自己的生活。你需要回家或回到带给你温馨的港湾看一下吗？你对你的孩子足够爱护吗？你跟你的家人经常联系吗？你花费时间和精力组织你提出的活动计划了吗？

人们通常认为看到鹳会交好运，如果把它当做图腾，是一件很好的事。它象征着新生，预示着你的生命中将会增添新的活力，你会拥有新的快乐和希望。据传说，如果鹳飞过一家的房子，就预示着即将有一个新生命在这个家庭诞生。

鹳之间相互交流不会用真正的声音。它们会通过用嘴发出卡嗒卡嗒的声音、摆出复杂的姿势、手势或动作来表达想法。通过这些方式，鹳与古老神话中的神圣之舞就联系起来了。舞蹈可以唤醒我们自身的原始能量，它是把我们的身体同外界联系起来的方式之一。

鹳作为一种图腾，可以教会我们如何用肢体语言唤醒我们在生活中方方面面的生命力。它会向我们展示如何通过发出卡嗒卡嗒声为自己加油，最终帮助自己唤醒生命力和创造力。

鹳会为你指明你在努力时需要注意什么，以帮助你取得更大的成功。它还会为你指明阻止你进步的不足之处，以及如何通过恰当的活动，激发更大的能量。鹳会提示你，如何通过肢体活动创造能量，更确切地说，是如何通过肢体活动唤醒并激发能量。另外，鹳还向你展示如何通过活动摆脱现在的困境，创造新生。

燕子

关键词： 温暖，安全，希望

活跃期： 夏天

燕子是一种深受人们喜爱的鸟，它们的到来预示着夏天的到来。燕子喜暖，所以它们被认为是夏天最鲜明的标志之一，俗语称“一燕不成夏”。

关于燕子的神话传说有很多。一个来自印度的传说讲燕子从太阳那里偷了火种，放在自己尾部的羽毛上，将其运到了地球。正因为这一举动，它尾巴上的羽毛才是分叉的，呈剪刀状。因为这一传说和燕子喜暖的缘故，燕子就与太阳和火相联系起来。

在中世纪，人们的许多信仰都与燕子有关。许多人认为燕子有能力找到一种可以复明的神奇石头或者巫力草亦称白屈菜。我们如果研究白屈菜，会更深刻地理解这一点。斯堪的纳维亚人传说，燕子曾经在十字架上盘旋，并对着耶稣哀号“振作起来”。

如果燕子在一个房子上筑巢，就象征着会保护这个地方免受自然灾害，尤其是火和暴风雨的侵袭。燕子高飞预示着好天气，贴近地面低飞预示着雨天。研究燕子的习性能帮我们了解它作为图腾的意义。

燕子是一种小型的、食昆虫的鸟。它的喙很小，但可以张得很宽。这就蕴含了一个道理：人们在交流沟通时说的话，往往有更深的意味。在与人沟通时我们需要注意以下几点。人们在陈述一件事情时，还隐含其他的意思吗？我们说的话是不是要表达更深层次的意思？难道我们在谈话中不需要仔细听懂别人的话，并且努力不受说话人的影响吗？这些表明，在我们说的话中，有很多隐含的意思。

燕子以许多种害虫为食。在你家房子筑巢的燕子可以帮助你解决不少让人头疼的害虫，从而改善家庭的小环境。如果燕子出现在你的生活中，你会反思害虫这件事吗？你难道不需要加强生活中的自控能力吗？你在生活中是不是变得脾气暴躁？你对别人来说是不是“让人头疼的害虫”？你是否深受世俗的困扰而无法前行？其他人有这样的情况吗？燕子会带给我们一种能量，帮我们解决上述的问题。

燕子是一种动作优雅的飞鸟，它很少在地面停留。这一点对把燕子作为图腾的人来说很重要。不要让自己陷入世俗的牵绊中。当你被世俗的偏见困扰而无法自拔的时候，燕子就会出现，暗示你要往前看，内心多一些对未来的憧憬。

燕子的腿和脚很小，力量不大。如果燕子出现在你的生活中，它可能在告诉你：你现在是最虚弱无助的时候，看事情极端悲观失望，站起来，往前看，这样你才会乐观一点；暂时抛开所有困扰，你才会想明白如何使自己变得更强大，从而保护自己和家人。客观性是问题的关键。保持看问题的客观性，才能让你更好地保护家人，让你的生活充满阳光。所以燕子不仅可以帮你清除害虫，还可以为你的家庭营造温暖的氛围。

天鹅

关键词： 觉醒

活跃期： 冬天

在众多图腾中，天鹅属于最古老、最强有力的一种，这甚至可以反映在它的名字上。“天鹅”是英语中最古老的名字之一，早在盎格鲁－撒克逊人时期就已出现，一直沿用至今。

天鹅是孩子、诗人、神秘人物和梦想家的象征。神话故事和民间传说中，经常会提到天鹅，它通常作为美丽优雅的化身出现。在希腊神话中，天鹅不仅用于祭祀爱神阿芙洛狄忒，而且还被用来拉阿波罗的战车，甚至宙斯都假扮成天鹅的样子，向凡人雷多表达爱意，这反映了天鹅能将不同世界的人们联系起来。

民间传说和神话故事中经常会提到天鹅。其中许多故事是讲少女穿上由天鹅皮做成的衣服，就会神奇般地变成天鹅。如果这个秘密被发现，那么这个美丽的少女必须变成人形，并嫁给发现这件事的人，或者是听从这个人的命令。但这些有关天鹅的神话故事大部分是悲剧，暗示生命只有在释放了原始能量后才能得到真正的美，同时也强调不能滥用天鹅的这种神奇魔力。

在希腊神话中，天鹅的歌声一直有一层神秘的面纱。据说天鹅在临死之前会发出它一生当中最美的歌声。它的歌声会让人们头脑中充满诗意的幻想，所以天鹅的歌声又被称为“神秘之歌”、“诗意之歌”。

天鹅是一种看上去神态庄重的水生鸟类，脖颈优雅细长，全身覆盖着美丽的白色羽毛。它是游禽中体型最大的，主要以柔软的水生植物为食。它的喙的敏感度很高，可以被用来当水下的探测器。那些把天鹅当作图腾的人对情感的敏感度也会变得很高，他们会很容易发现自己和别人情感上的微妙变化。

绝大多数天鹅除嘴和腿部外，都是通体雪白。正因为如此，它被认为是太阳系的象征。澳大利亚有一种黑天鹅，是黑夜的象征。天鹅还被认为是稀有珍贵之物的象征。

天鹅的脖颈细长优雅，这是天鹅最显著的特点之一。天鹅的脖颈连接它的头部（上体）和躯干（下体）。对有天鹅图腾的人而言，当你意识到自己真正的美时，你就获得了开拓新领域和获取新能量的能力。天鹅教我们看到自己和他人的内在美，而不是只注重外表。这一点可以在安徒生的童话故事《丑小鸭》中得到佐证。

天鹅喜冷，它们不喜欢热的环境，只要有食物，它们可以很好地抵御寒冷。相信拥有天鹅图腾的人们会发现，御寒比祛暑要好过得多。正因为如此，天鹅与北方有关系，其中的象征意义需要加以研究。

研究天鹅的种类和特点，对它们和我们自身都有重要的意义。天鹅中体型最大的当属啸声天鹅，因其宏大悠长的鸣叫而得名。小天鹅是最常见的种类，它的叫声更像是喘息，而不是口哨。哑天鹅，又叫疣鼻天鹅，在美洲最有名，因成年后失去声音而得名，它并不是完全的失声，象征了沉默的重要性。

天鹅是很有力量的鸟类。它们拍打翅膀就可以弄断一个人的胳膊，它们的撕咬能力也很强。天鹅夫妇终生厮守，对后代也十分负责，有的能活 80 年之久。它们代表我们认识到自身的内在美和能量之后所获得的巨大动力，并象征长寿。

欧夜鹰

关键词： 成就

活跃期： 夏天的黄昏

欧夜鹰常被人们误认为是猫头鹰。其实，它根本不属于猫头鹰类，而是北美夜莺的近亲。它的羽毛色彩斑驳，白色、黑色和浅黄色交错，而这正是黄昏的颜色。欧夜鹰在黄昏的时候最活跃。在神话故事中，仙女、小精灵、圣灵通常也是在黄昏时候出现。欧夜鹰是一种代表“过

照片取自俄亥俄州特罗伊市布鲁克纳自然保护中心

欧夜鹰

欧夜鹰属于鸟类，嘴小且宽，以空中捕到的飞虫为食。

渡时间段”即黄昏的鸟类。仙境中的精灵经常会骑着欧夜鹰在黄昏时候来到人间。

欧夜鹰的喙短却很宽，它们在夜间飞行中捕食昆虫，晚上和黄昏的时候最活跃。把欧夜鹰作为图腾的人也往往是“夜猫子”。他们在晚上情绪会异常高涨，就好像因为一直奔跑而变得亢奋。所以，当一只欧夜鹰出现在你生活中的时候，它就是在提醒你要好好利用黎明、黄昏、午夜、中午这些过渡时间段的大好时光。因为这些时间是你灵感最丰富、精力最充沛的时候，你会发现你在这些时间段的工作效率最高。

北美夜莺是目前发现的鸟类中唯一冬眠的种类。在秋天，它会爬进峡谷中的洞穴里，舒舒服服地躺下准备过冬。它也是猫头鹰的近亲。许多欧洲人还认为夜莺会偷走人的灵魂。

与其他的夜莺不同，欧夜鹰经常出现在人们的视野中。许多人在晚上看到它们时，并不会马上意识到那是欧夜鹰。当欧夜鹰出现在你的生活中时，你要学会反思你生活中的表现：你有被忽视的感觉吗？你在生活中会忽视或不尊重其他人吗？当你应该聚精会神工作时，你会分散精力来吸引他人的注意吗？你和你周围的人是否会专注做一件事？你是否在左右为难，该完成的事完成不了？欧夜鹰会教会你如何免受外界的干扰而专注地去做一件事。欧夜鹰会让你明白，没必要自吹自擂，当你做出成绩，别人自然能看见。

欧夜鹰随遇而安，不会给自己筑巢。繁育后代时，它们会在裸露的地面上一次产下两个蛋。这里面蕴含着深刻的意义，即欧夜鹰不需要浮华的东西，它们以地为巢孕育生命。

火鸡

关键词： 愿望，收获

活跃期： 秋天

火鸡有时被称为地球之鹰。长久以来，火鸡都与灵性有关，还被人们用于表达对地球母亲的敬意。火鸡象征着地球赐予我们的所有福祉，还象征着人类最大程度上利用这些福祉的能力。此外，火鸡能活 12 年之久。“12”是一个很有意义的数字，因为地球围绕太阳公转周期是 12 个月，这就表明火鸡与地球的生命循环周期有关。那些以火鸡为图腾的人们，都憧憬这一年会有一个好收成。

火鸡是美洲土生土长的动物，传说是远古时期的阿芝特克人和玛雅人养育了它们。火鸡浑身是宝，肉可做食物，羽毛可做装饰，骨头可做哨子。火鸡与美国原住民有着深刻的渊源。据传是火鸡帮助神建立了整个世界，教会人类怎样种植玉米，怎样赶跑恶魔。

火鸡属于鸭科类。把它作为图腾的人们对它的习性特点进行了细致的研究。一些人认为它的名字来源于希伯来语中孔雀的名字。

火鸡的适应能力极强。即使受到威胁或伤害，它们也能迅速恢复强壮的身体。应该说，它们受到的最大威胁莫过于失去栖息地，因为，尽管能适应大部分的生存环境，但它们还是偏爱森林中的土地。

火鸡吃的食物很杂，但是主要以橡子为食，一天能吃上一磅重的橡子，坚果和橡子象征着智慧和生命力。以坚果和橡子为食的动物和鸟类，大脑都相对比较发达。火鸡很聪明，会偷刺猬为冬眠而储备在地窖里的食物。

雄性火鸡有皮瘤，从额至喙有一个长形红色肉垂。当走动时，它的肉垂就会像触角一样在它的鼻子两边晃动。火鸡在打斗时，肉垂会鼓起来，这种形态极具象征意义。火鸡的肉垂象征着人类的脑下垂体，在玄学上被称为“第三只眼”或“魂灵的内在之眼”。“魂灵的内在之眼”象征着女性力量，而这些女性力量又是地球母亲赋予的。

繁殖后代时，火鸡通常是一只雄鸟配一群雌鸟。雌鸟在求偶时，会在它中意的雄鸟前卧下，以吸引雄鸟的注意。雌鸟有时会共用一个窝产卵，这也说明了火鸡之间能容易达成共同的愿望和目标，它们在面对危险时，也会共同抵抗外界的威胁。

许多人认为火鸡不会飞，但事实并非如此。火鸡能迅速起飞，短途飞行速度可达每小时 50 英里。它们的双腿结实有力，擅长奔跑。在夜间，为了安全，火鸡会在树上栖息，通常每晚都会换一个栖息地。火鸡的这些习性反映了它们团结合作、乐于分享的精神。

秃鹫

关键词： 净化，死而复生，新视野

活跃期： 全年（夏天和冬天）

在上古时期，太阳离地球非常近，以至于地球上的生物难以生存。动物们聚集起来商讨对策，它们想把太阳挪得远一点儿。狐狸第一个自告奋勇，它把太阳咬在嘴里，开始朝天边跑。很快太阳就变得很热，烫

坏了狐狸的嘴巴，它只好无奈地停了下来。所以直到今天，狐狸的嘴里都是黑色的。负鼠第二个承担重任。它用尾巴卷起太阳也开始朝天边跑，但没过多久，太阳开始变热，烧坏了负鼠的尾巴，这样它就不得不停了下来。所以直到今天，负鼠的尾巴上都是光秃秃的。看到连续两种方法都不奏效，秃鹫站了出来。秃鹫是最美丽、最有力量的鸟类之一。它的头上有一块让其他鸟都羡慕的美丽羽毛。秃鹫清楚地知道，如果不把太阳移远一些，地球就会毁灭。想到这里，它义无反顾地用头顶住太阳开始往天上飞。秃鹫有力地拍打着翅膀，太阳慢慢地被推上了天空。尽管头上的羽毛已经被太阳烧着了，它仍然坚持着，直到把太阳固定在一个离地球合适的位置才停下来。它成功了，但不幸的是，它永远失去了头上那块漂亮的羽毛。然而，在现实生活中，人们对秃鹫有很多误解，一些关于它的说法难免有失偏颇，人们认为秃鹫粗野肮脏，常把它们和死亡联系起来。

与之相反，神话故事却把秃鹫描述成一种极好的动物。希腊神话就把秃鹫描述成狮鹫（希腊神话中一种鹰头狮身有翅的怪兽）的后代。它的象征意义往往包含相反的两方面，如天堂和地狱、精神和物质、善良和邪恶、守护者与复仇者。秃鹫常被认为是复仇的自然精灵。古代亚述人认为狮鹫就是死神。狮鹫是一个结合体，既有猎鹰的翅膀，又有狮子雄健的身躯，还具有夜间猫科动物的警惕性。秃鹫作为狮鹫的后代，承担起了守护者的责任，掌握着生死的秘密和救赎之路。埃及神话中的真理正义女神身上经常会戴着秃鹫的羽毛。在埃及的一些地方，秃鹫是母亲的象征，因为它只吃腐食，不会危害其他动物的生命。

通常，鸟类会代表一种神圣的力量，这种力量可以保护人们的生命免受伤害。美国科罗拉多州中部一座城市的印第安人相信秃鹫有净化灵

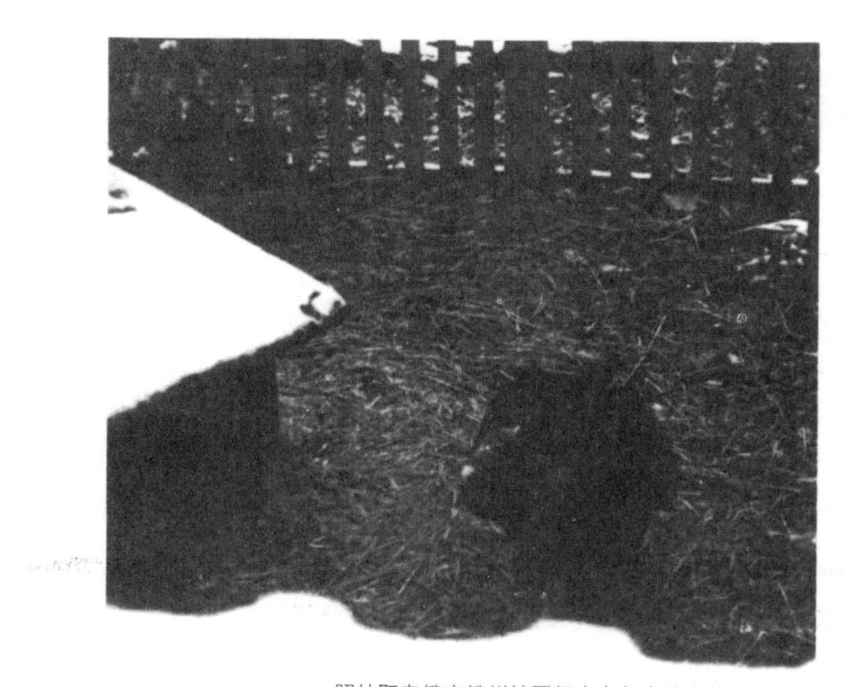

照片取自俄亥俄州特罗伊市布鲁克纳自然保护中心

兀鹰

这种鸟的名字是从拉丁语中得来的。尽管它只吃腐食，不会虐杀活物，但仍被认为是一种食肉猛禽。它的两翼长而宽，可以轻松起飞，并长距离飞行。在某些传说中，它是最强有力、最神秘的动物之一。

魂的作用，他们相信秃鹫的灵性力量可以修复人与自然的关系，使之达到和谐状态。秃鹫的羽毛可以在实施变形术的过程中起辅助作用，帮助人变回原形。秃鹫还可以驱逐恶魔，阻止鬼魂的纠缠，甚至可以使战士死而复生。

秃鹫属于肉食类的鸟。但与大多数肉食鸟（如猫头鹰）不同，它的腿和爪子弱小，力量也不够，不擅长抓咬猎物。尽管作为食腐动物，总是令人生厌，但它们在大自然的生态系统中有着极其重要的作用。因为它们消灭了动物的尸体，可以阻止尸体上携带的细菌或病毒传染给没有抵抗力的动物。这样就阻止了疾病的传播，从而起到了净化、平衡生态环境的作用。

秃鹫的种类有很多。每一种都有自己的特点和习性。但它们都有一个共同的特点，那就是无论走、站或停，它们身上都有一种发自内心的坚定和自信。秃鹫是世界上翅膀宽度最长、体型最大的飞鸟。安第斯秃鹫的翅膀宽度可达 12 英尺，加利福尼亚秃鹫的翅膀宽度可达 9 英尺。在墨西哥和阿根廷之间飞行的秃鹫群，通常会有一个或两个领头的鹫，它们会比群里的其他鹫飞得更高、更远。

尽管秃鹫站着时看上去很丑，但它们飞行时的样子足以让人叹为观止。它们起飞时，动作优雅轻快，人们看到后会为之振奋。对于把秃鹫作为图腾的人来说，做事漂亮比外表漂亮更重要。

秃鹫有一种神奇的本领，就是可以看到从地面上升的暖气流，并会利用它给自己的飞行增加动力。它的这种本领常被用来比喻成发现金矿的能力和看到人类体能变化的能力。我们在生活中也有看到上升暖气流的机会，比如在炎热的夏天，当我们在公路上开车时，就会看到热气从地面升起，这就是上升暖气流。但在一般情况下，肉眼无法看到气流的流动。秃鹫在地面上时，对上升暖气流也不会有任何的感知，但在空中时，它们对气流就很敏感。当秃鹫出现在你的生活中时，你身边的人和物就会出现新的变化。

秃鹫是一种有耐性的猎兽，因为它们时常会飞行数小时。但在长时间的飞行过程中，它们很少会拍打翅膀，因为它找到了一种节省能量的飞行方式——滑翔。这些大翅膀的鸟，在荒山野岭的上空悠闲地漫游，用它们特有的感觉，捕捉着肉眼看不见的上升暖气流。它们依靠上升暖气流，来抵消地球万有引力的作用，舒舒服服地继续升高，以便向更远的地方飞去。

秃鹫所具有的神奇魔力之一是漂浮术。神话故事中，只有神灵才会有漂浮的能力，因为地球对周围的任何物体都有强大的吸引力。也就是说，地球上的任何事物都被地心引力吸引，一般情况下它们是不会漂浮起来的。但是秃鹫有超物质的能量，它的漂浮动作象征着一种脱离物质世界的行为，一种脱离世俗控制的挣扎，而这种漂浮能力让地心引力失效。

与一般猛禽和鸟类不同，秃鹫在飞行过程中通常把翅膀张得很大，这有助于它们飞行。它们只有在需要助力向前猛冲时，才会扇动巨大的翅膀。因此我们可以从秃鹫身上学到如何恰到好处地运用身上的能量。

众所周知，秃鹫的眼睛很敏锐。一些科学家甚至认为，尤其是当腐尸出现时，秃鹫之间可以通过眼神进行交流，传达微妙的信息。与人眼相比，它们眼睛的灵敏度要高出八九倍，可以发现数英里之外的腐食。

除了敏锐的视力外，秃鹫的嗅觉也很厉害，它的嗅觉高度发达，有时可以只通过气味，就找到食物。但是各种鹫的情况不同，黑鹫的嗅觉能力就比其他种类的逊色一些。嗅觉是认知能力中的一种，秃鹫可以帮助我们开发自己的认知能力，并把它运用到生活的各个方面，它可以帮我们认识到生活中的哪些地方出现了异常。有一种叫做芳香疗法的治疗手段，就是通过刺激人的味觉来治病。把秃鹫作为图腾的人们，会认为这是一种对自己的身体疾病最有效的治疗方法。

秃鹫有一套独特的消化系统。它们吃的都是腐食，但它们对细菌的抵抗能力远强于人类。因为它们的消化道内含有一种特殊的化学物质，能够杀死食物中的致病微生物。通常情况下，把秃鹫作为图腾的人们会慢慢地发现自己的消化系统也发生了变化。食物在使人饱腹的同时，也有愉悦身心的作用。如果我们吃了一种食物后，感觉身体不适，就说明这种食物与我们相克。但通常的情况是，我们原本认为不适合吃的食物却能起到愉悦身心的作用。我们吃进去的食物对身体的影响往往表现在体质方面的变化上。因此，我们吃进某种食物后，都要注意自己在生理、心理和情绪上的变化，并以此判断我们在今后的饮食中应多吃什么、少吃什么。

把秃鹫作为图腾的人们，渐渐地也会发现他们对自己身体的呵护慢慢发生了变化。很少有鸟类懂得对自己的腿脚进行排毒保养，但秃鹫就属于会保养的一类鸟。它会把粪便排到腿和脚上，来清除吃死尸过程中堆积的细菌，因为它的粪便中也含有可以消灭细菌的化学成分。

我们这里并不是说，把秃鹫作为图腾的人们也要采取同样的方法排毒。我们只是强调这些人应该确定自己身体内部的排毒系统是否正常运转。如果你觉得自己精神萎靡不振，就应该检查一下自己的肠道，看是否排毒不畅。

秃鹫排便除了可以帮自己的腿脚进行杀毒，还可以让身体降温。当人体内部燥热，适当降温也对身体大有裨益，比如把脚泡入冷水中，你的身体会感到好了很多。

尽管吃腐食，但实际上秃鹫的身体很干净。天上下雨时，它就可以沐浴。它裸露的头能非常方便地伸进尸体的腹腔进食，如果头上有毛，细菌就很容易在羽毛上积累。因此，它裸露的头有效地阻止了细菌感染。秃鹫脖子的基部长了一圈比较长的羽毛，就像人的餐巾一样，可以防止食尸时弄脏身上的羽毛。阳光也是它头部的天然杀菌剂。每天早晨，它都会迎着太阳张开翅膀，清理身上可能残留的细菌。这样，它的翅膀就充当了一个小型阳光收集器的作用。

秃鹫实际上不会发出真正的声音，它只能通过挤压嘴里的空气发出嘶嘶声。对一些人来说，这意味着做比说更重要，也就是说，实际行动远胜夸夸其谈。

人们认为秃鹫的身上体现了动态与静态的生命、精神与物质的力量相结合。它告诉我们，痛苦是短暂的，要想拥有更大的成就，必须学会承受挫折。不管现实情况多么严峻，我们都要坚定信念，因为希望就在前方，就像普罗米修斯经历了千难万苦，最终方被大力神救走一样。

太平鸟

关键词：性情温和，彬彬有礼

活跃期：春天／夏天

太平鸟是一种外表美丽、性情温和的鸟，是红雀家族的一员。它通常全身是浅灰栗褐色，其中还夹杂一些粉色、浅紫色、亮黄色的羽毛。上嘴基部、眼线、眼围至眼后形成黑色纹带，并与脖子的宽黑带相连构成一环带，就像戴了一个面具一样。翅膀末端呈鲜红的玫瑰色，并向外伸出红色的细针状蜡质突起。

对颜色的研究可以帮助我们更好地了解太平鸟所蕴含的能量。太平鸟像面具似的纹带可以使我们联想到面具制造工艺和装束礼仪。面具制作是一项历史悠久的工艺，在庆祝仪式、宗教活动中有广泛的应用。人们从太平鸟身上得到启发，学会用面具娱乐，并发明了颜色疗法，这种疗法是近年来一种重放异彩的古代疗法，因颜色对于病人具有刺激、镇静、治疗三种作用。

面具可以遮住人的真实模样，但大多数人都会害怕改变自己的样子，认为那是一种病态。太平鸟告诉我们，改变会在我们毫无知觉的情况下进行。我们在寻求突破时，必须跨过心中的那道坎。

太平鸟与它的近亲红雀一样，头上有一个冠，这象征着有待激发的潜在智慧，还象征着宗教仪式上可以唤醒神灵的皇冠。

实际上，太平鸟是一种性情温和、彬彬有礼的鸟类，它们乐于和同伴分享食物。如果太平鸟出现在你的生活中，你就该对你和别人的性情进行反思：别人对你是否表现出了应有的尊重？你对别人是否足够尊重？你需要从一个新的角度重新审视自己和他人的行为吗？你是否对自己要求的过于苛刻？太平鸟可以教会你养成温和的性情。

啄木鸟

关键词：辨识力，规律的生活节奏

活跃期：夏天

啄木鸟是一种具有神秘色彩的鸟类，它最具辨识性的特点就是用嘴敲打木头。欧洲的民间传说认为，啄木鸟可以预测天气，人们可以从它啄木时发出的声音判断天气变化。有的人甚至认为它是一种雷鸟。在巴比伦神话中，它的嘴被认为是伊师塔（巴比伦神话中的女神）的斧头，而且与生育能力有关。在希腊神话中，啄木鸟在宙斯的宝座上占有一席之地，用来祭祀宙斯这位雷神。啄木鸟还被认为是战神的谕旨，因为古代的战争中经常会敲鼓，这正与它啄木的特点相契合。古罗马时代也有关于啄木鸟的传说，讲的是喀耳刻女神爱上了森林之神皮库斯，皮库斯拒绝她的爱之后，就被变成了一只啄木鸟。根据印第安人的传统，啄木鸟敲打的声音代表地球的心脏跳动。这种敲打的声音有许多神秘的象征意义，如象征新生的节奏和变形的圣歌。

啄木鸟的种类很多，每种都有各自的特点。最常见的是黑色和白色啄木鸟，还有一些啄木鸟头是红色的。黑色和白色代表我们在生活中应明辨真伪、实事求是。

在众多啄木鸟中，北美绒啄木鸟是体型最小的一种，它也是啄木鸟家族中最常见，性情最温和的一种。北美大啄木鸟经常出没于森林中，号称“伐木专家”，它的红冠很显眼，大小同乌鸦，是体型最大的啄木鸟。红冠啄木鸟也很常见，其中的雄性啄木鸟除了头部，颈部也是红色的，两部分的红色连在一起，像是一个围脖。啄木鸟头上的红色代表一种激活心智和头部穴位的能力。啄木鸟最具代表性的凿子也有启发心智的意义。

啄木鸟在树皮和枯木中凿洞探寻昆虫。它们用头凿洞象征了对问题的探索和辨识的能力。它们的喙强直尖锐，可用以凿开树皮。舌细长，尖端生有短钩，可伸出喙外，探入树干洞穴中，钩取昆虫，是捕食工具。而且它们的尖嘴和长舌还用来比喻辨识能力。

如果听到啄木鸟发出嗒嗒的“敲木歌”，你就应该反思如下问题：你能理性地看待事情吗？你和你周围的人能很好地认清自己的行为吗？你们会盲目地去做一件事吗？

有时啄木鸟的出现就是为了让我们的生活变得有节奏，给我们的生活带来新的变化。规律的生活节奏对我们的身体也会有很大的好处。日常生活中，我们总是会被各种琐事搞得心烦意乱，体质也随之变差。这个时候啄木鸟就会出现，提醒我们改变杂乱无章的生活，让自己增添一些活力。

啄木鸟的爪子坚韧有力，可以牢牢地抓在树干上，尾呈楔形，尾羽硬而有弹性，啄木时可支持身体。它们在天空飞行时，保持一种直上直下的姿态，它们的飞行模式和节奏很独特，绝对不会与其他鸟儿雷同。这就是要告诉我们，在生活工作中要坚持自己的想法和作风，不要随波逐流、人云亦云。当一只啄木鸟出现在你的生活中时，就是在提醒你要时刻做最真实的自己。

鹪鹩

关键词：机智，勇敢

活跃期：春天

鹪鹩的种类有十多种，是一类小型、短胖、十分活跃的鸟。和知更鸟一样，它也很受人喜欢。它全身呈褐色，尾巴总是高高翘起，平时并不常见。

人们认为是鹪鹩从太阳那里偷取了火种，带到了地球上。可能是由于被火烧过的原因，它的尾部羽毛才变得又短又翘。在中世纪的欧洲，尤其是下层社会的人们认为，鹪鹩是玛丽女王的宠物鸟。这很可能是因为神话故事中总是用雄鹰、猫头鹰、狗熊这些强壮的鸟类和动物来形容统治阶级。

鹪鹩是最有力量、适应能力最强的鸟类之一。它们随遇而安，通常会把巢筑在地面上，甚至是沼泽地区。筑巢主要由雄鹪鹩负责，它们一般会建几个假巢和一个真巢，这样做一部分原因是为了安全起见，也有人认为是为了吸引雌鹪鹩。只有在假巢建好以后，雌鹪鹩才会住进真巢，开始孵蛋，这时，雄鹪鹩会与雌鹪鹩和幼鹪鹩分开睡，给它们一个好的休息环境。

鹪鹩是一种勇敢、有力量的鸟。印第安人的神话说中提到，鹰向鹪鹩吹嘘自己可以飞得很高，鹪鹩听后，就骗鹰载着它飞上天空。当鹰不能再往高处飞时，鹪鹩从鹰的背上跳起来，飞到更高处的云端，嘲笑鹰的自高自大。

鹪鹩鸣叫的声音要比其他鸟的声音大很多。它可以轻松地歌唱一整天，这也是一种自信的表现。鹪鹩也有一点暴脾气，它不会畏惧任何鸟类或动物的挑战。

如果一只鹪鹩出现在你的生活中，你应该问自己如下问题：你充分利用你身边的资源了吗？其他人呢？你有足够的自信吗？你是不是每天忧心忡忡而变得死气沉沉，毫无生机？你亲近自然吗？你会思想固执，吊死在一棵树上吗？你生活中有什么兴趣爱好吗？鹪鹩能教会你如何利用身边的资源，教会你用最有效的方法适应新的环境。

神秘的动物王国

万物形成之初，

只有动物拥有智慧和知识。

上帝没有赋予人类智慧，

他只是告诉人类，

动物就是他的化身，

人类应该向动物，

向星星、太阳、月亮学习上帝的旨意。

——《圣经》

第11章

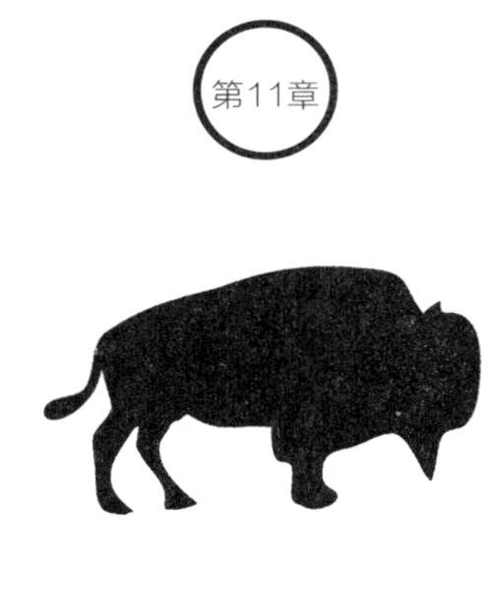

崇高的动物图腾

一个有趣的现象非常值得人们关注，那就是许多种族，包括美国原住民在内，都未曾对动物进行过分类。像人类被看作生灵一样，动物也只被简单地视为一种生灵。对拉科塔人来说，动物就是兄弟姐妹，是父母，是同宗一脉的亲戚。16 世纪以前，几乎没有人使用过“动物”这个词，后来也只是偶尔被一些学者使用。人们将所有动物都简单地称为“野兽”、“生物”或者其他诸如此类的名称。

“动物”（animal）这个词源于拉丁语“anima”，意思是生命的灵魂或呼吸。“野生动物”（wild animal）中的“野生”（wild）这个词来源于盎格鲁－撒克逊语中的“wilde”，意思是自由自在地生活在自然界中，不受控制。

古老的经文和作品往往将动物与一些神圣的力量联系起来，特别是与上帝和女神相关联。在某些宗教中，上帝和女神都有一个动物座驾，这些动物被赋予了灵性。比如大象的领袖象头神，其座驾就是一只大老鼠。此外，动物也被看作上帝或女神的信使，它们可以向人们传达上帝和女神的意旨，或者说它们的出现就代表着上帝和女神的意旨。信仰这种宗教的人通常认为，圣灵们寄附在某种动物身上，因此他们将每头公牛都看作湿婆或与湿婆一样神圣。

中世纪许多与动物有关的作品都试图将动物归为某种特定的宇宙物质或现象，而且这种观点得到了人们的普遍认可。艾力克斯顿·科洛米的《生理学》和马格努斯·阿尔伯图斯的《论动物》就是其中的代表作。动物往往被看作低等生物的象征，而人类则远远地跨越了那个低级阶段。人们往往会依据水、土、气、火四要素对动物进行分类：水生生物和两栖类生物被归为水元素；爬行动物被归为土元素；鸟类被归为气元素；哺乳动物（热血动物）则被归为火元素。

不过，即使有古老的寓言和圣经，即使有作家向后人传达动物的原始寓意，动物的象征意义也会因时代背景的不同而发生改变。“动物”这个词可以被解释为生物、人类、圣物，甚至是思维的轨迹。事实上，它往往包括了以上种种元素。

要想建立自己的动物观，必须要铭记上述内容，除此之外，别无捷径。每一种动物对你来说都应该是独特的、富有象征意义的。我们已经了解了一些基本的动物常识，下面我们将进入一片更加神秘和抽象的领域。它们之间不存在一个比另一个更有意义的情形，而是前者为后者奠定了基础。在前者的基础上，后者才能为人与动物的关系，以及人与整个自然界的关系罩上一层神秘的色彩。你要做的就是仔细观察和牢记每种动物的特征、行为以及它与你个人生活的特殊关系。要知道，你搜集到的每个信息都可能蕴含真理。

如果你以一种敬畏的态度与那些动物相处，你的观察就会变得很容易，你对于生命的理解也将会越来越准确。这样做将有助于你与那些动物和平相处，领略神圣世界和自然界的风采，满足你追逐世界的好奇心。

你在本书中发现的动物图腾将成为一架神奇的桥，引导你通往更高的精神境界。它们能够为你提供更多的动力和能量，帮助你去探索神秘境界，并使你时刻与现实保持联系。

当你找到了属于自己的图腾时，你会发现它们经常出现在你的梦中和冥想中。你也将会以各种不同的方式与这些动物相遇，这都是冥冥中的安排。你可能通过图片、明信片或者那些印有你的动物图腾的玩偶认识它们，也可能恰巧看到几期与动物有关的电视节目了解它们。书、神话传说以及其他有关它们的事物都会来到你身边，你无须沉浸在这些媒介中，你只需辨别它们并好好地加以利用，确保动物的灵性力量通过动物图腾影响你的生活。

五种方式，拉近你与动物图腾的关系

你可以通过以下五件事，建立你与你的图腾、你与自然界之间的稳定联系。

1.尽可能多地了解你的精神图腾。你可以通过查阅与它有关的资料来了解它的基本特性、习惯和行为，还可以通过考证那些与它有关的神话传说和故事，揭开它的神秘面纱。以上这些都有助于你感知那些神奇的能量，并确认它们会以哪种方式呈现在你的生活中。

一般情况下，人们不会对自己的动物图腾产生排斥心理。但这也并不是绝对的，有些人就是很害怕那些属于自己的动物图腾，或者认为它们很丑陋，丝毫不吸引人。出现这种情形时，我建议你去图书馆的童书区，查阅那些与动物有关的童书。大多数的童书都会以奇妙、有趣的方式向小朋友介绍动物。当对象是那些容易使小朋友甚至成年人感到害怕的动物时，童书的描述方式会更有趣，而且不会让人产生恐惧心理。一本与动物有关的童书可以拉近你与那些动物的关系，并让你发现它们的可爱之处，因为书中一般不会出现令人害怕的内容。

2. 找出那些与你的动物图腾有关的图片和艺术品。你可以制作一个图片拼贴板，将那些动物图腾的图片粘贴在你的照片周围，并将它挂在一个你每天都能看到的地方。这个图片拼贴板将会时刻提醒你，你正在与这些动物的精神世界建立某种联系。

3. 绘制那些动物的形象。你不必担心自己的绘画能力，不必拿自己的作品与别人的作品比较，也没必要将自己的作品公之于众，因为与那些动物建立联系是你的私事。只要你用心观察过那些动物，你就会发现你可以相当精确地捕捉到那些动物的特征。

如果你是一个喜欢一边打电话一边随手涂鸦的人，那么不妨在打电话时随手勾勒出那些属于你的动物图腾。这将有助于你与那些动物图腾建立起关系，而且你也不必在意涂鸦之作的好坏，因为没有人会对涂鸦之作抱有很高的期望。所有的艺术创作都可以刺激人脑的右半球，帮助人们更直观地感知整个精神世界。

4. 买一些你的动物图腾的塑像。对于塑像，不必要求太高，也不需要花很多钱买那些大的或昂贵的，书店里卖的那种绘有动物形象的书签其实就是很好的选择，你不妨为自己和他人多买一些。

你可以将绘有你的动物图腾的小卡片（比如在书店买的那种）作为礼物送给你的朋友和家人。如果你这么做了，说明你深信动物图腾灵性力量的普遍性，并确信它们有能力去帮助每个人。你不必告诉每个人你送他们这份礼物的初衷，你也不必向他们解释那些小卡片隐含的深意，你只需告诉他们那是你最喜欢的动物，是你为他们精心准备的礼物即可。

5. 向那些与你的动物图腾有关的野生动物基金会或其他专业机构匿名捐献一笔钱。匿名捐款可以说明你只是为了向那些动物表示关怀，而不是为了沽名钓誉，博得他人的敬重。

你不妨花些时间和精力，到公园或自然保护中心做志愿服务。虽然有时候你并不能直接为那些动物服务，但你的努力却有助于促进自然环境的良性发展。也许你做的志愿工作非常普通，但每一份努力都有它的价值，都值得认可。

我参与了俄亥俄州布鲁克纳自然保护中心的多项志愿服务活动，其中之一就是每星期四早晨去喂养动物和清理笼子。这项工作很耗时间，你需要去清理动物吃剩的食物残渣和很多令人头疼的垃圾。尤其是到了夏天，那些涌进自然保护中心的孩子会将垃圾丢得到处都是，清理垃圾可不是件容易的事。除了清理垃圾，你还需要及时地安抚那些情绪不佳的动物。允许你与那些动物亲密接触，就是对你辛勤劳动的回报。作为中心的志愿人员，你还可以免费享受一些特别的服务，比如动物康复疗法、科学研究或诸如此类的事情。奉献和回报总是会达到平衡的，这是一条亘古不变的定律。

你要谨记，你所做的任何促进和保护自然的事情，都会拉近你与你的图腾之间的关系。自然界中的万事万物都有着千丝万缕的联系，它们以特定的方式联系在一起。通常我们很难识别它们之间的联系。当你致力于促进和保护自然界的某个方面时，隐藏在自然界中的力量就会反作用到你的身上，保护你的生命，因为对自然界来说，你也是它不可分割的一部分。

还要记住一点，不可过度赞美你的图腾，也不要夸大它对你和他人的影响。不管你有没有表达出对他人图腾的怀疑，你的这种心态都会阻碍和影响你与你的图腾之间的联系。在你的周围存在着一股能量，如果你大肆渲染自己与图腾的关系，就会削弱这股能量，使它不能找到合适的机会为你创造出真正的奇迹。

如果你是在无意间让别人知道你特别喜欢某几种动物，这并不是你的错。如果被问起其中的缘由，你只需要告诉他们你相信这些生物的能量和天性就够了。每个人都有属于自己的动物图腾，这是个人的私事。不可否认，一些人会拥有同一物种的动物图腾，但这种动物图腾作用于每个人的方式是不同的，这些方式本身没有好与坏之分，只是各不相同而已。

你要学会尊重你与你的图腾之间的关系，满怀敬意地看着它们一步步地发展。同时，你还要认识到自己能力的局限性，允许你的图腾主动了解你。当你坚持不懈地培养你与你的图腾的关系时，对你们之间的关系出现的变化，你无须感到惊讶，也无须做些什么，你只需以你的方式尊重这种新变化，并对那些拉近你们之间关系的神圣力量报以感激。

唤醒动物图腾的魔法

一旦你知道了自己的动物图腾，你就应该与它们建立积极的关系，这对你来说是非常重要的，有助于你明确它们能为你做什么，还有助于你召唤你的动物图腾和实现梦想的灵性力量。

要想呼唤出你的动物图腾，必须从冥想开始，在你的脑海中将它可视化。想象它正站在你的面前或正向你走近，而你的心向它敞开着。当它站在你面前时，允许它向你倾诉，告诉你它是谁，它会如何助你实现梦想。你不必担心自己能不能呼唤出你的动物图腾，因为说不定它早已进入你的脑海。你的精力越集中，你的呼唤力量就会越强大，也就更容易看到它的本性。

你要不断地做这样的练习，那就是在脑海中想象它与你融为一体的过程。在想象中，你们合二为一，它就是你，你就是它。本书中讲到的练习能帮助你进入这种冥想的境界。当你的生活需要这种动物的灵性力量来解决问题时，你可以在处理那些问题之前花 5 分钟进行这样的冥想，感受你的图腾的存在和它那强大的能量，并确信它可以帮助你解决当下的问题。冥想时，你还要想象情况正逐渐好转，最终会得到妥善地解决。

当你了解了你的动物图腾，并能够辨认出它时刻与你同在的巨大能量后，你就可以做召唤它的练习了。你可以通过听音乐、诵经或者击鼓这些活动，帮你将你的动物图腾召唤到你的面前。击鼓和诵经是非常有效的工具，它们可以让你集中精力，打开那扇通往精神境界的大门。

你可以为你的图腾唱你自己创作的歌曲。你的歌不用多长、多优美，

简单的两三句歌词，配上旋律和恰到好处的重复，就可以达到令人满意的效果。如果你已经对一首简短的歌或经文非常熟悉了，那你只需要改下词歌颂你的图腾就可以了。冥想时，你可以让你的图腾告诉你哪些歌曲能够很快将它召唤到你的面前。

在所有我用来召唤我的动物图腾的歌中，有一首非常奏效。这首歌来自文艺复兴时期的一部作品，作品中有很多合唱的歌词，我只截取了这些歌词中的三行，作为召唤动物图腾的歌。这首歌虽然非常短，但非常有感染力，能让我的图腾欣然接受它。

这部作品的名字叫《前行》，是16世纪西班牙的一部作品，描述的是文艺复兴时期的一个圣诞节。与那些类似的作品一样，它也包含多种宗教含义。

我的那三行祈祷歌，每句都有12个音节。“3”是一个极富创造力的数字。“12”也是个极具内涵的数字，比如12个绳结代表一个黄道带，一年有12个月等。这两个数字赋予了短歌灵活多变的节奏。

在翻译这三行祈祷歌时，这三行歌词一直在强化我的一种信念，那就是相信自然界会通过特定的动物将神圣的力量传递给我。

前行（原版）

我一直在前行

（行，我一直在前行，那沿河站岗的是谁）

恶狼正垂涎着我们的羊肉

（上帝一直在阻止狼群接近我们的母羊）

恶狼正垂涎着我们的羊肉

（上帝一直在阻止狼群接近我们的母羊）

前行（修改版）

我一直在前行

（行，我一直在前行，那沿河站岗的是谁）

恶狼正垂涎着我们的羊肉

（上帝一直在阻止狼群接近我们的母羊）

_____ 正垂涎着我们的羊肉

（_____ 一直在阻止狼群接近我们的母羊）

在我的修改稿中，我的第三行歌词没有用“上帝”这个词，而是换上了我想召唤的动物的名称。因为这是一首西班牙歌谣，所以我也要用西班牙语称呼我所召唤的动物。通过这种方式，我就可以坚定一个信念：上帝或那股灵性的力量会通过动物帮助我们，是动物的能量让狼群远离了母羊。我相信，正是动物激活了那股能量，猎手与猎物才有了仰赖的力量，才得以维持彼此之间的平衡状态。

前行（简版）

行，我一直在前行。

（行，我一直在前行。那沿河站岗的是谁）

恶狼正垂涎着我们的羊肉

（上帝一直在阻止狼群接近我们的母羊）

隼正垂涎着我们的羊肉

（苍鹰一直在阻止狼群接近我们的母羊）

我将动物看作神灵的替身，歌词的第三行充分表现了这一想法。如果我打算同时召唤多种动物，我就会不断地重复第三行歌词，每重复一遍就换一种动物的名称。为了遵循神秘的三节奏，无论召唤哪种动物，我都会将上面的歌词重复三遍。这样一来，“3”这个数字的神奇魔力就会彰显出来。我发现我的《前行》歌具有惊人的召唤力，我可以用它召唤到那些我平时召唤不来的动物。

你也可以自己制作召唤动物的乐谱，试着练习，你会发现你的努力很快就会有回报。你可以用它来召唤你的动物图腾，并向它们传达你的意愿，从它们身上获得你需要的灵性力量。乐谱就是有这样的魔力。

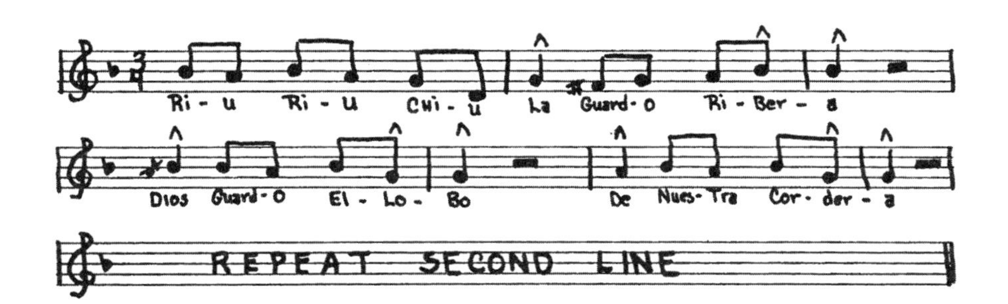

第12章

通过仪式，我们理解了生命

与动物有关的仪式和动物的权利问题，已成为空谈家或其他新生代群体讨论的两大热门话题。这很容易让人们以为这两大讨论总是同时进行的，但事实并非如此，在某些社交圈中，被提及的往往只是其中一个。令人震惊的是，在我听到的所有故事中，与动物有关的仪式总是会与祭祀活动如影随形。

在古代社会，人们放血是为了释放血液中的某种精神能量，帮助祭司、女祭司、法师等增强巫力，而且这是他们知道的唯一方法。如今，人类社会的发展早已远远超越了那个愚昧的时代，也就不再需要放血祭祀这样的仪式了。无论是为了释放还是为了净化人类的精神能量，像放血祭祀这样的活动，其实都是对人类精神世界的玷污，使人的思想、情感甚至肉体都不再纯洁了。

那些声称祭祀活动必不可少的人，都是迷途的羔羊。他们有的期望不劳而获，不愿意通过正常渠道的努力来提高自身的能力；有的则仍相信魔力和法力都是超自然的能量，是他们不可企及的。如果他们一直这样执迷不悟下去，因果循环定律就会起作用，到时候他们将会付出惨痛的代价。

最近一段时期，出门打猎变得流行起来，这种活动甚至还得到了某些群体的鼓励和支持。一位向我求教的妇女曾告诉我，她丈夫外出打猎令她非常高兴，因为这样一来她就会有更多的动物皮毛来缝制礼服。

世上没有什么事情比无知更可怕。那些诸如打猎之类的活动是对大自然的漠视和不敬，残酷得让人震惊。一些人也许会辩驳，即使他们不猎杀动物，动物最终也会死亡，所以他们并没有对动物造成真正的伤害。不错，死与生一样都是大自然的普遍现象，但这里的“死”是生物链中的捕杀和疾病所导致的死亡，并不包括人为因素。退一步来说，即使打猎这种行为非常合乎情理，但它也不是一项运动，因为运动是配有相同工具的个体之间进行的对抗。

在远古时期，人们屠杀动物是为了生存，为了自我保护，而不是遵循某种宗教形式。人们杀了动物后，会充分利用它们身体的每一部分。他们之所以这么做，是因为当时他们实在找不到其他的东西可以用，或者因为他们缺乏生存经验。要知道，当时人们的生存条件极其恶劣，他们时刻面临着卫生状况不佳、短暂的寿命以及艰难的生存环境的威胁。

我相信没有人愿意回到远古时代。如果我们坚信，我们必须宰杀一个动物来作祭品，那么我们得到的只是它的照片，其他什么都没有。一个是野外活生生的狼，一个是野狼的照片，你更喜欢看到哪个呢？对于那些古老的祭祀做法，我们所能做的就是改变它，使它适应我们现在的生活和环境。我相信我们一定可以找到改变的恰当方法。

有一点我们需要牢记：模仿是无能的。前人为我们留下了许多神奇的获取灵性力量的方法，很多人将它们原封不动地照搬过来使用，结果当然不会很完美，现实中可供使用和传递的能量往往没有他们说的那么多，他们不得不绞尽脑汁地编织各种理由，来掩盖自己的错误。

为了呼唤真正的魔力和灵性力量，我们除了需要运用自己的知识储备外，还需要发挥创造性的直觉和想象力。这才是积聚能量的唯一方法，才能创造出真正的奇迹。如果你想让自己的生活充满奇迹，你就必须运用你所有的方式去搜集和汲取知识，然后将它们整合为一个适合你的、富有活力和创造力的知识体系。这才是运用你所学到的知识的最佳方式。

我知道，很多人已经找到了绝妙的折衷方法。在当代社会，高速公路随处可见，它们占用了大量土地，路边频繁发生的撞死动物的事件已使大多数人见怪不怪了。越来越多的人会随车携带手套和塑料袋，当他们不小心撞死动物时，就会停下车，用准备好的塑料袋将它们装起来，然后举行个仪式来祭奠它们，有的人甚至还会趁机搜集些动物皮毛。有些人连塑料袋都不带，当他们撞死动物后，会下车将动物尸体移到路边，避免那些跑来分食尸体的动物再被撞死。人们这么做都是对生命的莫大尊重，都是在告诉死去的动物："你们的生命是有意义的"。

我的车上会随时携带手套、毯子和袋子，因为在旅行中，我经常可以见到被撞死或撞伤的动物，每次见到它们都让我感到很心痛。遇到那些被撞死或撞伤的动物，我并不是每一次都会停下车，但只要我有机会，就会停下为它们做点事，哪怕只是将它们移到路边。我祈祷它们的灵魂可以得到安息，我为它们突然和不幸的死亡感到哀伤，我向它们承诺，以后会更爱护它们的同类。

有一次，我正从科罗拉多州往家赶，途径密苏里州。在我到达密苏里州之前，这里连续下了几天的大雨，地面非常湿滑，数百只乌龟无法忍受，纷纷离开高速公路两旁的灌木丛，爬到了高速公路上。高速公路两个方向的车道都被它们占据了，大约 5 英里的路上都是乌龟。在这种情况下，你即使再小心，也可能撞到它们。于是，我就从汽车的后视镜中观察其他司机的举动。

很多司机都耐心地开着车左右绕行，以避开那些乌龟。其中一个小卡车司机的行为让我感到非常震惊。他将车速降到最慢，灵活地操控着卡车，绕过他那条车道上的所有乌龟，没有伤到一只乌龟。驶离那群乌龟之后，我就真诚地为它们祈祷，希望它们得到上帝的福佑，我也为那位卡车司机做了祷告，感谢他的善良。

上面的这些行为都是敬畏自然界的方式。向自然界表示敬畏的仪式可以像做祷告那么简单，也可以像变身仪式那样复杂。下面我将向你们介绍一个既简单又有效的仪式，你可以大胆地接受它，借此创造出属于自己的仪式。这个仪式可以激发你的想象力，使你更有效地与你的动物图腾对话。

与动物有关的仪式

如果你面向不同人说出“仪式”这个词，你将看到不同的反应。他们的回答总是多种多样，而且有的回答让人很费解。令人遗憾的是，它们往往很荒谬，或者说是对真正仪式的误解。人们对仪式所持有的看法往往来源于想象，或是一些电视剧和电影所影响的产物。它们往往不真实，不能反映出我们真正的潜能。我们可以根据自然中的不同能量来调整自己，但很多人并没有意识到自己具备这样的能力。

人们曾经以为仪式仅仅与天使或恶魔有关，但事实上，我们人生中的每一天都与仪式密不可分。我们中有多少人每天早上都会做这样一系列程序化的事情：起床后先洗漱，然后边喝牛奶边看新闻，看完新闻就去上班。这就是一种仪式。我们有私人仪式、军事仪式、宗教仪式、社会仪式，这些仪式涉及人类生活的方方面面。

下面的内容就将探讨那些有助于你亲近自然和动物的仪式。我将教给你养成某些习惯的方法，这些习惯能帮助你看清自然界和生活的本质。这些仪式还将唤醒人间的博爱，让我们热爱世界上的每一个生灵。

人们举行仪式的首要目的，就是唤醒参与者的巨大潜能，这种潜能可以与自然界中所有的能量相联系。我们所做的每件事都会影响到自然界中的其他事物，自然界的事物也都会在我们的生活中得到呈现。要达到仪式的目的，你不需要复杂的工具和仪器，也不需要去寺庙祈祷，你只需以一种独特的方式向自己的大脑发出强烈的请求，让它赐予你开放的心态、活跃的思维和顽强的毅力。

每个仪式都会有明确的目标、意图和重点，它为我们提供了充分体验内心世界的途径，让我们可以更好地探索自我、发现自我和表达自我。虽然多数的古代仪式已不能有效地召唤能量，但我们现在一些行之有效的仪式，实际上是古老仪式的神圣传统与人类能动性结合后的产物。这些仪式是在古老仪式的基础上衍生出来的，但我们为它注入了想象力和创造力。

世界上有许多传统可供我们借鉴，这些传统大多都有自己独特的与动物有关的仪式。古巴比伦人、埃及人、奥菲人、凯尔特族人、美洲印第安人、马库姆巴人、南非人等，都有他们自己独特的祭祀仪式。在依照你自己的意愿改变那些传统仪式之前，你不妨对它们做一番彻底的研究，搞清楚每种仪式的设计初衷是什么。

一个成功的仪式可以巩固和提高你的记忆力，无论这个仪式是否与自然界或动物有关，亦或另有目的。它可以帮助你接近某些能量，但又使你不被那些能量所控制。它还可以拓展你的意识，激发你的创造力，增强你的自信心。通常在 3 ～ 7 天之内，你就可以确认你举行仪式的目的是否已达到，或者感觉到你的目的是否即将实现。

在你开始与你的动物图腾沟通之前，还要做一些基础性的工作。

1. 尽可能多地了解你的动物图腾。你应该阅读与它有关的资料，研究它的习性，记下它与众不同的特点。它的行为的每一个方面对你和你的生活来说都意义非凡，它的出现也许是为了唤醒你身体里某些与它相同的特质，也许是为了让你养成某种与它一样的习惯，还可能是为了帮你约束你身上那些类似的特点。

2. 明确举行仪式或冥想的目的。这是你在进入冥想或举行仪式之前应该确定的事，牢记你为什么那么渴望与自己的动物图腾建立联系。在举行仪式或进行冥想之前，你还可以寻找最佳时间和地点。特殊的道具和服装可以帮你将精力一直集中在你的目标上，但它们并不是必不可少的要素，一场有效的仪式并不需要什么特殊的工具或服装。

3. 尽可能地简化与动物有关的仪式和冥想。仪式或冥想的效果与它们的复杂程度无关，最有效的仪式往往不需要任何复杂的工具或服装。你的仪式和冥想应以让自己感到舒适为主，不需要做那些烦琐的准备。

4. 事先做好各项准备工作。你应该事先确定举行仪式和进行冥想的地点，并确保此处地点和你都是干净整洁的，最好再点上一炷香。同时，要关掉电话，这样就不会被电话铃声干扰。在进入真正的仪式或冥想之前，你最好做些让你全身放松的活动。

5. 用音乐和鼓声来增强你与动物图腾之间沟通的效果。恰当的音乐可以大大提升仪式或冥想的效果，但一定要记住，你播放的音乐必须与你的目的相契合。不恰当的音乐会削弱仪式和冥想的效果，所以你应该聆听不同类型的音乐，找出最适合你举行仪式或进行冥想时播放的音乐。

除了音乐之外，还有一个工具可以有效地促进仪式的效果，那就是鼓。节拍是生命的律动，它反映了人类肉体的活动状态。对美洲的原住民来说，鼓的节拍就是大地母亲的心跳。在瓦杜那的仪式中，人们会以非常独特的击鼓方式来驱散人脑的理性思维，激活人的性能力或者进行催眠。

节奏模式是仪式和康复疗法的一部分，明晰的节奏能够让我们坚定信念，唤醒我们的记忆，引起我们生理上的反应。有的鼓声和节拍可以激发我们的情感，有的可以平复我们的情绪，还有的则可以帮我们探索内心的潜意识。

一些鼓手的击鼓技艺非常精湛，他们往往可以模仿多种动物的节奏，比如蛇的节奏、狼的节奏、鹰的节奏等，他们为每种动物的节奏都配上了适合的鼓声。鼓声一旦响起，就会作用于我们的新陈代谢系统，并引起一系列的连锁反应：我们的心跳频率和新陈代谢频率将会与鼓点的节奏一致。鼓点的节奏通常会加快我们身体的变化，帮我们尽快适应动物所代表的原始力量。

你不妨买一个或者亲手制作一个鼓或摇铃，或者找两根木棒，相互敲打，创作出一种节奏。找个地方坐下来，缓缓地敲打一个反复的、舒缓的节奏，同时留意自己身体的变化。要知道，你只有改变自己的节奏，才能实现你的目标，而正是这种简单的节奏帮你改变了你的生理节奏和心理节奏。

6. 借助各种动作与你的动物图腾建立联系。在仪式的开始阶段或进入冥想的前5分钟，模仿动物的动作、形态和姿势可以非常有效地提升活动效果，将动物图腾召唤到我们的面前，与我们合二为一。当你模仿某个动物的动作时，你要想象自己就是那个动物，让那个动物像接近自己的同类那样接近你，然后与你融为一体，让你的生命重焕新的活力。

模仿动物的动作时，你可以享受到无比的快乐。你选择的观察对象最好是可以自由活动的动物，那样你才可以观察到它们的每一个细微动作。你不妨去动物园或自然保护中心的圈养区逛逛，看看那里的动物是如何活动的。只有仔细观察它们的活动，你才能模仿它们的动作，才能根据那些动作创作出欢庆的舞蹈。在编排舞蹈时，你可以发挥自己的创造力，不必太局限于动物的动作。

7. 尽量简化你的道具和工具。这些道具或工具本身并不能与大自然的力量相连接，但它们却可以帮助我们集中精力。面具是仪式上常用的道具，你也可以按你的动物图腾制作一个面具。即使你不能欣赏它的美，也可以去感受它的显著效果。制作动物面具只是向动物图腾表达喜爱和敬畏之情的方式之一。无论你戴不戴，都应该做一个面具，因为制作面具的过程，就相当于一次冥想。

有的人会将动物的图像绘制在衣服上，有的人会将动物的形象或标志性特征画在脸上和身上。人们在进行冥想或举行仪式之前进行彩绘，是为了帮助自己积聚能量和集中注意力。再次强调，你不做这些烦琐的事情也可以与你的图腾进行沟通。但有时候做这些事很有趣，如果做这些事能为你带来快乐，那何乐而不为呢。若能将舞蹈与歌曲结合起来，你将会发现更让人震撼的效果。

特别提示

1. 你的动物图腾和它们的能量时时刻刻都与你同在，你就是大自然的缩影，你拥有大自然中的所有能量。

2. 动物和它们拥有的能量会主动寻找你，进入你的生活。你可以通过冥想或举行那些与动物有关的仪式来与它们进行沟通，让自己成为它们的有形代表。如果你进行冥想或举行与动物有关的仪式，你就可以感受到它们的能量，那么这些能量实际上就在你的周围。在最初阶段，你需要多留意观察，以确认这些能量的表现形式。一旦你与你的动物图腾建立了联系，你就可以找到有效的方法去控制那些能量，决定它们的呈现方式和出现的地点。

3. 在与你的动物图腾及它们的能量建立联系的过程中，你不可避免地会犯一些错误。与其他的关系一样，你、动物图腾及能量之间也存在着隔阂。确认了自己的动物图腾，并不代表你就可以将它们应用于你生活的各个方面。

4. 一旦你取得明显的成效，你就会渴望与他人分享你新建立的联系和成功的喜悦，这种心理很正常。这其实也是你在建立联系的过程中遇到的第一个考验。无论你想做成什么事，谨慎的态度和敏锐的观察力都是必不可少的。你应该留意你的倾诉对象，他们很可能会误解你的言行，阻碍你的进步，或者把你所说的事情当作茶余饭后的谈资。

5.准备工作很关键。你要完全熟悉你的动物图腾，熟悉它的特征、本性和能量，了解与它有关的神话和传说，并向它敞开心扉。如果它给你的那股能量太强烈，或者让你感到不舒服，你就应该及时切断你们之间的联系。要知道，无论什么样的关系都存在界线，我们应该学会尊重这些界线，不要越界。

6.当你与大自然的某个方面发生联系时，这意味着你在主动地接纳别人。当你接纳一只动物时，其他事物就会出现在你的生活中，并让你很快感知到它们。这就在提醒我们：所有的事情、所有的动物和所有的人都是相互联系的。这也就为我们学习动物语言提供了有利的条件。

理解生命的五个练习

练习一　制作动物语言词典

从某种程度上讲，这不是一种仪式，而是一项任务，是一个非常有效的召唤动物的方法。历史上有很多人都尝试过模仿动物的发音，一些鸟类学家还曾试图记录和翻译鸟类的叫声：

乌鸦——“呱，呱，呱”

山雀——“喳嗑 - 哦 - 嘀 - 嘀 - 嘀”

鸭子——“嘎，嘎”

斑鸠——“喔喔 - 喔 - 喔 - 喔”

养过宠物的人都知道，宠物经常会跟我们说话，它们会用不同的动作、姿势和发声向我们传达不同的信息。它们会用身体蹭我们的腿，会大叫或吱吱地叫，遇到威胁时会露出它们的尖牙，受到伤害时会蜷缩成一团，会用舔的方式向人示好。我们当然也可以与动物交流，并教会它们如何更好地与我们交流。我们可以通过敲击饭碗来唤它们吃食，可以用温柔的语气向它们示好，用严厉的语气表现对它们的厌恶。

要想真正地了解一种动物，你必须先学会理解它们的语言。每种动物都有自己的语言，种类不同，语言也就各异，但它们会以一些相似的语言来传达某些特定的信息，这些信息往往与它们的生存环境有关。在那些相似的语言中，动物们用来恐吓猎手的姿势和声音是最像的，所有动物都会不同程度地用到这些手段。当我们学习动物语言时，应该牢记这一点。

还有一点我们应该谨记，那就是动物不仅会与同类交流，还会与其他种类的动物交流，甚至与人交流。有时候，我们与它们的交流没有默契，有时候它们表达的意思让人费解，非常考验我们的想象力。据创世神话记载，在远古时代，人类与动物使用的是同一种语言。但那个时代已经过去了，我们也早已忘记原始的语言，所以我们必须重新学习它。对印第安人来说，一群乌鸦的数量，一只乌鸦鸣叫的次数以及危险出现前后它们的反应，都传达着不同的信息。

如果你真的打算学习动物语言，你就必须先开发新的词汇。这也是词典的未来发展趋势。你可以向家养动物学习，也可以向野生动物学习。但对大多数人来说，从家养动物的语言开始学起会更容易些。学习方法如下。

1. 每次只接触一只动物，花时间仔细观察它。时间的长短可以自由安排，可以是一两个星期，也可以更久。有的人就愿意花整整一个月去观察同一只动物。

2. 坚持做记录或写日记，记下你观察到的东西。阅读一些关于它的文章，研究它的进化史，更重要的是亲自花时间观察它的活动。当然，对我们现代人来说，几乎没有机会亲自观察野生动物的活动，但这并不代表我们没有机会观察到动物的活动，我们可以观察那些生活中常见的动物，比如鸟类、松鼠、宠物狗等。

3. 记下你观察到的动物的叫声、动作和行为。你在观察动物的同时，还应及时记录，记下你认为它们传达的意思。它们传达的意思有时候很明显，有时候则不然，所以对它们的每个行为，你至少应有两种猜测：一种是判断它们的动作或叫声对其他动物（特别是它们的同类）来说可能是什么意思；另一种就是从你自己的角度出发，猜想它们在传达什么信息。简单记下你想到的所有可能性，不管这些可能性多么天方夜谭。

4. 需要特别关注的是，当你出现在它们周围或向它们靠近时，它们发出的叫声和做出的动作。它们的反应是不是与你在远处观察到的一样，你也可以尝试着模仿它们的叫声和动作，看它们会作何反应，并记录下来。

5. 观察完动物，与它们进行交流之后，你不妨简单地想一下你在生活中是如何传达那些信息的。临睡前回顾一下你观察到的那些动物的行为，将它们与你一天的生活比较一番，看看有没有相似之处。你选择的比较时间段最好超过 24 个小时。你不必担心延长比较时间意义不大，事实上，这样做刚好可以帮你分辨交流中的细微差别。

当你再次听到相同的叫声或看到相同的动作时，你是否还会产生与第一次听到或见到它们时一样的感受呢？通过前面一系列的观察，你将得到一些可借鉴的信息，这些有助于你理解动物的那些特殊交流方式。最后，你可以自信地说："最近一段时间，松鼠的行为有些异常，这是因为……所以接下来的一段时期，它很有可能还会有类似的表现。"

制作动物语言词典的过程，也就是提高你的理解能力，让你更好地理解动物语言的过程。它可以帮你更好地了解你周围那些常见的动物，明白它们的叫声和情绪所代表的意思。

你越努力学习动物语言，动物语言对你来说就会越来越驾轻就熟。只需一年的时间，你就可以为学习各种动物的语言打下坚实的基础。你将可以制作出一部初学者词典，你也将比别人更容易地理解和翻译动物的语言。有时候，那些动物扮演的就是导师的角色，它们可以帮你认识到人类学习动物语言的能力是与生俱来的，每个人都具备这种能力。

练习二　激发想象力

动物可以激发人的想象力。它们可以触及那些隐藏在我们心灵深处的东西，那些有时候连我们自己都遗忘了的东西。最神奇的仪式之一，就是通过创造性想象来召唤我们的动物图腾。定期地举行这种仪式，可以提高我们的协调能力。这个仪式非常适合作舞蹈练习的前奏，也可以为更有效的变身做准备。

这种仪式能释放我们的情绪，帮我们克服那些常见的心理障碍。它还可以帮我们打开束缚我们能量的枷锁，让我们发现那些理解自然、与自然沟通的潜意识。它可以让我们全身放松，从而减轻我们的压力，并且通过各种形式激发我们的创造力，帮我们与自然界建立更亲密的关系。

1. 选择任何一种动物。实际上，要选择对你有吸引力的那种动物，不管这种动物是不是你的图腾，都会让你受益良多。

2. 事先研究这种动物，了解它的习惯和行为。你不必完全了解它的方方面面，但你必须非常熟悉它，能够在脑海中清晰地想象出它的样子。

3. 选择一个你不会被打扰到的时间段，确保电话关闭。如果有可能，你可以到户外去做这个练习。

4. 闭上双眼，进行几次深呼吸，做一个缓慢的、渐进式的放松活动。将注意力集中到你身体的每个部位，从脚开始依次向上，直到头部，保持轻松、愉快的感觉。

5. 想象自己就是这种动物。如果这种动物是鸟，你就可以想象自己的颧骨、鼻子和嘴巴集中到了一起，变成了鸟喙。你的眼睛移到了头部的两边，你的整个身体都被羽毛覆盖了。如果这种动物是兽类，就想象自己正被软毛覆盖着。

旷野、灌木丛、高山大川和森林都是你的家。如果你想象自己正置身那里，你的身体就会迸发出想要挣脱束缚的强烈渴望。你的感官将变得非常敏锐，它们的功能就如同被放大了一样，那些平时你无法嗅到的芳香会变得浓烈起来，你的眼睛敏锐无比，你的耳朵可以听到最细微的声音。

现在，想象着你已来到了那片你向往的天地，你可能在奔跑，也可能在飞翔，你的每一个动作都会使你感到强壮有力和充满活力。你感到前所未有的精力充沛。当你的每块肌肉都舒展开的时候，你将变得更强大、更富有活力。接下来，想象着自己正在缓缓减速，最终停下来，站在地上或在巢中栖息。

紧接着缓缓地深呼吸。在你放松时，你的呼吸会慢慢地变得平稳，你会感到自己的身体逐渐变回原形，羽毛变成了你现在正穿着的衣服，你正坐在你开始冥想时坐的位置，而不是在森林里、原野上或大山之巅。虽然你想象的内容会随时间的流逝而慢慢变得模糊，但你得到的能量、力量和那份平和的心态将会一直陪伴着你。

这个练习的另一种形式也可以带来很好的效果。想象着动物正向你走近，能带来更好的效果。想象着它真的来到了你身边，邀请你骑到它的背上，而你刚好可以骑上它的背。它会把你带进它的世界，并向你展示它的生活和它每天的状态。想象一下，如果能与自己选择的动物一起奔跑或飞翔，那将是多么美妙的感觉！

让你的想象力自由驰骋，不要试图控制它，也不必担心自己想象的内容过于天马行空。我们设计这个仪式的初衷，就是要让你的思维彻底解放，让你通过理解和学习动物的语言来进入它们的世界。

练习三　感恩仪式

感恩仪式是一种向大自然的馈赠表达感激之情的简单仪式。从本质上来说，它是一种维持自然界平衡的活动，也就是说，如果你向大自然索取了东西，你就应该对它有所回报。你的回报可以是真正的礼物，也可以是你的时间。感恩仪式是向你了解的事物表达敬意的一种方式，这对你来说非常重要，尤其是当你研究的对象是大自然和动物时。对每个学习动物语言的人来说，定期地接触自然环境，是必不可少的功课。

如果你奉上礼物，向你遇到的事物表示感谢，它就会向自然界的所有事物传达一个友善的信息，告诉它们你是个善于接纳和怀有感激之心的人，它还会为你呼唤来其他的事物。

感恩仪式可以唤醒人们强烈的感激之情。当你走进大自然，观察她和她的动物时，你最好做一些感恩仪式，来表达对它们的亲近和感激之情。比如，大自然为你提供了一个绝好的观察环境，你观察完准备离开时，不妨寻找一件特殊的礼物送给那片环境。这件礼物可以是一颗橡果、一块美丽的石头、一片独特的树叶、一朵你喜欢的花、一棵干巫力草或者其他任意一个物件，必须是自然界中的物品，只有这样，它才可以成为自然的一部分，而不会破坏那片自然环境的美。这样的感恩仪式会让整个自然界完成一次完整的索取回报的循环，你接受了大自然的馈赠，你就应该向大自然回赠一些东西。这是一个非常有效的仪式，但它并不需要那些别出心裁的祷告、场面宏大的活动或者正式的仪式，它只是一个简单的能够实现自然界无限循环的仪式。

在动物园、自然保护中心等人工环境中观察动物时，你不能每次都留下有形的礼物。为了动物和游客的安全，为了动物的健康成长，专门的人员会管理那些环境，所以你很难找到带有大自然属性的小礼物。在这种情况下，将资金作为礼物会比那些有形的礼物更有意义，它可以促进环境的良性发展。如果你经常到某个地方观察动物，不妨花一些时间做些志愿工作，作为对那个环境和那些动物的回报。

那种认为自己不经许可就可以随意参观和观察环境的想法是不正确的。在你打算观察那些环境和动物之前，最好先征得同意，哪怕只是精神上的征询，这样也可以帮你与它们建立相互尊敬的关系。这种关系可以让你做的事变得更有意义。

下面是几个可以提升感恩仪式效果的暗示。

1. 坚持去同一个地点，这样你就可以与那片环境建立起亲密的关系。当然，这并不是说你只能将自己限定在某一个环境中，不接触其他的环境。

2. 在准备结束参观的时候，你最好真诚地向你的参观对象说声“谢谢”，感谢它为你提供了这样一段美好的经历。在表示感谢的同时，你还可以向它发出请求，请它允许你再次光临。

3. 你奉上的礼物要尽可能简单和天然，这样才不会破坏自然环境的原始状态。

4. 无论什么时候拜访大自然，随身携带一个塑料垃圾袋都是不错的主意，这样你就可以随时捡起你看到的垃圾和废弃物。这么做是在向大自然表示敬意，作为回报，大自然也将会为你准备一份礼物。

5. 选择在一年中的不同季节去游览同一处自然景观，记下动物的活动和植物的状态，在每次结束观察准备离开的时候，留下一份礼物。

6. 真诚地接受是感恩仪式的一部分。找一个地方静静坐下来观察和记录，聆听大自然的声音，轻嗅大自然的芬芳，欣赏大自然的景观，但不要去打扰它们。你也可以将自己想象成大自然的一部分，从大地中破土而出，与大地紧密相连。你对大地的感觉越亲切，你就越有可能得到它的馈赠。

7. 尽量让自己的动作轻柔。要知道，大自然对人类怀有很高的警惕心，我们很难与它建立相互信任的关系。保持动作的舒缓，不要吓到动物，就是你能给它们的最好礼物，这会让它们感到舒适。毕竟，谁都不喜欢陌生人闯进自己的家，打扰自己的生活。保持动作舒缓是你给动物的礼物，这非常简单但却很有意义。

8. 当你学会了融入自然，成为自然的一部分的时候，那些动物、昆虫和小鸟就会接纳你，并把你当成它们周围环境的一部分。当它们这么认定你的时候，它们就会靠近你，告诉你更多关于生命的智慧。

练习四　舞蹈仪式

许多舞蹈形式都可以向动物和自然界表达敬意，拉近我们与它们的关系。本书并没有列出所有的形式，但本书介绍的形式也许会对你有所启发，帮你找到适合自己的方式。世界上有许多部落用舞蹈向动物表达敬意。为动物跳舞是向它们表达敬意的一种方式，可以有效地激发那些潜藏在你身体里的潜能。一种最常见的舞蹈形式，就是模仿大自然和生活在大自然中的生物。人们可以跳一种动物的舞蹈，借此把自己与那种动物的能量连接起来，并唤醒它。舞蹈是一个很有用的工具，它可以迅速给你带来改变。通过舞蹈，我们也可以将我们的能量传达给我们的动物图腾。

为了取得这样的效果，你必须深入了解那种动物。研究它动的方式和站立的姿势，看它如何昂起头，它走路时如何抬起脚，知道了这些，你就可以模仿它的姿势和动作了。你观察到的这些动作，都将成为你的舞蹈的精髓，而且你不必做太多的重复和延伸。如果你将这些动作做得非常到位，那么将动物的能量邀请进你的生活只需短短的几分钟。

接下来的这个舞蹈示例适用于所有动物，并且很有效。它的动作可以引导你去模仿各种动物，并将它们的能量带入你的生活。简单的几个旋转动作，再结合你的动物图腾的几个基本姿势和动作，你就可以创作出一支独特的舞蹈。

1. 确定你的图腾，并找出三四个最能反映它的能量的动作或姿势。

2. 模仿和练习这些动作。

3. 找一个空旷的房间，或将房间里的东西都移到一旁，这样你就可以有足够的活动空间了。准备一些与你的图腾有关的图片或颜色。

4. 选一首音乐或者一个鼓，也许你还需要一个人来帮你击鼓。刚开始的时候，要让鼓点沉稳缓慢，二二拍的节奏与人类心跳的频率比较接近。在敲的时候，第一拍要比第二拍猛烈些。

5. 你的舞蹈可以从寻找神圣的空间开始，通过旋转，你就可以找到这个空间。这个空间是宇宙的一部分，在这个空间里，微妙的能量和有形的实体可以交互接触。旋转动作是一个极具能动性的动作，它可以融入任何舞蹈仪式中。按顺时针的方向至少旋转一圈（我建议转3圈，因为3是一个富有创造力的数字）。

简单的趾踵步你很容易就能学会。如果你用的是简单的二二拍的击鼓节奏，听到第一个（猛烈的）鼓点时让一只脚的脚趾着地，听到第二个（柔和的）鼓点时让这只脚的脚后跟着地。

6. 将你的注意力集中到那个圆的圆心上。整个舞蹈其实就是围绕这个圆心做的一系列动作。你在圆里的动作和你对圆心的关注能为你注入能量。圆心可以告诉你，你正在唤醒动物图腾的能量，并邀请它进入圆中。

7. 从现在开始，慢慢地以螺旋式的移动向圆心靠拢。你也可以将自己想象成正在动物生活的自然环境中自由地行走或跳舞。要知道，你离圆心越近，你离动物图腾所代表的能量也就越近。

8. 当你到达圆心时，停止转动并闭上眼睛。想象着你的动物图腾正围绕着你，你可以感受到它的能量。现在开始模仿它的动作和姿势，并把自己想象成那个动物，想象和感知它的能量正在进入你的身体，成为你身体的一部分。

9. 几分钟后，或当你感觉到它的能量在你身体里的时候，你就可以在圆心处再次停下来。动物现在就在你的身体里，需要的时候，你可以召唤它出来。紧接着你再跳刚才的舞，由圆心向圆周旋转移动。这次旋转的方向要与第一次旋转的方向相反，边向外旋转，边想象着自己正在将动物的能量移出自己的身体。尽可能地想象一下，在未来的日子里，它的能量将会如何帮助你，你又会遇到什么样的事情需要它的帮助。

10. 当你到达圆的边缘时，跳最初的旋转舞，只不过这次旋转的方向要与开始时相反，而且你反转的圈数要与你最初旋转的圈数相同。这是为了远离那个神圣的空间。记住，你已经从动物图腾那里得到了一些能量，所以你有义务向它表示感激和尊重。

附：舞蹈仪式的图表

按顺时针方向做旋转运动，创造出一个神圣空间。它可以使你与动物能量更充分地接触。

慢慢地朝圆心旋转，在圆心处，你会与动物的能量相遇。

到达圆心后，开始模仿动物的动作。把自己想象成那种动物，那种动物的能量就会在你的体内活跃起来。

模仿完动物的动作，按逆时针的方向向圆的边缘做螺旋式移动，这样你就可以变回你自己，同时拥有动物的能量。

按逆时针的方向慢慢地绕着圆周旋转，你就可以远离那个神圣的空间。你反转的圈数应该与你最初旋转的圈数相同。

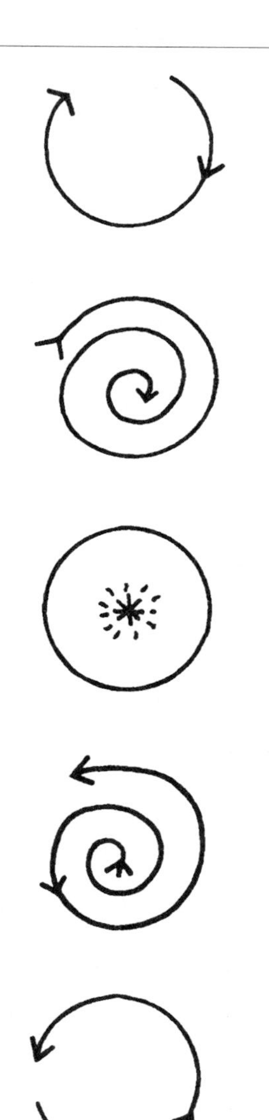

练习五　学习变身的技巧

所谓变身，就是控制和转换自己的能量以满足当时的需要，也就是说为了满足某种需要，去借鉴那些动物的本性和能量。

任何一个能够使自己有条不紊地完成某件事的人都是变身者。如果你能适应改变，你就是一个变身者；如果你能将糟糕的心情转换成喜悦的心情，你就是一个变身者；如果你能让自己的行为适应不同的人和不同的生活，你就是一个变身者。

变身并不像古代神话和故事经常描述的那样只是转变成野兽。大多数变身的故事只反映了人类进化的一段时期，而且是人类灵魂与肉体接触不那么紧密的一段时期。在人类进化初期，也就是在我们的灵魂被牢牢地锁进躯体之前，我们的确可以改变我们的身形。现在，我们必须借助想象的力量才能做到。

变身是人类的天赋。它不仅仅指将自己变成野兽那么简单，从某种程度上讲，我们每天都在转换着我们的能量，面对生活的考验，承担着生活的责任，履行生命的义务。在生命的初期，我们就在学习什么时候该笑，什么时候该紧张，如何表达歉意，如何根据需要转变人生角色。

正是由于这种变身，我们才能遇见更好的自己。我们可以学习将我们的能量调整到与某种动物图腾的能量相似的程度，并在生活中验证这一点。当我们能够做到这些的时候，我们就会开始相信世界上真的存在着神奇的力量。

通过一系列的练习，可以激发我们的想象力，并能够有意识地控制

可以帮助我们变身的姿势示例

那些神奇的力量和转变它们的形式。当我们改变了我们的想象时，也就改变了整个世界。我们可以学会转变我们的想象，让自己随遇而安。

这个练习就是要教你如何改变自己的想象。改变想象只是变身活动的初级阶段，并不能让你变成一个技巧纯熟的变身者，但它可以帮你激发和强化你的想象力，帮你适应动物的能量并运用这些能量。

要想成为一个成功的变身者，你必须先掌握观察的技巧。如果你连鸟的身体机能都不知道，你如何能变成鸟？即使是在脑海中，你也无法将自己想象成一只鸟。你可以从观察动物的两三个基本形态和姿势开始学习变身技巧。你不妨到动物园去，仔细观察动物的行为，并作详细的记录，模仿它们的动作和叫声。在模仿的时候，你要把自己想象成动物，真切地体验它们的动作和叫声。

你也许也想借助舞蹈或与动物有关的服饰来完成变身，下面是一些可借鉴的方法。

1. 做这个练习需要清静，避免电话铃声或其他事情的打扰。

2. 在做变身练习之前，你需要先创造出一个圆形的神圣空间，就像前面练习中介绍过的那样，然后顺着一个方向向圆心做螺旋式的移动。圆心上可以摆上椅子或坐垫。

3. 当你到达圆心的时候，停下来，想象和感受动物的那些无形能量正包围着你。接下来，开始模仿你的动物图腾的动作和姿势。在圆心处站定，边走趾踵步边模仿动物的动作，并感受你身体里和周围的能量，这些能量正变得越来越强大。

4. 坐下来，想象你的动物图腾的形象，并想象这个动物慢慢地成形和不断变大，直到它冲出你的脑海，站在你的面前。

5. 当你想象出它正站在你的面前时，你就可以展开下一个想象了。想象着它慢慢地进入你的身体，并最终完全进入你的体内。

6. 变身会从手或脚开始。感受它们的变化，想象着脚爪正在幻化成形，你的皮肤正在变成软毛或羽毛。你要允许这种转变从下向上慢慢地发生，不要急于求成。你的头应该是最后发生转变的部位，这有助于你控制整个变身过程。

7. 在你想象自己正在变身的时候，还要想象一扇门，这扇门上雕刻着你正在变成的那种动物的样子。这是一扇通往内心世界的门。在内心世界里，你可以更容易地维持你的动物形象。所以，想象着那扇门正在为你打开，你以一只动物的形象走近它。

8. 首先，你需要想象作为动物你会有哪些经历，这些经历将会在你的想象中逐步变为现实。这种想象的性质与逼真的梦境非常相似。在想象中，你不仅可以看到自己在做的事情，还可以参与其中，真实地经历一切。

9. 在门里，你也许会想探索动物的生存环境，也许会想以动物的形态返回过去或穿越到未来，或去观察人类的活动。毋庸置疑，你就是那只动物。

10. 过一段时间后，你要想象自己从那扇门里返回来，那扇门在你身后牢牢地关上了。紧接着，你的身体会再次发生转变，这次是从头开始的。皮毛或羽毛再次变回皮肤。你要任由转变慢慢地进行，不要催促它。当你完全变回人类的时候，你要想象动物正慢慢地退出你的身体，并最终完全彻底地脱离你的身体。让它的形象在你脑海中慢慢消失，化成围绕在你周围的无形能量。

11. 缓缓地张开双眼，并从座位上站起来。模仿几个动物的动作作为礼物，向它表示尊重和感谢。接着，按逆时针方向向圆周缓缓地做螺旋式移动，并想象着那些能量在旋转中不断地消失。

12. 让那个神圣空间消失。当你在按逆时针方向转最外面的那个圈时，要想象自己已经回到了现实中。你反向旋转的圈数要与你开始时的圈数相同。

在做完练习后的第二天，如果你发现自己的思维涣散或转换得很快，就要立即停止这类练习，如果你发现或你周围的人发现你的性格发生了改变，也要立刻停止这类练习。不管你有没有遇到过以上情形，这类练习都不要过于频繁。

通常情况下，那些不对自己的能量加以控制的人，和那些希望跳过前面的练习而直接学习变身的人，会遇到很多麻烦。如果你发现自己冲出家门去做变身练习，或者做出其他有悖于你的生活习惯的行为，你应该马上停止练习。因为你那些不适当的练习会打破能量平衡。

你可以根据自己的习惯，以相互适应为原则，对以上步骤做些灵活调整。舞蹈和变身都是富有创造力的方式，要让它们发挥出真正的神奇魔力，你必须充分发挥自己的想象力和敏锐的观察力。

即使在旁观者看来变身者并没有改变他们的形体，但在他的内心深处确实已经经历了一次意义非凡的变身，而且他们相信自己的形体也发生了这样的变化。这一点不容忽视。从变身中得到的能量，需要我们花费一些时间与精力去消化吸收和协调平衡。

对初学者来说，最好先学些简单的动作和姿势，而且要一直利用好门这个道具，让它时刻出现在自己的变身过程中。这样一来，如果你在变身的过程中短暂地迷失了自我，你就可以利用门来触发逆转，重新找回自我。

有些人想尝试着用狂热的舞蹈来加速转变。如果你不确定自己是否有掌控的能力，最好不要这样做。每一个舞者或变身者都不应该将自己当作试验品，来验证这种狂热舞蹈的效果。如果不成功，将会对个人的能量系统造成严重损害。

如果你变身的时候有他人陪伴，他可以用鼓声将你带回现实。击鼓的一项技巧就是用先舒缓（接近人类心跳频率的节奏）后强烈的节奏让我们放松，促进我们的转变。将节奏颠倒过来，让它由疯狂的节奏过度到有规律的心跳频率，则可以把我们从想象中拉回现实。连续深呼吸也可以帮助处在变身状态的人返回现实中。向脚传达信息，让它打开和舒活全身的脉络，将我们与大地、现实连接起来，这也是非常有效的方法。采取坐着或俯卧的姿势也有助于我们尽快回到现实中。从头顶开始自上而下地拍打脊柱，也有助于我们回到现实。因为这么做可以稳定我们的经脉，将我们的意识带回当前的现实。

记住，我们变身是为了与各种能量建立联系，对它们进行有意识地控制，并时刻感知它们的存在。

第13章

动物图腾词典（39种）

开始考察你的动物图腾时，一定要尝试着从不同维度与它们建立联系，这种联系能培养你的感应能力，让你时刻感受到它们的存在。你将不仅能客观地观察自然界，而且能融入它的方方面面，成为其中的一员。

也许通过读书，你就可以了解到不同动物的天性和特点，但只有与它们相处，邀请它们进入你的世界和你的生活中，你才能真正地与它们建立起联系。在建立联系的过程中，你要做的事，就是了解它们的生活环境和种族伦理。这种了解将培养你对整个自然界的热情，也会使你对整个自然界心生怜悯。你将可以感受到自然界中其他生物的感受，那种在现代社会中形成的对自然界的麻木会渐渐褪去。“通感是一种真实的感觉，它使我们彼此间可以相互感受。当我们感受到他人的感受时，当我们明白了地球是一个鲜活的有机体，它的每一部分都有意识时，即使它们的意识与我们的不同，我们也会向它们伸出援助之手，因为我们拥有共同的情感体验”。

以鸟类为例，你的考察过程可以从提问几个与它有关的基本问题开始。

1. 它什么颜色？
2. 它的体型多大？
3. 它的体形什么样？
4. 它的行为举止如何？
5. 它从哪儿飞来的，对你来说，它飞来的方位意味着什么？
6. 它常在什么时候出现？
7. 它筑的巢什么样？
8. 它的叫声什么样？
9. 它最喜欢的食物或猎物是什么？
10. 它的天敌是什么？
11. 它对气候变化的适应能力如何？
12. 它通常在什么时候交配？
13. 它的哪些特征是为了适应生存环境而进化成的？

大多数人会发现，从检验动物最有意义的特征开始，可以使他们的整个检验过程变得容易许多。它有锋利的爪子吗？它爪子的力量强大吗？它有锋利的牙齿吗？它有高超的智慧吗？先抓住它最显著的特点，然后再慢慢联想到其他特点。记住，动物身上最先触动你的特点，对你来说是非常重要的。

比如，当你观察动物时，它们的触角和茸角也许是你最先关注的部位，这些角向来是力量和权力的象征。触角是永久性的，一旦失去就不会再长出来。而茸角则相反，每年都会发生新旧交替，旧的脱落，新的就会长出来。但它们都是生长在头顶上的，都能让人联想到那些高高在上的东西。对一些动物来说，触角不仅仅可以为它们增添魅力，还象征着它们的成熟。单数的角往往象征生活中那些雄性的或阳刚的能量，而双数的角则象征生活中那些雌性的或阴柔的能量。

下面介绍的这部词典并没有将所有动物囊括进来。它主要介绍了哺乳动物，既有北美大陆的哺乳动物，也有来自其他大陆的哺乳动物。你也许想对哺乳动物有个大概的了解，这种大概的了解可以提高你的洞察力。在所有动物中，人类与哺乳动物的关系最密切。哺乳动物与其他动物的区别就在于它们用肺呼吸和胎生。它们不是从卵中孵出来的，而是从母体中分娩出来的。哺乳动物是唯一一类能够分泌乳汁并用乳汁哺育幼崽的动物。只有哺乳动物才长毛发或皮毛它们都是温血动物。

地球上大约存在着 4300 种哺乳动物，单是北美大陆，就生存着不下 400 种。哺乳动物按体型大小分级，从小鼩到大鲸鱼，可分为 12 个等级。我们可以在自然界中见到它们，也可以在城市中见到它们。每个物种都有其特点，你不妨对它们的特点做一些研究，这将有助于你加深对它们的了解，使你能更确切地知道它们将对你的生活产生什么样的影响。

仔细研究一种动物的生存环境。如果它们是生活在市区的动物，它们的生存需要什么条件？它们是如何与人类共处的？如果它们生活在野外，它们又是如何生存的？要知道，每个物种都有它们存在的价值。从精神层面上来讲，每个物种都是平等的，不存在一个物种比另一个物种更富有魅力或者更强大的情况，它们都扮演着极其重要的角色。每种动物都有属于它们自己的魔力，对我们和地球上的所有生命来说，它们非常重要，不可或缺。

词典只是为你提供了一个借鉴，不要将自己对图腾的研究局限于此。你也许会发现，这个词典对动物及其行为举止的阐释与你的看法不同。这并不奇怪，每个人都应该以自己独特的方式与动物建立联系，建立起属于你们之间的关系。只有这样，动物的灵性力量才会走进你的生活，来到你的身边。

叉角羚

关键词： 速度，极强的适应能力

活跃期： 春天 / 秋天

叉角羚并不是纯正的羚羊，因为它们不像其他羚羊那样，每年更换一次茸角。它们所表现出的心理能力和敏捷的智力，使它们即使在最艰难的环境中也能够生存。

通常，人们会依据羚羊的生存环境对它们进行分类：沙漠、草原、灌木丛甚至沼泽。它们身体上覆盖着一层厚厚的皮，有的足有 1 英寸厚。这层厚厚的皮可以帮它们应对气候变化。那厚厚的管状的毛发中有大大的气泡，在严酷的寒冬，这些气泡就起着绝缘体的作用，将它们与严寒隔绝开。这种绝缘因素的存在，是它们能够在艰苦环境中生存的原因之一。

对每一个拥有羚羊图腾的人来说，他们要么需要将自己与外界隔绝开，要么需要走出自己藏身的环境。叉角羚能展示给我们，怎样与你的绝缘体共事最好，它也能帮助你发展与时间相关的一种新知觉。因此，对于一个很感性、富有同情心的人来说，以羚羊为图腾并不奇怪。

所有的羚羊速度都很快，它们可以以超过 60 英里／小时的速度奔跑，甚至刚出生的羚羊都可以用大约 25 英里／小时的速度奔跑。拥有羚羊图腾的人总是有很迅捷的思维，如何将跳跃的思维贯穿起来是羚羊给你的启示。

叉角羚有一种与其他个体沟通的能力，而且它们的求知欲很强。以叉角羚为图腾的孩子通常会用一连串问题让父母抓狂，他们的大脑和想象力总是那么活跃。

叉角羚会通过抬起它们长有白色斑点的臀部来向同伴发出警告。大部分的叉角羚都极度依赖它们的视力，它们的眼睛很大，视野开阔，它们的视野范围是人类视野范围的 8 倍，所以当白色的斑点闪动的时候，哪怕距离很远，它们也会看到。

这种远视的能力可以发展成为一种预测未来的能力。大多数拥有羚羊图腾的人都有与生俱来的感应力，虽然他们并不是总能意识到这一点。他们通常能够感到危险的逼近，而且只要他们注意经营，他们的生命就会充满魅力，他们总是能够躲开那些出现在周围的灾难。

叉角羚也有很敏锐的嗅觉，在发现危险的第一刻，它会发出一种很强的麋香。叉角羚图腾能够教会人“嗅出”不对劲的地方。对于拥有这种图腾的人，发现一些特别的未知的碎片。通常当这种能力开始苏醒时，会有麝香伴随。麝香是一种可以通过冥想帮助应用图腾能力的香味。

雄性叉角羚经常有多个伴侣。雌性通常会怀上双胞胎，而它们会在不同的地点生下两个幼崽。拥有这种图腾的人可能会发现他们的精力分散，面前会出现两条路，虽然它们之间可能会有联系，但这两条路是独特而不同的。当叉角羚出现的时候，就是在暗示你，你应该寻找生活中出现的新机会。

为了保护幼崽，叉角羚母亲在产下它们后，除了抚养的时候都不靠近幼崽。幼崽出生时基本没有气味，所以只要母亲不留下它的气味，它们就会保持安全。这说明了几件事：首先，即将出现的机会不需要大张旗鼓地关注；其次，它象征着不需要付出太多就能迅速获得的能力。

叉角羚以灌木和山艾树为食，它可以数月甚至终生不饮水，它能够从自己吃的食物当中获取水分。这是叉角羚教给你的一课：不管什么环境，你都能够让自己重新振作。它教会你运用你的适应能力，让你在通常认为不适合生活的地方居住。它还可以帮助你从最艰难的生活经历中萃取出生命的精髓，并且培养你对它们新的视角和态度，从而使你迅速拥抱新的生活。

犰狳

关键词： 自我保护，辨别和同情心

活跃期： 全年

犰狳在西班牙语中的意思是“有着护甲的小家伙”。这是一种会挖洞的动物，它的护甲就是背上的壳。这层护甲由互相覆盖的骨板构成，被

角质物所覆盖。它的下面通常隐藏了起来，是最脆弱的区域。犰狳和那些有着犰狳图腾的人，在他们暴露自己的脆弱面时是最危险的。犰狳将教会你怎样保护自己，以及什么时候应该放下防卫。

犰狳实际上与树懒是同一家族。它没有犬牙或是门牙，但是它有 80 多颗臼齿，而且一直在生长。它生活在有很多兽窝的洞穴中。这些洞穴最多可以深入地下 5 英尺。它的爪子非常适于挖掘，这体现了挖掘真相的能力。犰狳能教会你分类与区别对待不同的事实。

所有有护甲的动物都和欧洲中世纪的骑士有关。犰狳与 16 世纪的西班牙征服者有关，他们最著名的行动是征服了墨西哥和秘鲁。对欧洲骑士来说，力量和保护是他们的优势。这在犰狳身上体现得淋漓尽致，最好的攻击就是完美的防守。

早期的装甲非常重，虽然它可以保护骑士，但也导致骑士行动困难。犰狳会教你如何保护自己，并只在需要的时候使用它。它们有在不伤害他人的前提下保护自己的能力。犰狳和骑士之间的联系，提醒你需要培养骑士那样的特点和性格。

拥有犰狳图腾的人和其他的动物也有联系，甚至包括它们的捕食者。因此，也需要研究这些动物。犰狳通常会被大型的猫科动物和丛林狼捕杀，它们一般会将犰狳翻过来，让它们的下部暴露出来。在寒冷的时候，犰狳有时候会晒日光浴。在这种时候，它们经常会睡着，因为躺着，所以就会露出腹部，这时候，它们是最脆弱的。犰狳教给那些以犰狳为图腾的人要特别注意衣着，并在寒冷时注意保暖，否则他们会很容易生病。

他们需要在特定的气候下注意让身体保暖。

黄鼠狼和洞居猫头鹰也可以从犰狳处受益。它们都会在被遗弃的犰狳洞穴中居住。一个有犰狳图腾的人经常会遇到一个以黄鼠狼或猫头鹰为图腾的人，这是一种积极的关系。犰狳的主要食物是无脊椎的昆虫。一个夏天它可以吃掉200磅的昆虫。蚂蚁和蚯蚓占据了它食谱的一大部分，所以它们的特点也应该被研究。

在受到威胁的时候，犰狳会把自己卷成一个球，从而覆盖住所有脆弱的地方。如果一只犰狳进入了你的生活，你应该问自己这些问题：你是不是没有好好地保护自己？你周围的人需要保护吗？你是不是过于敏感，以至于在躲避那些实际不存在的危险？你是不是幻想受到攻击，或是对于别人的反应过于敏感？

犰狳有敏锐的嗅觉，它可以闻到地下6英寸处的昆虫味道，这种超强的嗅觉和高层次的辨别能力有关。任何有犰狳图腾的人，都能够胜任芳香治疗师的工作。是不是有什么闻起来味道不对？有什么人或者是状况让你感觉很奇怪？犰狳教给你的一件事，就是学会相信你自己嗅到的不寻常的味道。

嗅觉和性能力也有关，这是种很强的性驱动力。雌雄犰狳会先缠绵良久，然后才开始进入主题。它们通常的妊娠期是八九个月，就像人类一样。不过和人类不同的地方在于，如果受到威胁，犰狳可以延迟到最多两年半才生产。这就是犰狳与众不同的能力了。这一般意味着未来八九个月内会有新生的机会。但是很重要的一点是，不要把自己藏起来，从而错过了那些我们以为是危险的机遇。另一方面，我们在应对机遇时不要太过紧张，以免与它擦肩而过。犰狳能教给你如何调整你的节奏。

犰狳在需要的时候可以迅速移动。它也很擅长游泳，经常浮在水上。

其他时候，它们会憋气，然后在溪流或是其他自然水源的底部游动。它们憋气可以长达6分钟。

这种能力以及挖掘的能力将教会你如何从一个维度转换到另一个维度。它也教会你如何在各个要素之间转换。这同样意味着探索被隐藏的情感的能力，哪怕以犰狳为图腾的人可能不愿意这么做。如果是这样，他们也可以探索他们自身很多的情感和世俗方面的压力，而实际上他们会经常试图保护和隐藏这些方面。对那些以犰狳为图腾的人来说，学会如何展现这些隐藏面和知道什么时候应该隐藏起来非常重要。

那些具有很强的同情心的人经常会以犰狳为图腾。一个富有同情心的人会是一个晴雨表。如果周围的人有什么伤痛，他们将会很快地感受到这一点，就好像他们自己经历了伤痛一样。他们的身体、情感、心理和精神都非常容易受到外界的影响，他们需要好好控制和平衡来自外界的影响。犰狳可以教给你如何做到这一点，并且为其他有这样困扰的人提供帮助。

驴

关键词： 智慧，谦逊

活跃期： 全年

虽然大多数人会把驴和负面特性联系起来，但这并不是事实。就像很多动物那样，驴有很多不同的特性。它在占星学上和土星有联系，这有可能是因为代表土星的农神是一位严格的老师，会确保我们学会了应该学会的东西，因此，我们会把驴和固执联系在一起。

在迦勒底，死亡女神被描绘成骑着一头驴，因此，驴也被视为死亡和来世的象征。在中世纪的宝石和艺术品上，驴作为耐心和谦逊的象征而存在。在基督教诺斯替主义中，它与新约中棕榈星期日的经文有关。在这段经文中，耶稣被描述成骑着一头白色的驴进入耶路撒冷，人们挥动着棕榈叶欢迎他。这种队列是成功者衣锦还乡的象征。这代表了对那些更高、更深潜能的认识。白色的驴是觉醒了的灵魂和智慧的象征，而棕榈叶是胜利者的象征。

如果你拥有驴图腾，你应该问你自己这些问题：你是在运用你的智慧思考问题，还是在随大流？你表现出了你所应有的谦逊了吗？你周围的人也那样做吗？你是否对你完成的任务满意？你如何对待周围那些你不满意的人？

驴是智慧觉醒的象征，它将带来更好的工作机会。不要固执，跟随这股潮流；不要满足于你现在所完成的事，记住，这不是你的目标，只是通往目标的道路；不要自鸣得意，因为驴是通往更高的智慧和机会的保证与象征。

獾

关键词： 自我表达，依赖

活跃期： 晚春

獾非常擅长挖掘，它能够迅速地挖到地下深处，而且比囊鼠或是鼹鼠挖得更快。这让它们与大地的灵魂和地精传说之间产生了联系，也体现了哲学中透过表象发现本质的能力。它生活在复杂的地下洞穴中，其中包含了数个生活室、厕所和储藏室。这些房间被叫做“地室”，它们象征着外在和内在之间的关联。

獾在白天和黑夜都很活跃。它是一种食肉动物，主要捕食啮齿类动物，如兔子、囊鼠、老鼠、松鼠和其他地下动物等。它捕食很多吃粮食的动物，经常会把这些猎物或猎物的一些部分储藏在地室中。这可以被视为喜欢储藏。

獾不喜欢社交。它和别的动物相处得并不好，哪怕是它的同类。对于那些有獾图腾的人，通过故事沟通比直接沟通要简单。

獾通常在 5、6 月产崽，每次两三只。在秋天，它们的家庭会分开，幼崽和父亲会搬出去寻找自己的家。有时候父亲会帮助抚养幼崽，但总的来说，獾是孤独的，它们喜欢独处，十分自立。有獾图腾的人可以学会这一点，并教会别人学会独立生活。

因为獾是强有力的挖掘者，它有地下之物的知识，这包括了矿物、根茎以及其他植物的知识，这让獾成为一个动态的治愈者。有时候它们显得过分激进，但是方式多半有效。从獾那里，人们可以学到草的灵性力量和其神秘治愈力量的相关知识。

獾直来直去，从不投降。如果一头獾进入你的生活，你需要做一些研究：你或你周围的人是不是对事实的理解不够深入？这可能意味着你需要挖掘表象之下的真相，意味着与大地和动物灵魂要有更密切的联系。它可能会告诉你追寻那些年幼时吸引你的故事。这些故事可能象征着正在进行或是将要发生的事情。无论何时，只要獾出现了，你就会有表现自己和自立的机会。这是一个讲述关于你自己和你的生活故事的好机会。

蝙蝠

关键词：变革与首创

活跃期：夜晚

蝙蝠是最神秘的哺乳动物之一，它在自然界中扮演着重要的角色，并且成为一种图腾文化的象征。虽然更多的现代传说表明，蝙蝠属于魔鬼一类，有着像龙一样的翅膀，但是在古代，它更多被认为是能量的象征。

在巴比伦，蝙蝠代表死者的灵魂。在中国，它们象征着幸福与长寿。对于古代玛雅人而言，它们象征着开始与重生。对于中世纪的人们来说，它们便是微型龙。

大多数人害怕过渡，抱有“你熟悉的魔鬼要比你不知道的天使要好得多”的态度。如果一只蝙蝠飞进你的生活，那么是时候面对你的恐惧并作出改变了。你现在正在面临的挑战是，放弃旧有的才能创造新生。

对于大多数人来说，改变总是痛苦的。当蝙蝠进入你的生活，你可能看到你生活中的一部分状态开始从坏变得更坏，之前的努力不复存在。但这并不是消极的，它只是打乱了我们习以为常的惯例，或者让我们不再关注过去曾关注的那些事情，而是关注未来的无限可能。

改变的过程是幸福的，它们不会无缘无故地发生，但会在灵魂能量的促动下发生。世界是我们的镜子，随着我们的改变，甚至在我们的意识中，每一件影响了这个世界的事情也会开始改变。为了理解和享受改变带来的幸福，你就要开始更新你生命中的能量。这意味着释放能量就要克服所有恐惧。

要越过当下受限的环境，眼光放长远些，没有死亡也就不会有重生，每件事都反映了天意。记住，恐惧和死亡阻碍了灵性王国赋予你的力量，重生和活力是你追随灵魂选择的结果。这个选择是我们自己做出来的。记住，每次相信你自己的灵魂提示时，要驱逐你内心黑暗角落里的恐惧。你今天选择去做的事情，将会给你的生活带来改变，你希望这些改变是积极的。

蝙蝠虽然体型很小，但却是强大能量的象征。它的毒性很强，甚至可以致命。它是夜行动物，而夜晚总会令人想到恐怖的事。有时，蝙蝠是我们面对恐惧的一种象征。它们有像针一样的牙齿，它们也可能携带狂犬病毒，狂犬病是一种由病毒促发的血液传染病，它们总是与疯狂联系到一起。恐惧会扩散和传播，最终会影响我们的身体健康，导致我们的生活变得疯狂。蝙蝠可以反映我们面对恐惧时的心理状态。结果是比起那些真实的恐惧，想象出来的恐惧要可怕得多。

以自然的观点来说，蝙蝠并不邪恶，它们在自然界中扮演着一个很重要的角色。它们吃昆虫，并且帮助很多植物授粉，它们的粪便也是一种珍贵的肥料。这暗示了我们面对的每一种挑战，不管它看起来是多么复杂，对我们来说都有宝贵的价值。

蝙蝠也是唯一会飞的哺乳动物。它那巨大且可拉长的手骨组成的坚硬的革皮支撑了翅膀。尽管称为飞行，但这飞行看起来颤动并且生涩。所有的飞行都暗示着超越。因为人类也是哺乳动物，蝙蝠对于我们来说甚至是一个非常重要的象征。有时，不同能量的混合会赋予它新的能力，它反映了向更高境界的过渡。是的，我们的飞行可能看起来颤动并且生涩，但我们有能力去飞。改变的结果是，我们将不仅能够去飞，并且也能够以一个全新的视角去看待世界。

蝙蝠睡觉时会头朝下。这个姿势总是让我想起塔罗牌中的“倒吊的人”。这张塔罗牌反映了新的障碍即将被打破，更高的智慧之门将要开启。它象征了当你打开新的认知视野时，帮你化解那些困扰你的心魔的力量，它包含了出乎你意料的新的思维和认知。蝙蝠是一种合群的动物，因此，它的出现通常反映了更多的社交需求，或者反映了大量人口增长的机会。

蝙蝠的灵性力量可以唤醒听觉感知。“蝙蝠是瞎子”的观点是错的，蝙蝠并不盲，它们的眼睛大而发达，即使在弱光的情况下，它们也能轻易地辨别物体。

在黑暗中蝙蝠是导航专家。它们的鼻子里有一种类似声呐的装置，能为它们很好地导航。它们有回声定位的能力，可以帮它们完成惊人的飞行壮举，它们很少发生碰撞。这个声呐和回声定位，能将蝙蝠的视觉、听觉与超自然的能力链接起来，唤醒了灵魂听觉的能力。

用蝙蝠作为图腾的人将会发现他们有一项一直在提升的能力，可以洞悉隐藏的信息和言外之意。尽可能用心去听，相信你的本能。鼻子是用来辨识的器官，蝙蝠的声呐位于鼻子里面，这象征着以蝙蝠为图腾的人具有辨别别人话语中的真假和歧义的能力。

蝙蝠是能量强大的生物。它一直在尝试，也总是暗示着新的创造——在改变之后，一个新的开始会带来承诺和能量。

熊

关键词： 唤醒未知的能力

活跃期： 春天 / 夏天

熊是强大的象征。在神话故事中，一个庞大的躯体转化为熊，熊进化为人类，继而变为上帝，这些说明了熊的神圣和强大。人们关于熊有太多的想象，甚至星座都以它命名——大熊星座。在北半球，这个星座的七颗星星可能是最容易辨认的。这七颗星形成了北斗七星，它们连起来形成了神圣的光射线。熊也是月亮的象征，一般表示思想中的潜意识和无意识，它与戴安娜女神（月亮女神）。

熊经常被美国原住民认为是人类的孩子，熊可以站立，用两条腿走路。对于许多人来说，熊和狼是最后的真正的原始自然界的象征。

熊是杂食性动物，粮食、水果、肉都能吃，比起狐狸这样小型的食肉动物，熊实际上吃的肉很少。

熊不会真正地休眠，它们会在洞穴中储存脂肪。这时，它们的身体温度会降低，呼吸频率会减半。它们睡眠的时长取决于储存的脂肪量。这反映了熊的能力，可以教那些以它为图腾的人为了生存怎样去寻找需要的资源。熊能教会你找出你的内在能量和本质，甚至是那些你从未挖掘和接触过的。和熊共处，将会帮助你走进你的灵魂深处去发现问题。

在冬眠期间，黑熊的肾会完全停止工作。科学家们一直在研究这个现象，希望它可以提供线索来使更多的肾移植成功。生物学家更倾向于将此种方式用于人类的生活方式，以便肾癌可以有时间治愈。这是熊的灵性力量的一部分。

肾在身体中起了一个很重要的作用，排尿、过滤血浆。简单地说，肾是鉴别力和辨识力的象征。如果熊在你的生命中露面，你要问你自己一些重要的问题：你的判断失误了吗？你周围的人怎么样？你是否意识到什么才是你生命中最有意义的？你是否发现在所有情况下都起作用的核心因素？你对自己或他人太吹毛求疵了吗？你戴着有色眼镜看待事情吗？熊的习性能教你学会反思，以便你在居于权力地位时做出自己的选择和决定。

所有的熊移动速度都是惊人的。黑熊和灰熊短距离内速度达到 35 ～ 40

英里／小时。所有熊包括北极熊都会爬树，只有树的高矮会阻碍它们的爬行。熊经常与树联系在一起。自然类节目喜欢拍那些爬到高树上的熊崽或是熊倚着树蹭痒的镜头。有的“树熊”会用爪子给树做上标记，以警示外来的熊不要进入它的领地。

树是强大和古老的象征，是一个自然的天线，连接着天堂和大地。不同的树有不同的象征意义，但笼统地说，树代表着知识，象征着繁荣和成长。如果熊教你走进去并唤醒你的潜意识，那么树就会作为提醒者，告诉我们醒来后融入这个世界需要带些什么，以作为我们的标志。任何有熊图腾的人都应该在内心保有一只熊的幼崽，并偶尔爬一下树，以便有一个更清晰的视角。

母熊在熟睡期间生产，处于半休眠状态。它们通常会生出两个幼崽，有时是三个。这些幼崽是在无助的半昏迷状态下出生，然后在安全、温暖的境况下安然度过冬天。

随着春天的临近，熊妈妈和它的幼崽开始苏醒。幼崽会变得足够强壮，可以跟着它的妈妈寻找猎物。对于那些信仰熊图腾的人来说，这是十分重要的。它反映了在你很无助的那个时期，你需要深入地了解你自己。在这个期间，你可以进一步认识你自己，甚至酝酿两三个建议或计划。在漫长的冬日，熊可以慢慢调养，临近春天，能量就会伴随着它们，帮助它们迅速成长。

那些以熊为图腾的人会发现，在冬天，进行半冬眠循环是非常自然的状态。随着春天的来临，那些在冬天疗养好的人将会有更多的机会活动。熊幼崽会待在妈妈身边长达两年。这反映了你制订的那些疗养计划可能会直到第二年才算完成。

到目前为止，熊家族最有名的要属北极熊。这种白色的熊无所畏惧，它是所有熊中最爱吃肉和最好斗的。它处于食物链的顶端，除了人类以外，它没有天敌。它通常靠吃海豹存活，那些有这个图腾的人们也应该研究一下海豹的特性。

所有的熊都对蜂蜜尤为钟爱。蜂蜜有着天然的甜味，通常藏在树中的蜂巢里，这又反映了熊和树之间的关联。这提醒那些有熊图腾的人，要深入内心唤醒力量，但必须要通过这力量的释放和运用，才能品尝到生命中那蜂蜜般的甘甜。

海狸

关键词： 梦想

活跃期： 黄昏／夜晚

海狸是啮齿类动物家族中最大的成员。欧洲和亚洲已没有它的踪迹，现仅在南半球出没。它适合生活在水中，有网状的脚，尾巴可以作为掌握方向的舵。它是出色的游泳选手，能待在水中憋气长达15分钟。它有一个特别大的肺，

与人类相比，可以装入更多的氧气，也会释放更多的二氧化碳。由于这个原因，海狸也可以教会我们关于呼吸的课程，使我们的身体更健康。

水意味着情感和梦想。人们最普遍的梦想之一是拥有自己的房子和

家庭。海狸与人类有着同样的梦想。海狸是群居动物，它居住在一个封闭的家庭里。如果海狸出现在你的生活中，那就反映了你的梦想有实现的机会。

海狸也是建造巢屋的能手。它们的独特本领就是用树枝建巢屋和垒坝。它们的家有着复杂的结构，并且总是在不断地修补。海狸最显著的特征就是它的大门牙和尾巴。它总在不断地咀嚼使牙齿生长，直至死亡。不咀嚼的话，牙齿会变得更大，并导致不能吃东西。如果一只海狸失去牙齿，那么它将很快死亡。对于那些以海狸作为图腾的人来说，认真细心地清洁和保护牙齿会是最重要的事情。

树枝是海狸最喜欢的食物，杨树和大齿杨是它最喜欢的树种。关于这些树的大量研究，可能让你拥有更敏锐的洞察力。海狸会通过小组合作，将树枝全部弄掉。当别的海狸咀嚼的时候，一只海狸会去休息并且关注周围的环境。它们会将树枝运至大坝中，作为过冬的食物储藏起来。

虽然一些人认为海狸对人类有害，但它实际上拥有很多的益处。它弄掉树枝，可以使树更好地成长，从而为鹿和驼鹿提供了大量的食物。人们可以借鉴它筑的大坝来建造农场。人们总是把养海狸的池塘填满泥沙，当海狸离开时，池塘中的大坝将会被冲塌，水流走，留下肥沃的土壤。

如果海狸已经进入你的生活中，你要问你自己一些重要的问题：你是否已经忽视你最初的梦想？你是否为实现你的梦想做了准备工作？你的梦想需要调整吗？你或者你身边的朋友有没有迷失于梦想中，总是幻想但却没有付诸行动？你家中有什么需要修缮的吗？

记住海狸提醒我们的，我们需要为自己的梦想付诸行动，努力让它变为现实。当理想出现时，我们就要开始行动，不拖沓。海狸还可以告诉你，怎么样去打造一个精彩的梦想。

公牛

关键词： 繁殖

活跃期： 全年

公牛和奶牛，长期以来都是繁殖力的象征。奶牛是母亲和食物（牛奶）的象征，而公牛则是为人类提供食物（牛肉）的动物。因此，牛被看做奉献的象征。

奶牛通常是月亮的象征，女神们有时候会戴着奶牛角；而公牛则是太阳的象征。对于亚述人而言，公牛是太阳之子。公牛崇拜是埃及和希腊文化的一部分。埃及的奥西里斯神通常被描绘成有着公牛一样的头。

在古罗马和古希腊，有很多与公牛有关的神话，最有名的就是弥诺陶洛斯的故事。传说，弥诺陶洛斯是克里特岛国王米诺斯得罪了海神波塞冬而受罚生下的半人半牛的怪物，国王米诺斯专门修了一座迷宫来困住他。后来，克里特和希腊雅典发生战争，雅典人遵照太阳神阿波罗的神谕向米诺斯求和，答应每9年送7对童男童女到克里特作为进贡。弥诺斯得到童男童女后，便将他们关进有名的克里特迷宫里喂养自己可怕的儿子，即牛头人怪物弥诺陶洛斯。在第三次进贡的时候，年轻的忒修斯带着抽中签的童男童女来到克里特，在克里特公主阿里阿德涅的帮助下，用一个线团破解了迷宫，又用她交给自己的一把利剑斩杀了弥诺陶洛斯。对公牛的流言和传说的研究，可能会为那些拥有公牛图腾的人提供关于自己生活的线索。

公牛与金牛座的星象有关。金牛座是一个土象星座，与财富有关，能让土地更加富饶。你应该研究金牛座的星象，以获取更多的启发。

公牛充满着雄性力量。在传统占星学中，地球是一个阴性的星球，所以公牛是繁衍的象征。公牛象征着男性与女性的结合。公牛有时候被描绘为月亮（女性），有时候又被描绘成太阳（男性）。

如果公牛成为你的图腾，你需要问自己这些问题：你是不是竭尽全力地工作了？你需要提出一些新的计划或者想法吗？你是不是固执而严苛？你或你周围的人是不是需要变得更为感性？你是不是会做揠苗助长的事？你和你周围的人觉得有安全感吗？

公牛可以帮助你理解繁衍，并更好地处理与其相关的关系。它将教会你稳妥而不固执，帮助你将阴性力量转化为成功的动力。

猫

关键词：神秘，聪明，独立

活跃期：夜间

虽然猫是被驯化的动物，我们也应当研究猫作为图腾所具有的能量。本书中单独探讨了很多大型猫科动物，但是普通的猫，无论野生或是家养的，都有一些共同点。

在流言和传说中，猫都占据着重要的位置。在古埃及，猫具有自己的特权地位。巴斯特女神经常被描绘为一只母猫或是有着猫一样的头。在斯堪的纳维亚传说中，猫和弗蕾娅（丰产女神）联系在了一起。在印度传说中，生产女神沙寺的坐骑是一只猫。《格林童话》和其他世界各地的民间故事中也经常出现猫。

猫被赋予了很多特征，其中很多是相互矛盾的。好奇、有九条命、独立、聪明、不可预测、有治愈力，这只是其中的一小部分。巫婆的宠物猫通常被认为是她的守护精灵——以猫的形式存在的精灵。人们通常认为巫婆可以变成猫形。

猫会在入夜之后回家，但大多数人类希望它们在白天也做传统的宠物。当它们不照做时，就会被认为是独立而不易接近的。

由于黑暗是恐惧之源，其中隐藏的是人们所不愿也不能看见的东西，于是猫就和魔法与神秘产生了联系。而真相是，猫的视网膜上比人有更多的杆状细胞，能够加强对光的感知，从而使它能在黑暗中看得很清楚。传统观念中，猫的猎物是老鼠，但是事实上，猫的捕猎范围绝不仅限于此，猫还会主动捕捉鸟和兔子。

猫的敌人一般被认为是狗，但狗并不是猫唯一的敌人。对于任何拥有猫图腾的人来说，对老鼠和狗数量的研究将有助于理解猫的灵性力量和其内在能量的平衡。

看看你生活中出现的猫的颜色、性格和行为，这一切都十分重要。有很多书都讲述过关于猫的性格的知识。无论是家养的或是野生的猫，在它占据主导地位的时候，你都要做好准备，随时接受它的神秘力量的感召。

鹿

关键词： 优雅、冒险

活跃期： 秋季 / 春季

鹿总能抓住人们的想象力。它是最成功的哺乳动物家族成员之一，每个大陆上都能看到它的踪影，当然澳洲除外。它们能够调整自己适应每一种居住环境。麋鹿和马鹿都是鹿家族的一部分，但它们之间有所不同，要区别看待。

所有的鹿都有共性，但每种鹿也都有它自己独特的品质和特点。比如说马鹿，一年要长距离地迁移两次，这反映出那些有马鹿图腾的人可能有相同的生命模式。它们在秋天和早冬进入交配期，这是它们繁殖能力最强的季节。骡鹿也是一个漫游者，它从不沿着同样的路走两次，这是它与生俱来的防御手段，使它的猎手难以预料它的行为。

同样的鹿在它的发源地会有几种变异。对于拥有鹿图腾的人来说，也有一些线索，可供他们探索以往的生活与鹿的灵性力量的联系。

对很多人来说，鹿是他们捕捉过的最重要的动物。猎鹿的过程将我们从文明世界带入野生世界中。有很多关于鹿的故事和神话，说的是鹿引诱猎手，甚至是国王深入丛林，直到他们迷了路，又重新寻找鹿的踪迹。这样的例子可以从亚瑟王和圆桌骑士的传说中找到。圆桌骑士高文跟着一头雄赤鹿，经历了很多冒险的旅程。

白尾鹿最突出的特点就是雄鹿长的那一对鹿角。在鹿家族的其他成员中，雄鹿和雌鹿都会长角。鹿角是坚硬的骨头，它们年年都会脱落。鹿角长在眼睛后面，具有保护作用。

鹿角在鹿 5 岁之前每年都会长一些，并且会长出更多的分叉。如果你在野外碰到一头鹿，试着去数一数鹿角上的分叉数，这是鹿想告诉你的一些重要信息。记住，数字能帮助你定义事物的本质。

鹿角是直觉的象征，带有角的鹿因此也就变成了关注你的灵魂和认知的一种信号，可能比你想象的还要准确。

如果一头鹿进入了你的生活，就意味着你需要为下一个 5 年的发展寻找新的方向。它暗示我们，在下一个 5 年中会有新的机会来促进新的发展。鹿角长在眼睛之后，提醒我们，它代表着更强的感知力。

鹿每胎会生两三只小鹿，这些小鹿的颜色有利于保护和隐藏它们自己。在最初的几天里，它们几乎不动，鹿妈妈会精心照料它们。这对于有鹿图腾的人来说非常重要。它告诉人们，与新生命共处一段时间是非常重要的。母亲必须用母乳喂养孩子一段时间，才能说这孩子是她的。这种关注力使得孩子能与家庭更紧密地联系在一起，也能保护新生儿免受外界微妙的影响。

每次看到新妈妈带着不足月的婴儿漫步在拥挤的购物中心或是商店，我都倍感困扰。我明白，她们特别渴望出来走走，但是这反映出她们没有理解外界对人体微妙的影响。这种购物场所对孩子有着很大的影响。并没有人对此做重要研究，但是它确实是一个重要的领域，需要被探索。直到孩子变得强壮之前，他都应被用心呵护，远离外界的影响。

鹿带领我们回到那些古老箴言的原始智慧中。它提醒我们要在孩子与外界接触之前，与孩子建立起强大的联系。这也是一种提醒，提醒家庭传统的存在，这种传统使家庭成员和年幼的孩子都很自然地接受并能很好地适应。这对于孩子来说是最好不过了。

最初几天过后，幼鹿通常可以站立，并且跟随它的母亲四处走动。雌性的幼鹿可能会跟随母亲长达一年之久，雄鹿则常常在几个月之后便离开。鹿的父亲并不参与抚养幼鹿，这完全受鹿母亲的控制。同样地，这又提醒我们，要追溯传统的家庭成员与他们各自的角色。如果鹿在你的生活中露过面，这可能就暗示你此时此刻已经远离你自己的角色了。

鹿的各种感官都非常敏锐。它的眼睛可以清晰地观看远处的事物，在昏暗的光下，它能准确地发现细微的差异。它的听力与视力一样，也很敏锐。任何一个将鹿作为图腾的人，都会发现自己在察觉细微的动静以及事态变化方面的能力逐渐增强，他们可能会读出别人心里的秘密。

当鹿出现在你的生活中时，就说明你应该善待自己以及其他人了。同时，问问自己一些重要的问题：你是否在试着勉强促成某事呢？其他人是不是也如此？你是否对自己过分苛求，没有关爱自己？当鹿出现的时候，你便有机会展示温和之爱，这将为你打开新的冒险之门。

美洲豹

关键词： 集中精力

活跃期： 全年

美洲豹有过很多名字：美洲狮、山狮、美洲豹、山猫、潜行猫、豹等。最普遍的名字是美洲豹、豹和美洲狮。美洲豹是它的南美名，而美洲狮则来源于印加人说的奇楚亚语。佛罗里达豹和它们属于同一科，但是不要把它们和之后要提到的美洲虎混淆。在你对美洲豹的研究中，有某一个名字特别吸引你吗？这可能会为你寻找你的过去与这个图腾之间的联系提供一些线索。

早期的殖民者们把美洲豹错认成雌虎。曾有一典故，在新阿姆斯特丹（现在的纽约）的荷兰商人们质问印第安人，为什么他们带来的皮只有雌虎的。印第安人和那些白人商人开了个玩笑。他们告诉这些商人，雄性都生活在遥远的山岭中，而它们因为太凶猛，以至于没有人敢捕捉他们。这就是山狮这个名字的由来。

美洲豹是西半球第二大的猫科动物，也是行动最快、最有力量的动物之一，不过它的体能并不是最好的。它可以咬死或用爪杀死猎物，如果纵身一跃，可以跨过 40 多英尺的距离。

它是隐秘的刺客。很多关于豹的特征描述，也可以用来描述美洲豹。如果美洲豹出现在你的生活中，那就是了解它的力量的时候了，你也要考验你自己的力量。很多美洲豹的幼崽会通过不断的尝试和失败来学习如何利用它们的力量。试错的过程使它们变得更强大，并且磨炼了技能。当美洲豹成为你的图腾时，表明你的大多数的磨炼已经完成了，所以现在需要做的就是坚持。

人们可能不喜欢你爱出风头，他们试图把你归为他们一直认定的类型。你可以继续这样下去，或者你可以展示你的力量以及你的才能。那些拥有灵性力量的美洲豹会更容易受到攻击，这也暗示了拥有美洲豹图腾的你，容易受到伤害，特别是来自那些在安定状态下长大的、不希望看到你成长的人。记住，总有一些人不希望你发挥你的潜能或者承认你拥有这样的潜能。如果美洲豹露面了，你就要迅速做出一个决定，因为美洲豹会紧紧地抓住它的机会。

鹿是美洲豹最喜欢的食物。任何拥有美洲豹图腾的人都应该向鹿学习。温驯是鹿的诸多特性之一，对于那些拥有美洲豹图腾的人来说，要记住这种强有力的力量。这也很好地提醒了你，有时候要温驯，而有时又需要完全展现你强大的一面。这是美洲豹对我们非常有教育意义的一个启示。

美洲豹也会捕猎豪猪，这种能力也值得我们去学习。美洲豹是少有的可以捕杀豪猪而不受伤害的动物之一，它们会在豪猪的弱点暴露在外时，从其背后发起攻击。事实上，它们2/3的食物都来源于豪猪。

美洲豹的果断值得我们每个人借鉴。当它发起攻击时，会毫不犹豫；当遇到危险时，它会瞬间进入攻击的状态。美洲豹会教你怎样去展现你的能力，以及让你充满力量地去改变你的生活。从美洲豹身上，你会发现你能保护自己，或者能平等而有效地攻击那些伤害你的人。它教会你怎样去有效地改变你的生活现状。

狗

关键词： 忠诚，保护

活跃期： 全年

狗是被驯养的犬类，是人类的伙伴，为人类提供忠实的保护。每一条狗以及每一个品种的狗，都有各自与众不同的特征。许多品种都有其特殊性，对品种的研究将会帮助你确定专属于这个图腾的能量。

不同种类的狗意味着不同的灵性力量。牧羊犬是用来提供保护以及协助驱赶圈养的农场动物的；有些狗是专门用以进行娱乐消遣的，例如打猎以及寻回猎物，因此它们可能会拥有与众不同的特征——爱玩水以及需要经常遛等；有些狗是混种的，它们体现出了源自不同系列品种的特征。这些提醒我们，每一个人都是与众不同的。

仔细观察你的狗的品种特征。这将显示出很多与能量有关的东西。细致观察它的特点：它大多数时候是怎样表现的，这说明你是怎样的人。

大多数人养狗是用于保卫和警告，然而狗在不同社会中同样具有象征性意义。在印度，狗是所有等级系统的象征，它反映了由渺小向伟大的转变。在早期的基督教中，狗是守护的象征，而且狗甚至还是牧师的喻体。在古希腊，狗是逝者之地的陪伴者以及保护者。狗同样也被视为是母亲身份的象征，因为狗具有非常体贴而富有同情心的母性。

要使狗垂头丧气是很费劲的事。甚至在受到辜负时，狗表达关爱的能力也是非常强。狗关爱他人并且成为伙伴的勇气与意愿，超乎寻常动物。

如果狗以图腾的身份出现在你的生活中，那么你就要问自己一些问

题：你需要或者缺少友谊这一点，说明了什么问题？你待人忠诚吗？你身边的其他人忠实于你吗？你是在给予还是在接受毫无条件的爱？你需要更加保护你的领地吗？你需要更多地放松一下吗？你对自己诚实吗？你的士气需要鼓舞吗？你身边的人们又如何呢？仔细观察你的领地。狗知道它自己的地盘，如果它出现的话，它的能量与叫声便会对你产生直接影响。

狗是一个强有力的图腾，象征着忠实与友谊。很多时候，与野生动物相比，人们更容易和驯养的动物图腾合作。

海豚（鼠海豚）

关键词： 呼吸，声音的力量

活跃期： 全年

海豚是海洋中的一种哺乳动物。许多人认为，海豚以及鲸鱼是鱼类，然而事实却并非如此，它们拥有大多数哺乳动物区别于其他动物种类的特征。海豚家族中最为巨大的成员是虎鲸，虎鲸同样也显示出耐心这一品质。海豚们在海洋中安家这一事实是很重要的。很多传说都提到，生命是如何起源于原始的水域的。水是创造力、激情甚至性欲的象征，水是所有生命形式的要素，是新的空间与力量的象征。

水可以在极大程度上开启新的创造力和领域。水对于生命而言是不可或缺的，空气亦是如此。许多的呼吸技巧教导我们，适当地利用空气可以产生变异状态，并且使人与新的领域和生命相连。学习呼吸的技巧，可以帮助你变得更加有激情并且更具吸引力，还有助于治愈身体、思想以及精神方面的疾病。例如，通过简单地模仿海豚在浮出水面时所使用的喷射式呼吸，你的紧张以及压力就可以得到释放。有肺部问题以及呼吸问题的人，可以通过熟悉海豚的灵性力量而受益良多。

海豚的呼吸和游泳都有一套旋律，学习像海豚一样呼吸，是十分有益的。控制呼吸是海豚力量的关键。当你通过呼吸与海豚保持一致时，你便可以让海豚带你畅游那些存在于原始的生命海洋。海豚可以引领你进入地下洞穴，也可以将你带回自己的生命源头。

海豚还具备声纳能力。它能运用一系列的滴答声，并且随着声音的回响对反馈信息做出回应。声音、空气以及水都被视为所有生命形式的来源。声音是具有创造力的生命力量，产生于寂静的胚胎之中，并且创造了万事万物。学习创造内在声音，就可以创造外在形式，这也是海豚可以教授我们的东西之一。

声音需要空气来传播，而水是尚未充分发展的极具创造性的因素。如果我们知道怎样将空气与声音结合，我们就可以将水塑造成任何形状。很多社会都强调声音与空气的神圣性。在巴比伦人的宇宙哲学中，由女神提亚马特在生命之河中塑造的万神们直到被提亚马特召唤，才获得了生命。

海豚可以向你展示如何进入生命之河，然后再利用空气和声音召唤出你最需要和渴望的东西。有一些呼吸以及声音技巧，对生命中奇迹的出现是必不可少的。

如果我们没有正确地使用它们，我们就会发现所做的祈祷没有得到回应，所说的誓言会以艰深晦涩的方式表现出来。海豚可以告诉我们如何做更合适。

海豚在早期的基督教中是救赎的象征。对希腊人来说，海豚是上帝的信使，象征着富于生命力的、被赐福的海洋，这是因为它们极少被杀戮。海豚经常做出一些利他主义的行为。它有很大的大脑，极富智慧。即使在今天，它们也并不警惕杀戮它们的人类，而是享受人类的陪伴，它们被好奇心驱使与人类亲近。

如果海豚作为图腾出现，请问一下你自己的内心有什么想法？如果不确定，在海豚出现的时候你就会很快得到答案。你想要走到户外呼吸新鲜空气吗？你感觉压力缓解了吗？当海豚出现时，就会给你的生活带来一些新鲜气息。拥有海豚图腾的人，一定要记得出门玩耍、探险，还有最重要的——尽情呼吸。

象

关键词： 力量，忠诚

活跃期： 全年

大象是现存最大的陆地哺乳动物，大象古老的祖先是猛犸。现存的大象主要有两种：非洲象和美洲象。非洲象更大一些，它的耳朵形状和非洲象的不一样。

关于大象有许多的神话和民间故事。在所有大象中，白象是最神圣的，这种神圣意义类似于美洲传统中的白水牛。据说伟大导师和领导者的母亲会梦到白象。有个关于佛祖母亲的故事，就讲述了她梦到一只白象走进了她的肚子里，从而生下了佛祖。

在印度和南亚，白象是神圣的，而且它的象征意义是多重的，包括忠诚和繁衍。印度的智慧之神和成功之神甘奈沙经常被描绘成长着大象头的样子。印度教中，大象有着好几个角色。作为众神之首，大象是皇家坐骑；作为武士之神，大象是印度教的超级武器；作为雨神，印度教认为灰象能够带来季风。

对不熟悉大象的人来说，感觉大象既陌生又让人觉得可怕。普通人对大象的多数看法都是错误的。比如，大象并不害怕老鼠，它们是对声音做出反应而并不是对老鼠的动作做出回应。虽然大象的记忆力很好，但是说大象永远不忘记事情也是错误的。事实上，大象的记忆力很好是指大象从不忘记对它造成伤害的人，它们一旦有机会就会复仇。还有，大象死亡时会自发的大象之墓也并不存在。这些故事都是具有神秘色彩的。大象对死亡的和奄奄一息的同伴很有兴趣，甚至并不会表现出悲伤。

大象有十分吉祥的象征意义，它们象征力量与强壮。雄象在发情期很容易发怒，因此大象成为了强大性能力的象征。

因为体型、颜色和外形的关系，大象总是和云联系在一起。它们被看成云的

象征，很多人相信是大象创造了云。相信拥有大象图腾的人，应该研究大象的这个象征意义和云的意义。总的来说，云彩是象征着隔开现实世界和灵魂世界的迷雾，它们象征着海王星、预言能力、繁衍能力甚至象征着家庭，因为它们总是在变化当中，所以云彩可以反映和大象图腾相同的意义。

过去，我曾经在夏天参加过几次户外举行的“读云”活动。有一次，我曾经试过快速“读云”，用云彩的形状激发创造性想象。我抓住一个人的手，看着天空，谈论我从云的形状中看到了什么以及从中反映出的这个人的生活状况。这个活动很有趣，可以改变生活节奏。每次做这个活动，我首先看到的都是大象形状的云，几年后我才明白其中的联系。

大象最鲜明的特征就是象鼻。因为大象的视力相对较弱，它在很大程度上依赖于嗅觉，它用象鼻吸入空气，辨别气味。嗅觉在很长一段时期内，是高级分辨能力的象征。崇拜大象图腾的人应当注意什么味道好闻，什么味道不好闻。你的辨别能力强吗？别人的呢？有什么闻起来有意思的东西吗？即使有什么闻起来不对的东西，你也没有做出反应吗？

对于崇拜大象图腾的人来说，熏香和精油是强大的工具，你应该学习和使用香薰疗法，精油和香氛可以使你有效地转换想象。

嗅觉和性欲也有很大的关联，气味是强大的刺激因素。对于崇拜大象图腾的人来说，气味可以成为诱惑的力量，它是引诱别人或者被引诱的有力方法。这也强化了大象作为性的象征意义。

象鼻的用途非常多，可用于喝水、洗澡、自卫，大象之间甚至以碰鼻来打招呼。象鼻子有两个手指形状的触须，这种特别的鼻子和上嘴唇的组合使它能像手一样运动。大象要不是有这样的鼻子，它就无法够到它们赖以生存的树枝、叶子和草。而且，它反映了通过大象所激发的不断上升的嗅觉敏感度，通过它，你可以接触到不同于以往的世界。

象牙是大象另一个重要部位，不幸的是，那些捕猎者杀死成千上万的非洲象就只是为了割下象牙。任何一个有象图腾情结的人，都应该从灵魂上审视象牙所代表的意义。象牙是大象当作武器和挖掘食物的工具，它使大象能够把地面上和地面下的能量，即植物和根茎的能量联系起来。

象根据年龄和性别划分类别。母象和小象属于雌性象群，由一只充满智慧的老母象带领。这反映了古老的母系氏族的三种成员：孩子、母亲和年老的妇女。目前已经发现，这三种形式在生命宇宙神秘学的种群中是普遍存在的。

公象有时会加入母象群体，当然这只是为了交配，剩下的时间，它们一般生活在公象群体中，由一只年老的严厉的公象带领。这种形式在世界许多其他种群中被复制，不管男人女人都有他们的社会群体，以及和象相关的神圣教义。

象与象之间表现出了对彼此的强烈情感和忠诚，年龄稍长的大象会帮助它的姐妹，成年象会帮助生病或者受伤的同伴，这是真实社会所崇尚的相互扶持的理念。

那些拥有象图腾的人，通常会发现他们可以重塑一个强大的家庭和社会理念。年幼者之间的相互关爱，对老人的尊重，对生病者的同情以及强大的自我，都是一个伟大的人和一个伟大社会的基础。如果你体会到了象的精神，你将有机会在自己的生命中或者他人的生活中建立这样一个社会；如果你体会了象的精神，就准备好利用古老的智慧和力量吧，你将有机会帮助自己或者他人，重新找到人的自尊。

驼鹿

关键词：力量，高贵

活跃期：秋天

驼鹿是北美洲高贵的动物之一，它强壮而有力。它曾经遍布北美洲，但是在19世纪后期，美国东部的驼鹿遭到消灭。现在驼鹿受到保护，而且西部的山脉为其提供狩猎场和避难所。

印第安人将这种动物命名为麋鹿，驼鹿这个名字可能更为贴切。白人殖民者给予它们驼鹿这个名字，是根据它在欧洲的同类而命名的，实际上，它与麋鹿更为相似。

驼鹿的力气非常大，耐力极强。它可以快速小跑，能跑很长一段时间，为了比追捕它的猎手跑得更快，驼鹿能够在很长一段时间内保持其有力的步调。如果驼鹿出现在你的生活之中，这就意味着你即将要进入正规，发挥你的潜能了。驼鹿的出现也可能是要教会你，怎样更有效地调整生活和工作的节奏。你做事是不是过于激进了？你身边的其他人是否也是如此呢？你是不是已经放弃或者考虑过早地放弃呢？你是不是没有竭尽全力？你是不是在尝试寻找捷径，然而此时对你最为有效的却是长期而稳定的方法？一只驼鹿要花费四五年的时间才能到成熟期。如果你近期开始了新的计划和任务，你可能需要四五年的时间才能看到这些计划和任务取得成效。

驼鹿精力最为旺盛的时期是秋天，这是它们的交配季节。除了在交配季节之外，驼鹿都与其同性待在一起，雄性驼鹿与雄性驼鹿一起，而雌性驼鹿与雌性驼鹿一起。有些时候，驼鹿以图腾的身份出现在我们的生活中时，是要提醒我们，生活需要时常有异性的陪伴，以保持均衡。你是不是一直忽视了与异性交流的需要呢？与你相伴的，是不是同性的朋友，以致于你忽视了异性朋友呢？你是不是一直花太多的时间和异性交往，而与同性朋友疏于联络呢？

在交配季节，雄性驼鹿的颈部变得臃肿，而且会发出嚎叫声。这是一种宣称自己领地并且确认它与雌性驼鹿之间关系的方法。颈部是桥梁性的区域，是一个联结点。我们都需要异性的陪伴，这种关系不一定与性有关，只是单纯地与他们交往就有利于平衡，并且将我们自己的能量提升到一个更高的水平。

极少有驼鹿特立独行，它们总是聚居在一起，成群生存。如果驼鹿出现的话，这可能意味着你对友谊或者某种意义上的集体生活的渴求。

在一群驼鹿之中，通常会有几只驼鹿当哨兵。这类驼鹿在传达警告的讯号时，会发出悠长的鸣叫声（类似于喇叭声），尾部斑块会凸起。有些驼鹿出现在你的生活中时，就是要教会你怎样在群体中生存，以及在集体中如何与他人开展合作。你是否在尝试自己独自做每一件事？其他人是否也是如此？你是不是感觉自己拥有力量和精力，能独立完成所有的任务？

当其他驼鹿们外出寻找食物的时候，一两只驼鹿会留下看护幼小的驼鹿，而当受到威胁之时，它们会用尖利的蹄子保护幼小的驼鹿。最为柔弱不堪的当属幼小的驼鹿，驼鹿以及麋鹿的保护欲都极强。在抵御任何潜在的、想象出来的或者真正的威胁时，视驼鹿为图腾的父母们，会有着极强的保护欲，并且凶猛好斗。尽管郊狼同样会集体狩猎驼鹿，但是对驼鹿来说，最为常见的猎手却是北美山狮以及灰熊。只要是一只成年驼鹿，那么它就可以跑得过它的猎手。对于幼小以及体弱的驼鹿来说，情况却并非如此，这正是驼鹿群要保持强壮的原因所在。对驼鹿的猎手的研究，可以为你获取能量提供一些深层次的参考。

驼鹿多以牧草以及植物为食，它们不经常迁徙，它们的毛皮厚实并且浓密，可以抵御严寒。如果大雪纷飞而且天气极其糟糕的话，它们就会在更加容易获取牧草的山麓小丘中度过冬天。

任何与驼鹿的灵性力量打交道的人，基本都会以素食为主。他们的能量水平会增强，不再那么紧张，会越来越有耐力。如果你发现自己变得无精打采的话，就向驼鹿学习一下吧，改善你的饮食，仅仅两三天之后，你便会发现你的总体能量水平发生了极大的改变。

狐狸

关键词： 伪装，变形，隐身

活跃期： 夜间 / 黎明 / 傍晚

狐狸是很多社会所共有的图腾。它是一个涉及发展的需要或者伪装的需要而能觉醒、具有隐身能力以及可变身的图腾。它是大自然中拥有与众不同的技巧、最为独特的动物之一。它进入人的生活中，向人们传授这些技巧。

狐狸有 21 个品种，而且它们可以在世界上大部分地区和各种各样的气候带中生存。出没于海岸边、山脉间、沙漠中以及北极地区，居住在北美洲与南美洲、欧洲、亚洲甚至大洋洲。在世界范围内，存在 21 种互不相同的狐狸，这一事实具有极深奥的意义。

塔罗牌中的21号牌是“世界”。这张牌能反映出一个新世界正在被打开，创造的过程正要开始。它还能反映出，世界正在成长，正在将它自己塑造成一个新模式，而这个模式更为有益。对那些把狐狸作为图腾的人来说，经过深思熟虑，会想到这张卡片能帮助我们理解狐狸的能量对创造力的促进作用。在它们自己的世界里，可以显现出什么是成长和需要。

狐狸自古就与魔力和狡猾联系在一起，因为它是习惯夜生活的生物，充满了超自然的力量。它最常出现在黎明和黄昏，所谓“混合时间”，在这个时间段，我们所处的世界与灵性世界相重合。狐狸生活在森林的边缘地带和开阔的地方。因为它是一种“时空交织”的动物，是灵性王国的向导，它在这个时间出现，标志着灵性王国向每个人敞开了大门。

在亚洲，狐狸被认为能变成人的样子。在中国古代的传说中，狐狸有着相当于老者的仙力，在它的百岁生日上，它会变成书生或者美女，任何一个不幸爱上它的男人最终都会被害死。美国的印第安人中流传着猎人突然发现他们的妻子是狐狸的故事，这被视为女性魔力的象征——除非这个男性自己或别人发现了这个女性的魔力。在他的生活需要时，他可以运用这种魔力，但最终会导致他的毁灭。

切罗基人用狐狸制成药，来预防冻伤；霍皮人总是在欢庆仪式上穿狐狸毛做成的衣服；巧克陶族把狐狸看作家庭的保护神；阿帕奇人认为狐狸能杀死邪恶的熊。在其他国家，狐狸同样受到了尊重。在波斯，狐狸是神圣的，它能帮助死者升入天堂。在埃及，狐狸毛被认为是上帝的恩赐。印度有一个狐狸神，人们相信它会回报那些帮助过它的人。

一项关于狐狸行为和习性的调查，更能显示出其所代表的角色和能力。几乎所有的狐狸都有尖尖的长鼻子、大耳朵、大而浓密的尾巴和长而瘦的腿。狐狸通过它的大耳朵驱散炎热，让自己在夏天感到凉快。拥有狐狸图腾的人在夏天感到热，就把头发梳到耳朵后面，也许会感觉好一点儿。

在北美，最常见的狐狸就是红狐，不是所有的红狐都有微红的毛。像人类的头发一样，红狐的毛会变色，一些可能会有微红的外表，另外一些可能是棕色的毛，还有一些甚至是银黑色的毛。事实上，红狐与性吸引力和自由创造力有关。对颜色和它们所象征特点的研究，可以帮助你寻找你在生命中的角色。

狐狸的表皮在平时起着伪装的作用，尤其是多数狐狸的表皮具有变色功能，这样不仅增强了它们的伪装本领，而且使它们在一定程度上不被其他动物所察觉。所以，以狐狸为图腾的人平时应当多加练习和使用伪装技巧，狐狸能传授给你的不仅是要学会如何适应环境，如何把事情做得毫无破绽，还有如何不漏声色地实现自己的目标。

等下次你参加聚会时，找一把椅子或沙发坐下，把自己想象成一只与环境完美融合的狐狸。要知道，在旷野中的狐狸是很容易被人们发觉的，所以无论是颜色亦或形状上，你都得视自己与那把椅子为一体。你先静静地坐下，然后看看有多少人会因为没注意到你而不小心撞到你甚至是坐在你身上，结果肯定会让你大吃一惊。

当你参加或离开聚会时，尝试着把自己当作一只狐狸，让自己完全融入其中。当人们问你诸如“你什么时候过来的”、“你在这待多久了”、“我没见你进来呀”以及“你什么时候走的”之类的话时，不要感到惊讶，因为你在狐狸身上投入越多的研究，这一切就显得越自然。

英格兰传说中亚瑟王的挚友梅林，恐怕是有史以来最著名的魔法师了，他能够运用自己的魔力获得战争的胜利，也能把自己变成猎狗或雄

照片取自俄亥俄州特洛伊市布鲁克的自然中心

红狐是代表强大力量的图腾，这种动物在魔法领域中，长期以来都被解释作与隐身术和变形术相关，而那些碰巧遇到它的动物则总是会被它与生俱来的伪装术捉弄得云里雾里。

鹿，他能预见未来，还能控制人的命运。梅林的伟大才能依赖于对狐狸能量的研究，并加以刻苦的练习。“终其一生，梅林本人不曾名扬史册，也不为人们所发现。人们对他的了解仅仅是‘梅林’这么一个符号，而非梅林自己。当他被国王们所召唤，又或是临危受命前去组织其他联盟时，他总是会以一个可怜的牧羊人、一个木匠或是一个村民的形象悄悄出现。即使集众多君主们的努力，也未曾把他从伪装中识别出来。这也许是他长期以来练习伪装术的原因吧”。

学习伪装的艺术，对于以狐狸为图腾的人来说是相当重要的，因为狐狸正是利用悄无声息的方式掩藏了自己，从而获益。通过长期的练习，你可以拥有同样的能力，而学会运用这些能力则能让你发现过去所不能发现的事物。

另一方面，狐狸的毛对于以狐狸为图腾的人来说同样具有很重要的意义，它与狐狸的精神力量相联系。狐狸的毛分为两种，一种是短而紧密、软绵绵的内层毛，另一种是长而硬的外围毛，外围毛通常是狐狸背部最暗的那一块，起着保护的作用。

毛发在古代被认为是能量与繁衍的标志，毛的层次则反映了能量与繁衍的等级。古人认为，正是从狐狸的内层毛中，他们获得了原始的能量，而外围毛不仅在他们使用这种能量时保护着他们，还决定着他们应当如何使用这种能量。那时的人们认为头发的变化会引起人内在能量的变化，所以头发对于以狐狸为图腾的人来说是非常重要的。虽然不一定可信，但狐狸的尾巴向来被认为是狐狸身上最为神圣的部位，尤其对于以狐狸为图腾的人说，狐狸尾巴有着重要的含义。当它奔跑的时候，尾巴呈水平走势，似乎就要与身体分离，这一现象有其独特的内涵。因为狐狸的这种姿势很像一个女性，因而狐狸的尾巴也就象征着女性的创造能力。据说当狐狸奔跑的时候，如果突然转向的话，则有着更好的寓意，暗示了女人在生命当中遇到的困难都能够轻易化解。

因为狐狸能用尾巴将自己裹起来，因而尾巴还有助于鼻子和腿抵御寒冷。所以以狐狸为图腾的人能够使自己在各个方面（尤其是与人的关系上）破冰顺利，能够给他人带来温暖和愉悦。

狐狸因为皮毛蓬松，从而使自己看起来比真实体积大了许多，对于有狐狸图腾的人来说，这有着特殊的含义。这些人能够使自己展现出比真实的自己更强大的一面。因此，对于一个研究狐狸这方面特性的人来说，他能够利用这一优势来自我保护，或是在重要的场合给别人留下更为深刻的印象。

以狐狸为图腾的人还应当注意一点：进入冬天，狐狸腿底部的肉趾上会生出一缕薄薄的毛，这样不仅能为腿部保暖，也增强了腿与地面的摩擦。

虽然狐狸不喜欢弄湿皮毛，但它却是游泳能手，这对于以狐狸为图腾的女人的内在品质有深刻的寓意，因为她们学会了如何获取和利用女性的能量，她们已经不用再回到过去柔弱的状态中。但在必要的时候，她们也会采取一定的妥协手段。

狐狸的腿可以说是为奔跑而生的，它的双腿有极强的耐力。狐狸最热衷于急速小跑，它能够长时间疾行而不显疲态，在同类大小的动物中，罕有其他动物能够跑得比狐狸快。对于有狐狸图腾的人来说，如果想要取得全面的发展和成功，那么适应快节奏的生活是很有必要的。此外，狐狸奔跑还有一大特点就是它的脚印看上去是在一条直线上，在它小跑的过程中，狐狸的后脚掌基本上是步着前脚掌的印迹而行，一步一个脚印，这也直接说明了狐狸所象征的女性力量。

狐狸走和跑的时候用的是它那像猫一样的脚趾，这值得人们思考，因为狐狸虽然是犬科动物，但却有着猫科的特点。猫科象征着女性的能量，狐狸的这一特点暗示着我们应当学习女性的创造力。

在必要时刻，狐狸会显示出爬树的本领，这说明了它具有进入新领域、获取新资源的本能，而灰狐更是能够像猫一样用自己的后脚掌把自己推上树。

以狐狸为图腾的人具有发现自己潜能的直觉，这与狐狸敏锐的听觉相关。这类听觉就好像超微天线一般，能够捕捉到150码外老鼠的叫声。那些拥有狐狸图腾的人，有着卓越的能力，可以听见人们内心的声音，以及话语中的言外之意。这种能力可以看作一种独特的能力，能够洞悉他人的内心想法。

狐狸有极好的视力。事实上，它们的眼睛是椭圆形的，像猫一样。它们是色盲，但是可以十分敏锐地分辨出光线的强弱。这就使得有此特征的人能够准确地判断人数的多少。狐狸可以清晰地看见移动的物体，尤其是在区域边缘或在边界上移动的物体。正因为如此，拥有狐狸图腾的人能够洞悉他人的想法也就不足为奇了。

狐狸最敏锐的感觉是嗅觉，它们猎食时最主要用的是嗅觉，而非其他。狐狸对于特殊的气味十分敏感，那些拥有狐狸图腾的人对气味的反应也与常人不同，他们能发觉气味间的微小差别。嗅觉是一种社交手段——决定什么样的人可以交往。任何拥有狐狸图腾的人，去研究香薰会很有益处。

从两性关系上看，嗅觉是狐狸最强的兴奋剂之一，而且嗅觉对于唤醒有狐狸图腾的人也有很大的影响。气味和性欲存在着很强的联系，拥有狐狸图腾的人认为这是至关重要的。性能量是我们最具有创造性的能量，这种能量在所有生命活动中都很重要。如果通过适当控制和引导的话，它可以用于各种目的。狐狸作为图腾进入人的生活中，带来能量的觉醒，拥有狐狸图腾的人对性有巨大的包容力，通常不受世俗意义的限制。

狐狸的嗅觉与更高形式的辨识力和洞察力是相联系的。一个有狐狸图腾的人应该能嗅出每一种情形。这样他们就知道应该避免和谁接触，谁又可以保持联系。这个人闻起来合适吗，这个情况闻起来是否有点不对劲。

大多数狐狸都只有一个伴侣，它们是严格的单配偶动物，但是它们每年也独居大约 5 个月左右。独居的大多数时候让它们感觉很舒服。红色的雌狐只有当怀孕的时候，才会寻找洞穴。如有可能的话，它们会返回同一个洞穴，年复一年，添些材料，拓宽一点，然后更舒适一点。

同样的特征和对家的热爱也在拥有狐狸图腾的人身上体现出来。狐狸只在自己的领域里行走，它们总是会返回自己的洞穴。那些有着狐狸图腾的人也会在日常生活中对家庭很有责任感，他们同样也倾向于回自己的家，并且改善它。

一小窝狐狸幼崽通常只有 1 ～ 6 只。它们天生眼盲耳聋，但是长大以后就会变得极度的耳聪目明。如果这窝幼崽能在第一年存活下来，它们就会在这里多住几年，建立自己的领土。这反射出那些具有狐狸图腾的人，可能在童年的时候经历过巨大的考验，也反映出他们接受过生存技巧的本能教育。

狐狸既是幸存者，又是成功的捕杀者。尽管它的领土被入侵过，也暴露于被捕食的威胁中，但它仍成功地生存下来。它求生的本能很强大。一些人会说，之所以幸存是因为它的“懦弱”，但是这种“懦弱”只不过是狐狸为了避免潜在的危险而故意为之罢了。

狐狸的食欲不大，它也许一天都在频繁地吃，但食量很小，它们会把剩余的食物藏在洞穴里。这点能反映出有狐狸图腾的人具有健康的饮食习惯。

狐狸猎食很讲究，姿态优雅，步履轻盈。它们捕食的时候和猫有点像，经常跳起来用前爪抓住猎物。狐狸很狡猾，也很有耐心，它会埋伏着掩藏自己，然后密切观察猎物，直到最恰好的时机才出手。

狐狸最精明的捕食技巧可能是“迷惑法”。使用这种方法，狐狸会在猎物附近表演各种滑稽的动作。它会蹦蹦跳跳、翻滚、追逐，用来迷惑猎物的注意力。就在表演的同时，它的爪子会越来越靠近猎物，而不被察觉，直到它通过看似毫无威胁的滑稽动作缠住猎物，接着看准时机，纵身一跃抓住猎物。这是一种掩饰手段，是与生俱来的本领。那些具有狐狸图腾的人可以用这种方法获取自己的猎物。如果你能和狐狸的节奏相契合，也能习得如此的能力，任何奖赏都会降临到你身上。

长颈鹿

关键词： 先见之明

活跃期： 全年

长颈鹿是最高的哺乳动物，高度使它们可以看得很远，也使其能预见即将发生的事情。世界上许多人把长颈鹿作为图腾。

长颈鹿最显著的特点当然是修长的腿和细长的脖子，而脖子是它们最为突出的特点。正如文中之前提及的，与其他几种动物相比，脖子具有深刻的象征意义。它是联接头和身体的关键点，也是联接上身和下身的关键点，它就像一座桥梁。所有的桥梁都可以帮我们穿越现实，进入新的不可见的世界。长长的脖子，加上极其敏锐、犀利的目光，使它成为了一种强大的和富有远见的图腾，可以帮我们看清前面的一切事物。

长颈鹿的脖子非常有力。雄性长颈鹿会将它们的脖子交缠在一起比试力量，一争高低。在遇到危险需要进行防御时，长颈鹿会用头击打对方，这种击打的力量非常有力，而这股强大力量就是由颈部肌肉直接驱动的。这暗示我们，只要我们会利用天生的优势，就可以创造出极大的力量。

咽喉和脖子还与表达和交流有关。除了偶尔的哼哼，长颈鹿不会发出任何噪音。它们能够哞哞和咩咩地叫，但它们的交流大多是通过肢体语言进行的。如果长颈鹿是你的图腾，你不妨好好反思下自己，是不是说了些不该说的话？是不是一些话该说却没说？能不能容忍别人不恰当的说话方式？别人的言语是不是很容易影响到你？

如果你在生活中遇见了长颈鹿，你不妨问自己几个重要的问题：我是否看清了现实？我是否因恐惧而不敢展望未来？我是否在唯别人马首是瞻？别人对我的否定是否影响到了我的生活？我能预见我思想、语言和行动的结果吗？长颈鹿会帮你找到这些问题的答案。

长颈鹿那长而细的腿也具有象征性。腿有利于我们行走，它们是平衡的象征，是进步能力的象征。以长颈鹿作为你的图腾，你既可以脚踏实地，又能高瞻远瞩。

你是否对那些为你设定的新领域心存抵制而不愿进入？你是否拒绝改变现状？你在害怕未来吗？长颈鹿可以向你展现未来，并引导你以最佳的方式走向未来。当长颈鹿奔跑时，它们的脖子和腿会相互配合，保持协调。这就启示我们：仅仅展望未来是不够的，我们还应采取行动，主动走向未来。长颈鹿可以教会你如何优雅地做到这一切。

长颈鹿是一种食草动物，以嫩枝、树叶和叶芽为食。它们可以用舌头撕下树枝上的树叶。长长的腿给它们俯身喝水带来了很大的麻烦，这也迫使它们培养出了一种能力，那就是可以连续走好几天的路，而不用停下来喝水。长颈鹿只有分开它们的腿，并将头低下去，才能喝到水，而这个时候也是它们最脆弱、最易受到伤害的时候。这给那些拥有长颈鹿图腾的人一个提醒：如果你长时间地将视线从你的视野中移开，你就会变得很脆弱、易被攻击。如果你太固步自封、洋洋自得，你将会发现你的生活变得越来越艰难。

长颈鹿的头部非常轻巧灵活，这反映了它们的许多社会特性。与其他同科的动物一样，长颈鹿之间最牢固和最亲密的关系也是母子关系。拥有长颈鹿图腾的人，往往也会拥有坚实的亲情和坚固的友情。

与其他动物不同，长颈鹿的头上长有角质。但那些钝的、长的角并没有暴露出来，而是被皮肤覆盖着。正如前面提到的那样，角质是触角的象征，代表着更高的精神能力和感知能力。长颈鹿实际上长有三只角，第三只角很像长在头皮下的肿块，而且与另外两只角所在的位置不同，是长在眼睛上方。这样的分布格局意义重大，因为与第三只眼或内眼相对应的身体部位是拥有更高直觉的部位。长颈鹿和它们的能量能够唤醒你身体里潜在的能量，使你能够高瞻远瞩，坚定那些富有远见的信念。

山羊

关键词：脚踏实地，积极进取

活跃期：晚秋／初冬

山羊特殊的生理特征使它们可以在山地的高海拔地区生存。它们身

上厚厚的羊毛可以帮它们抵御严寒，它们灵活的骨骼有助于它们攀爬，甚至它们的蹄子都是为适应山地环境而进化成的。每个以野山羊为图腾的人，都应该很好地探究它们的生存环境（高山地区）的重大意义。

山羊超强的攀爬能力值得我们关注。它们的脚趾就像钳子，在它们向上攀爬时，可以帮助它们牢牢地抓住陡峭的岩壁。蹄子底部软软的肉趾就像是吸盘，让它们的四蹄能更牢固地贴在岩壁上。它们可以用后腿站立起来，用前腿将自己向上拉起。更神奇的是，小野山羊一出生就可以站立起来，稍加练习便可随母亲爬山。

山羊那高度灵活的骨骼系统也非常值得我们关注。骨骼和软骨构成了身体骨架的支持系统，可以实现身体的移动。如果你的野山羊图腾出现在你面前，你不妨问自己几个重要的问题：当你进入更高、更新的领域时，你是否得到了需要的支持？当他人进步时，你是否给予了适当的支持？在探索新的可能性时，你是否表现得太犹豫不决了？你是否感到力不从心或者渴求支援？你的基本生活能否得到保障，有没有出现状况？

当然，山羊的下山速度要比它们的爬山速度快得多。灵活的脊柱和沉稳有力的步伐使它们能够攀爬危险的山路和岩壁，而其他动物往往会丧命于此。据了解，山羊可以越过30英尺甚至更远的距离跳到小丘上，只要这个小丘的大小够它们立足。这充分展示了它们骨骼系统的灵活性和它们的膝关节的缓冲能力。野山羊熟练地掌握了拉伸的技巧和达到新高度、实现新目标的技能，它们可以教会你如何坚定信念，培养脚踏实地、努力拼搏的能力。

山羊是摩羯座的标志，你也许会将观察摩羯座的移动看作是件意义重大的事情，要潜心研究每年同一时间摩羯座会出现在天空的哪个位置。山羊也许早就在你的生活中出现过了，它们的出现是为了提醒你做好准备。每个以野山羊为图腾的人，都应该了解与摩羯座有关的知识，熟悉它的特征。

由于山羊与摩羯座有关，你不妨问自己几个重要的问题：我是过于认真了还是不够认真？我为追求生活进步付出了足够多的努力吗？这样不仅可以了解你这段时间有没有勤奋好学，还可以及时打消你的不现实的梦想和投机心理。

山羊身上厚厚的羊毛使它们能够抵御严酷的寒冬气候，它反映了这种动物的另一种能力。作为图腾，山羊可以帮你集中注意力，专心致志、一步一个脚印地攀升到新的高度，还可以帮你逃离生活中所有的不利情形。当我们的境况变得艰难又害怕回到过去时，野山羊不会作为一个临时性的图腾出现在我们的脑海中。如果你始终将野山羊当作自己的图腾，当你遇到艰难险阻时，它的能量就会帮你重新找回平衡，让你坚定信念，使你能够继续攀爬生活的高峰。

山羊还可以将你同那些与希腊有关的历史联系起来。山羊是希腊神话中的重要形象，与自然神潘、羊神星和丰饶之角有关。研究与它们有关的传说，可以预知山羊将在你的生活中扮演什么样的角色。

如果山羊已经走进了你的生活，就是在提醒你，是时候开始新的攀登和付出新的努力了。你不必因时间关系而仓促地采取行动。做一些适当的展望，你就可以看清你前进路上的障碍，并在前进的过程中更自信。

土拨鼠

关键词： 死亡奥秘

活跃期： 冬天

土拨鼠是一种穴居啮齿动物，属于松鼠科，有着凿子般的牙齿。它们生活在偏远的地区、露天的灌木丛中和森林里，有着出色的打洞能力和挖掘能力。

土拨鼠反映出了一种对感兴趣的领域进行深入研究的能力。当你准备对一个新领域进行深入研究时，脑海中闪现土拨鼠的形象是很正常的。由于土拨鼠要经过两年左右的时间才能长大成熟，当它们作为图腾出现时，就是在暗示我们，我们的努力可能需要持续两年的时间才会有结果，也就意味着，我们需要花费两年的时间进行深入研究、挖掘和努力。

土拨鼠能够建造精巧的洞穴，这些洞穴往往有多个出口和多个储藏室。它们的大半生都是在地下度过的。它们总是将卧室设置在洞穴最里面的最低处上面，避免自己被水淹没。它们会随时清理自己的洞穴，掩埋自己的排泄物。在洞穴中，它们还会设有单独的卫生间。

土拨鼠一般没有领地意识，但它们不允许其他同类进入自己的洞穴。通过观察洞穴门口堆积的新土，它们就能判断出自己的洞穴有没有被其他动物占据。对那些拥有土拨鼠图腾的人来说，明确自己的做人原则，划清自己能容忍的底线，是非常重要的。

土拨鼠每年都会冬眠，冬眠状态大约要持续 4 ～ 6 个月。它们会努力增肥和囤积脂肪来为冬眠做准备。

马

关键词： 行进，力量，自由

活跃期： 全年

关于马的神话传说数不胜数。单就马的含义而言，就足以写一整本书了，因为其他没有任何一种动物能像马那样，对文化的传播贡献如此之大。

马与安葬仪式和出生洗礼联系在一起，人们骑着马匹来到这个世上，又骑着马离去。挪威人信仰的上帝欧丁神骑的是八腿战马；印度的太阳神苏利亚，就像希腊神话里的阿波罗，同样会用马匹拉动他们的战车。

在中国传统文化中，人们认为马具有吸引力和说服力，并且是自由的象征。属马的人通常被人们认为待人友善、喜欢探险而且情感丰富。

在马被驯化以前，人们之间以及不同社会之间的距离很远，少有交流。被驯化之后，马开始在旅行、战争、农业以及生活的其他重要领域为人类服务。如今，马的用途大多限于娱乐和农业，但是马一直都是精力充沛，感情奔放的一种动物。因为有了马，世界上的联系变得越来越紧密。

马让人们从人类群体的约束和限制中释放，能探索和发现自由，也让人们实现了自由行走，发现生活的多姿多彩和世界之大。马对大多数人来说有很大的吸引力。我们为它们着迷，骑上马，我们似乎超越了世俗，重新获得了权力和欲望。历代以来，不止一位诗人将骑马与飞翔联系在一起，马象征着风，甚至是海浪。

马被人们赋予了力量和悟性。好多传奇故事都提及了马的洞察力以及它们洞察灵性力量的能力，它们成了能够表达人类能力的象征。

马有很多不同的象征意义。它能代表运动和旅行，或者它的出现能让你开始运动起来。马曾经也是欲望的象征，特别是性欲。种马就经常被视为性的象征。因此，驯养种马就被视为对性的抑制，或者说充满危险的难以控制的情绪。

就像很多被驯化的动物一样，马的种类有很多，每一类都有其独特的能力。骑乘、耕作、拉拽，马为人类提供着多种服务。要理解你自己特殊的马图腾，首先就得弄明白它是哪一种马。如今的马，就像狗一样，被人们驯养，以满足人们不同的需求。

仔细观察你的马图腾。它是什么颜色？是什么品种？是怎么出现在你面前的？它能跑吗？它总是站着吗？你是骑着它还是只看着它？

如果你的生命里出现了马，你也许该审察一下自己的生活和自由程度了。你感觉受到拘束了吗？你是否需要四处走走或者活动一下，或者让他人活动一下？你所做的是否促进了文明的发展？其他人呢？你敬畏文明社会所给予你的一切吗？

马带来了新的进程。它能教会你如何奔向新的目标和方向，以唤醒和发现你自己的自由和力量。

狮子

关键词： 女性的宣言和权利

活跃期： 全年

狮子是猫科家族中体型第二大的动物。我们首先应该对猫的特点有一些简单了解，因为猫的很多特点在狮子身上都有体现。狮子定居在非洲的热带稀树草原，那些拥有狮子图腾的人，应该研究一下稀树草原的特点。狮子最主要的捕食对象是羚羊，这也值得那些拥有狮子图腾的人做些研究。

狮子一直被看作多种能量的象征，它是太阳的象征，是财富的象征，还代表着太阳神密特拉。埃及人相信，是狮子管理着尼罗河的洪水，它们可以决定每年尼罗河的洪水量和泛滥的次数。早期的基督教认为狮子是鹰在陆地上的劲敌。中世纪的炼金术士会将狮子与硫的合成元素联系在一起。年轻的狮子常常被比作冉冉升起的太阳，或其他与太阳有关的事物。

狮子是猫科家族中奇特的一员，因为它们在狮群中过着群居生活。如果一头狮子作为图腾出现在你的生活中，你就应该能预想到，在不久的将来，将会出现一些需要社会和团体通力合作才能解决的问题。它的出现也许是为了提示你，你该重新审视一下自己在社会或某个群体中的地位了。

在狮群中，雌狮是最优秀的猎手。虽然在单独捕猎时，狮子显得很笨拙，但它们却有一套高超的协作狩猎技巧。雌狮是狩猎活动的主力军，也是幼狮的主要抚养者。幼狮过着一种相对自由的生活，它们的父母待它们很有耐心，而且相当温柔。大多数拥有狮子图腾的人，会发现自己的身上也会慢慢拥有相似的特质。

长长的鬃毛使雄狮在狮群中显得很独特，很引人注目。雄狮很少参与狩猎，与雌狮相比，它们大多性情暴躁，嫉妒心强，它们的任务主要是保护自己的狮群，使成员免受捕杀。在捕猎时，它们会用自己的吼声震慑猎物，使它们奔向正在静静等待的母狮。如果一头雄狮作为图腾出现在你的生活中，也许就意味着你需要检视一下自己在社会中和某些群体中发挥的作用了。你需要承担更多的责任吗？你需要增强自我保护意识吗？你需要加强与他人的合作吗？

狮子不会为了战斗而战斗，它们会尽力避免正面冲突，如果有可能，它们会选择离开危险场所。如果狮子是你的图腾，你就应该记住这个生存策略。狮子也会通过秘密行动来捕获猎物，最常用的猎杀方式就是勒杀。对那些拥有狮子图腾的人来说，当他们追逐生活中的新目标时，也应该学会这种技巧，默默努力，不声张地来获得最大的成功。

将年轻的狮子比作冉冉升起的太阳，这种比喻非常有意义。雌狮承担了狮群生活中的大部分工作，它们代表着不断上升的女性能量。因此，太阳并不总是男性的象征，太阳可以开启新的一天，可以养育万物，给万物带来温暖。所以，将狮子看作能够创造新生命和新力量的柔性能量的代表，是有一定道理的。

当狮子出现在你的生活中时，你就有机会从混沌的生活中清醒过来，看到一轮新日，看到新的希望。相信你的柔性能量——卓越的创造力、敏锐的洞察力和丰富的想象力，它们能够为你的生活带来新的曙光。当你感到被威胁、被侵犯时，你可以尽情地大喊，不需要顾忌什么。因为你的大喊本身就具有杀伤力，可以震慑威胁或者侵犯你的人。

猞猁狲

关键词： 秘密，洞察力

活跃期： 冬季

许多山猫类动物的特征，猞猁狲也具备。它们长得非常相像，山猫有时候会被叫作红猞猁狲，它们都长着又短又粗的尾巴、有簇饰的耳朵和长着环状毛的脸。猞猁狲的体型粗短，很健壮，但它的腿很长，腿上还长着四个大大的脚爪。它们的脚爪上覆有厚厚的毛皮，在寒冷的冬天，可以帮它们抵御严寒。它们主要生活在北方，但它们的分布区域并不像山猫那么广。对所有拥有猞猁狲图腾的人来说，应该好好研究一下北方对他们而言的巨大意义。

猞猁狲脸上的环状毛让它们富有一种贵族的气质。阿拉斯加州和加拿大境内一直生存着许多猞猁狲，除了这两个地方，它们也开始渐渐地向美国北部的其他地区回归。猞猁狲可以自由地在雪地上活动，松软的雪地并不会对它们造成困扰。它们的脚掌比它们的近亲山猫要宽大得多。

刚出生的猞猁狲，眼睛大多是蓝色的。大约两个月后，它们眼睛的颜色才会发生变化，由蓝色变为黄色，像它们的母亲一样。蓝色象征着广阔的天空，也象征着从猞猁狲出生开始，天堂的大门就向它们敞开了。在成长的过程中，它们眼睛的颜色会向黄色转变，这种转变告诉我们，它们能从天堂学到知识。

猞猁猕妈妈会教给小猞猁猕狩猎的技巧。它们往往会花费整个夏天和秋天的时间，来向自己的孩子传授那些狩猎技巧。一旦冬天到来，妈妈们教给孩子的那些技巧就会派上用场。因为到了晚冬时节，小猞猁猕就必须脱离开家庭，去独自闯荡，寻找属于自己的生活并去积累生活经验。

雪鞋野兔是猞猁猕的主要捕食对象。凭着宽厚的脚掌，即使在厚厚的积雪中，猞猁猕也可以尽情地追逐野兔。它们也会吃些体型较小的啮齿动物，但雪鞋野兔仍是它们的主要食物。因此，雪鞋野兔的特点也值得我们做些研究。猞猁猕的命运与野兔联系的是如此紧密，以至于当野兔的数量按 11 年的周期循环变化时，猞猁猕的数量也会随之变化。

这个 11 年周期有着非常有代表性的象征意味。“11”是一个非常重要的数字，与灵感、神示和神秘的教义有关。猞猁猕那灰色的毛发也给它们增添了许多神秘色彩。灰色象征着乌云，隐藏着古老的智慧，能够看见那些无形的东西。猞猁猕是一种拥有奇特能量的动物，这种能量使它们能够在乌云中穿梭，并挖掘出隐藏在乌云后面的知识和秘密。

猞猁猕与神话故事有着密切的联系。在斯堪的纳维亚和挪威的传说中，爱神的双轮战车是由猞猁猕牵引的，因此，猞猁猕便具有了神圣色彩。希腊人认为猞猁猕能够看穿不透明的物体，事实上，它们也被称为锐眼蚌虫——能够看穿物体的神秘动物。

1603 年，意大利学者成立了猞猁猕协会，他们成立这个协会是为了探究真理，与迷信思想开战。伽利略就是这个协会的成员。协会的标志是一只猞猁猕，这只猞猁猕正用脚爪撕扯着冥府的看门狗。冥府的看门狗看管着通往地狱的大门。这个标志暗示着知识终将战胜黑暗和苦难。

猞猁猕因其神奇的视力而被众人仰慕。人们认为它们那种神奇的视力能够发现错误，看穿谎言，揭露出秘密和一切被隐藏起来的东西。如果一只猞猁猕已经出现在你的生活中，说明你该认真寻找那些被隐藏起来的事物了。你要相信自己的直觉，你想象出的东西很可能比你思考的东西更确切。不管想象是多么奇特和荒谬，它都可能有一颗真理的内核。

猞猁猕可以教你如何看透他人的心理活动。杰米·山姆和戴维·卡森将这种透视他人的能力看作非凡洞察力的一种特殊形式。通过这种洞察力，你可以看到别人对他人、甚至对自己隐瞒的那些东西。那些被隐瞒的东西可能是恐惧，也可能是某些活动，亦或是某些能力。

那些以猞猁猕为图腾的人要十分小心，千万不要辜负他人对你们的信任。每件事情都有被公布于众的可能，也存在着被扭曲的可能。因此，我们平时说的话一定要深思熟虑，万万不可口不择言。“沉默是金”应该成为我们的座右铭。信任一旦不在，往往会带来非常明显的影响，造成不堪的后果。

如果猞猁猕已经出现在了你的生活中，你将发现周围的人变得越来越愿意与你分享他们的秘密，他们将你纳入可信任之人的范围中。你将会经常“意外地”发现他人的秘密，而这些秘密中会有许多是你不想知道的。对于这种能力，除了坦然面对，你无须做任何事情。你要控制住这种能力，充分利用它对你有益的那一面，但一定不要不合时宜地展现出这种能力。

如果你发现你周围的某些人变得非常不自在，不必担心，这其实很正常，因为他们能感觉到你已看透了他们的内心世界。当他们有意地避开你时，你应该了解其中的缘由，也许他们惧怕或厌恶你那超强的洞察力。

为了唤醒你与猞猁猕相联结的能力，发现被隐藏的知识，你应该保持放松，并集中精力观察。当你看到了别人的行为，听清了别人说的话时，你就能想象出隐藏在这些行为和话语之后的真相，看透那些人的内心。在很多情况下，猞猁猕的灵性力量就如同X光透视，使你能够看清他人的心理活动。为此，你要学会沉默，学会相信你的想象和那些从想象中得到的知识。

麋鹿

关键词：女性能量，生命的魔力，死亡

活跃期：深秋和初冬（11月）

麋鹿是最古老、最独特的能量图腾之一。对阿尔贡金系的印第安人来说，它们是“吃细枝嫩叶的人”。对阿拉斯加州的阿萨巴斯卡系印第安人来说，它们是餐桌上的食物。对后者来说，麋鹿与渡鸦之间存在着极其密切的联系。阿萨巴斯卡的猎人认为渡鸦是世界的设计者之一，所以保护它们，并经常向它们讲述自己的狩猎活动。他们还会祈求渡鸦帮助它们捕捉麋鹿，因此，麋鹿是作为一种独特的、神圣的礼物出现的。对每一个与麋鹿有关的人来说，不管麋鹿以什么方式出现，它都为你打开了通往独特的、神圣的能量的大门。

麋鹿是一种充满矛盾的动物，它们既古怪又严肃，它们的动作看上去很笨拙，但又极其优美，在逗我们笑的同时，它们又会使我们不自觉地屏住呼吸。那些拥有麋鹿图腾的

人，会发现其他人也会对他们产生同样的充满矛盾的感觉。

除了在交配时节，麋鹿都是独居者。它们拥有一种独特的能力，能够很好地利用自己的领地，无论这块领地是湖泊、池塘、草原、平原，还是杉木林。那些以麋鹿为能量图腾的人，也会拥有这种能力。

麋鹿还有一种不可思议的能力，就是能够很好地伪装自己，它们会利用这种能力为自己创造有利条件。那些与麋鹿有关的人，也可以培养出这种能力。

虽然体型硕大，但麋鹿仍能悄悄地、迅速地移动，这是它们又一项独特的能力。它们那笨拙的外表只是一种伪装和假相。正是借助这种高超的伪装才能，它们才可以好好地生存。它们之所以有这种伪装能力，是因为它们拥有非凡的知觉，能够准确地判断出周围的形势，捕捉到每一个风吹草动的细节。在身体的协调性方面，麋鹿有着其他动物无法企及的灵活性，它们的动作既迅速又优雅。它们可以在厚厚的积雪地中穿行，也可以淌过泥泞的沼泽地。对那些以麋鹿为图腾的人来说，他们也可以培养出这种出色的协调能力。

麋鹿往往与女性能量有关，与母性力量有关，那些与麋鹿有关的人，将会发现自己的母性力量已被唤醒了。麋鹿能够代表女性能量是因为它们与水有关。水是宇宙中女性能量最原始的象征，是创造力的象征，是直觉的动态形式，是光明。

缅因州的印第安人中流传着一个奇特的故事，说麋鹿的前世是鲸鱼，是水中最大的哺乳动物。新斯科的米克麦克人认为，如果麋鹿被频繁捕杀，它们就会返回海里。对于那些与麋鹿有关的人来说，了解麋鹿与水和海洋的关系非常重要。海洋是生命的发源地，也是生命的归宿，地球上最初的生命是在海洋中孕育的，万物最终也将会回归到海洋中。它就像是宇宙的母体。人们见到的麋鹿，不是站在沼泽地里，就是站在湖泊中。

麋鹿还有一项特殊的能力，它们能够潜到湖底，吃湖底的水草。在猛然冲出湖面之前，它们可以在湖底待足足一分钟。在这一分钟内，它们会尽可能多地咬断水草，衔回湖边。对那些想完全了解麋鹿能量的人来说，它们的这项能力值得仔细研究和认真思考。它们这种湖底衔草的行为暗示我们，我们可以深入某个领域，并从那个领域带回新生命和能量。麋鹿可以教会我们从现实世界进入灵魂世界的能力，教我们如何穿越生死，并从死亡中获得更强大的新生。它们还会教我们如何利用那些能将生与死分开的能力，来为自己创造有利的条件。如果你发现某些人在心灵救赎方面很有天赋，无须感到惊讶，这其实很正常，因为他们拥有了麋鹿的神奇能量。

说麋鹿联系着宇宙中最原始的母性能量或女性能量，还有另外一个重要原因，那就是麋鹿妈妈会全力保护自己的孩子。世界上没有几种生物，敢拿麋鹿宝宝的生命来挑战麋鹿妈妈的好脾气。正是那种最原始的母性能量，赐予了它们强大的勇气和力量。

麋鹿还拥有着高度发达的嗅觉和听觉。当麋鹿走进你的生活时，你就应该多关注下自己内心的想法和真实感受。在生活中，你不妨跟着自己的嗅觉和听觉走，即使你不知道为什么要这么做，你也应该相信那些感觉，因为它们的正确性随后就能被证实。

小麋鹿出生时，眼睛就是睁开的，这种现象很有象征意味。那些向麋鹿能量敞开心扉的人或与麋鹿能量产生共鸣的人，在来到这个世界之前，他们的灵魂之眼就已经打开了。当他们不断努力，想要点亮自己内心的智慧之灯时，往往会感到失望。当别人描述自己的直觉能力是如何觉醒时，他们就会感到很茫然，无法理解别人所说的那种感觉。但他们应该明白，他们内心的那盏灯早在出生之前就已经被点亮了，所以他们才无法经历这个过程。

如果小麋鹿顺利地活过了出生后的第一个月，那么它长到成年的机会就很大。这也反映出了那些与麋鹿有关的人的生命特点。我们不难发现，那些拥有麋鹿能量的人，往往也会有一个坎坷的童年。他们小时候会不可避免地遇到些艰难困苦，或者受些皮肉之苦。而小麋鹿能够成功地度过那一个月，则反映出生活中富有创造力的女性能量能为它们提供支撑，能使它们渐渐变得强壮起来。

麋鹿的蹄子非常锋利，像刀子一样。它们的角既有装饰效果，又是防御工具。蹄子和角是麋鹿身上最有力量的两个部位。对那些拥有麋鹿图腾的人来说，头和脚会是他们最敏感的部位，脚底按摩和头部、颈部、上背部推拿可以有效地帮他们释放压力，修复受损的肌肉组织。

麋鹿是食草动物，那些已经与麋鹿能量建立起联系的人，在饮食方面也应如此。这并不意味着那些人要变成素食主义者，而是说蔬菜应该成为他们日常饮食的重要部分。麋鹿的角在所有有角的动物中是最大的。角是触角的古老象征，也是冕冠的古老象征，只有雄性动物才会长角，除非雌性动物的荷尔蒙失衡了，否则它们是不会长角的。这也许暗示着男性在感知直觉的方面会比女性差，要得到同样准确的感觉，他们得付出更多的努力。麋鹿会通过摩擦来除掉角上的绒毛，这种行为也很有意义，它暗示着按摩头部可以释放关于过去的记忆。对于角来说，一年一次的脱落就是一种按摩，就是在向过去告别。

麋鹿也是性能力的象征。性能力是最原始、富有创造性的能量，这种能力拥有循环性，包括身体上的循环和时间上的循环。秋季是麋鹿能量最强盛的时期，尤其是 10 月底和 11 月。这段时期，狩猎的时节已经过去，交配正在进行，新的循环即将开始。秋季也是麋鹿巫力灵性力量最具效力的季节。干树叶的味道和树叶被踏过时所发出的吱嘎声，都能触摸到原始生命核心，再次搅动我们生命中的能量。所有的收获仪式和传统能量都与这个季节有关。

麋鹿一直都是吉祥的预兆。当它们出现在梦里时，就预示着一段漫长而幸福的生活即将开始。众所周知，麋鹿能赐予我们力量。印第安部落认为，只要吃了麋鹿肉，人类奔跑的速度将会是麋鹿奔跑速度的三倍，奔跑的距离也将是麋鹿的三倍。实际上，麋鹿赐予我们的力量远不只这些。麋鹿的蹄子可以用来治疗癫痫病，麝香可以消除头痛和头晕眼花的病症，麋鹿制成的药材还具有解蛇毒的功效。

灰棕熊是麋鹿的天敌，除了它们之外，没有什么动物可以让麋鹿感到恐惧。即使这样，它们也能从灰棕熊的魔爪下逃脱。麋鹿高度发达的感官和它们的应变能力以及敏锐的观察力，共同创造了逃生的奇迹。

当麋鹿走进你的生活时，你最初接触的那巨大的母性能量和生命的空白都将被唤醒。麋鹿的出现也是一个邀请，邀你去探索你和你周围人内心深处的想法。

水獭

关键词： 高兴，嬉戏，分享

活跃期： 春季／夏季

水獭会让人愉快并且着迷，它们让人发笑的表情和动作引发我们无限的想象。无论是海獭还是在河里生活的水獭，都让人产生好奇心。

在一次北美安大略湖北部的独木舟旅行中，一只在河流中生活的水獭在独木舟前弹出约10英尺。它自己跳出水面，凝视自己的鼻子，就好像在疑惑谁会这么早就跳到上面来。它会潜水，然后消失，然后又在另一边或其他地方出现，就好像试着从另一个角度审视情况。当它的好奇心被满足了后，它就潜水消失，自娱自乐去了。

水獭能激起人们的好奇心。它们提醒我们，如果我们从正确的角度看，每件事情都很有趣。它们看起来似乎一直很愉快，并且看起来对正在做的任何事情都乐在其中。

水獭经常把家安在靠近水的地方。夏天，尤其是生活在河里的水獭，它们很少在岸上活动。它们经常在水里和水边建立一大片栖息地，通常用气味给它们的家做记号。

它们同水的关联，使它们同最初的母性力量联系起来，尤其是在令人愉快的母性能量方面——创造力、想象力、快乐和对年幼者的爱。水獭提醒我们，要保持孩子内心世界的丰富，或培养他们丰富的内心世界。它们提醒我们，如果我们用正确的态度观察事物，生活将充满乐趣。水獭很少单独行动，它们总是同其他水獭一起玩耍。

成年水獭几乎没有与生俱来的敌人。它们把自己的孩子保护得很好。在水中，它们行动敏捷、迅速，速度可以超过鱼，如果出现危险，它们通常会快速地游走，但是它们也可以成为英勇的战士。

小水獭出生后，水獭母亲经常会在窝巢外追逐水獭父亲，这反映了水獭的原始母性力量和育儿的精神和模式。当小水獭出去自立了，水獭父亲才被允许再加入。通常2～4只小水獭出生后，它们必须学习游泳，这个任务是由水獭母亲承担的。有时，水獭能帮助你唤醒母性力量和责任。它显示出一种建立家庭与定义你的女性角色之间界限的需求。

水獭在水中极其敏捷，它们喜欢在水里潜进潜出。在水底时，它们会合上鼻子和耳朵。一只水獭的活动和嬉戏提醒我们，我们所需要的是以某种形式的女性特质以获得我们生活中最大的快乐。

如果水獭在你的生活中出现，那可能就是找点乐趣的时间。让你自己沉浸在创造性活动之中吧。你不必做得很好，只要乐在其中就够了。是否你已经很顽皮？你现在没有集中注意力？你害怕娱乐吗？你现在太紧张了吗？你在担心吗？你需要唤醒你的童心吗？把自己当成特殊的人对待了吗？尊敬水獭，它不仅会教你如何自娱自乐，还会让你发现新的生活和其中的奥妙。

猎豹

关键词： 霸权

活跃期： 暗月 / 新月 / 冬季

猎豹是非常有力量、非常古老的图腾。它的名字经常与一种特殊品种的美洲豹或捷豹联系在一起。虽然在佛罗里达地区，新大陆豹也特指猎豹。在本书中，我们将研究猎豹家族的特点，这可能包括了美洲豹或是捷豹家族，但并不包括新大陆豹。

猎豹像大多数大型猫科动物一样，是暴戾和勇猛的象征，像老虎和狮子一样，它们表现出进攻性和强大的力量。但在猎豹身上，它们并不像老虎和狮子那样拥有巨大的能量。

像其他图腾一样，对动物性格的研究能为理解能量提供更多的帮助，这些能量能在以这种动物为图腾的人的体内复苏。非洲、小亚细亚、中国和印度也存在猎豹。当猎豹这种图腾在你面前出现时，你对着它沉思，就将帮助你决定，它是否是美洲豹家族的成员之一。当然，不考虑它同时所展现和反映出来的特质。

一般来说，猎豹的体型比狮子和老虎小，但却比它们凶猛得多。猎豹的肌肉非常发达，全身有500多块肌肉，可以供它们随意使用。这能够反映出以这种动物为图腾的人具有一种能力，那就是只要他愿意，他们能够胜任各种工作。而要做到胜任那些工作，对他们来说，就只是下决心调动那些特殊的肌肉而已，这包括他们肉体上的肌肉、精神上的肌肉、心灵上的肌肉或才智上的肌肉。

尽管猎豹之间会有某些接触，但总体上来说，它们都是独行者，喜欢独自行动或独占一块地盘。它们很容易让人联想到那类喜欢独自行动和生活的人。

猎豹是美观和实用主义完美结合的典范。它们外形优雅美丽，能够悠闲自在地散步，也能够全神贯注一动不动。当它们在盯梢、狩猎和追捕猎物时，会变得很安静。那些拥有猎豹图腾的人，会发现自己有一种超强的能力，能在追逐目标时保持异常的沉静。过于显露自己的追逐行动或说得太多，会削弱追逐行为的效力。

猎豹都是出色的短跑选手，它们都不能胜任长跑项目。从健康的角度出发，那些拥有猎豹图腾的人必须学会控制自己的工作节奏，适当地为自己留出休息和娱乐的时间。无论做哪项工作，都不可过于持久或过于卖力，否则，这些人会比其他人更容易陷入失衡的状态。无论在什么环境中，当遇到麻烦时，那些拥有猎豹图腾的人往往会最先和最快作出反应，尤其在工作中，他们更能有效地应对最后期限和压力。

交配完后，雌猎豹和雄猎豹只会在一起待很短的一段时间。雌猎豹会独自抚养自己的子女，不喜欢受外界打扰。那些拥有猎豹图腾的女性也往往会有相同的感受。她们不喜欢其他人干涉她们抚养孩子的方式，包括她们的配偶在内。猎豹妈妈总是独自抚养小猎豹，那些拥有猎豹图腾的女性往往会发现自己也是如此，总是在独自承担着抚养子女的任务，不管是因为离婚，还是因为主张夫妻应各司其职，而将抚养孩子的义务归入自己的责任范围内。

所有的猫科动物双眼都有视觉。每只眼睛都可以独自承担一项任务，比如深入观察、扩大视野或判断距离。因此，那些与猎豹建立了联系的人，会具备一种深入观察的能力，能洞察自己的生活，洞察重大事件的真相和他人的思想。这不仅仅是一种心理活动，更是一种内在的认知能力的体现。

人们通常会通过进入抽象领域、做练习或进行冥想来点亮内心的那盏灯。那些拥有猎豹图腾的人，在他们来到这个世界之前，他们内心的那盏灯就已经被点亮了。因此，当听到别人描述自己内心的那盏灯是如何被点亮时，他们不必因无法拥有相似的经历而感到遗憾。他们应该相信自己的思想，相信自己的直觉，相信自己感受到的一切（想象出来的东西），要知道，这些东西也许能在现实生活中发挥巨大的作用。

猎豹的听觉非常发达，它们可以调整自己的耳朵，听到不同方向的声音来源。那些与猎豹建立了联系的人，能够培养出极其敏锐的听觉，能够听到其他领域和其他生命形式的交流。

猎豹的体表长有极其敏感的毛发，尤其是脸部的毛发，更是异常敏感。那些拥有猎豹图腾的人往往会发现，自从猎豹融入他们的生活中，他们触觉的敏感度便不断地提高。皮肤是我们最大的感觉器官，我们通过它所感知到的世界远比我们想象要强得多。那些拥有猎豹图腾的人，要特别注意自己的感觉，当别人触摸你时，你的感觉如何？当你触摸别人时，你的感觉又是怎样的？

猎豹脸部的毛发尤其敏感，那些拥有猎豹图腾的人会拥有一种特殊的感受事物的方式。对他们来说，与其用手握住某个物体来感受它的震动，不如将这个物体贴在自己的脸颊上或额头上，这样的感觉会更明显。

皮肤的敏感性，也就是触觉机能，可以提高整个身体的反应能力。对拥有猎豹图腾的人来说，那些令人讨厌的事物给他们造成的不适感会比其他人强烈许多。当猎豹融入某个人的生活中时，他肉体上的触觉，或能唤起性欲的触觉也会得到明显提高。

猎豹那巨大的能量潜藏在黑暗中。对于那些以黑豹为图腾的人来说，这种感觉更真实。猎豹能量最强大的时节是冬季。按月球运转周期推算，它们能量最强大的时期是在从黑月到新月这短短的几个小时中。

据记载，豹类可以发出一种特殊的呼吸，这种呼吸很特别，能将小动物吸引到它们身边，成为它们饱餐的对象。豹类捕杀猎物时，都是从猎物的脖子后面下口。它们从不对猎物进行正面袭击，总是会先绕到它们的背后，然后猛扑过去。那些以猎豹为图腾的人，在生气时一般不会与他人发生正面冲突。猎豹在狩猎时，必须慢慢地靠近猎物，直到它们能够发出强有力的攻击，将猎物一击毙命。它们在狩猎时总会全神贯注，绝不分心玩耍，一旦靠近猎物，就会直冲它们的喉咙咬去。

美洲豹也会追捕猎物，与其他豹类相比，它们的行为更强悍和残忍。凭借有利的位置和强大的力量，它们会直接咬穿猎物头盖骨上的颞骨。据传闻，它们一爪子可以将猎物的头从身体上打下来。正是由于美洲豹的感官非常敏锐，那些拥有美洲豹图腾的人，在遇到需要进攻的情况时，能够本能地知道哪种进攻方式才是最佳的。无论是在防守还是在发泄愤怒，它们的行动都是致命的。考虑到这种天生的能力，那些以美洲豹为图腾的人，必须学会缓和自己的情绪，否则很可能会在无意中伤害到别人，而且伤害的程度远比他们预料的要深。

在所有豹类中，黑豹最为神秘。它们是女性的象征，是黑妈妈的象征，是黑月的象征，是夜游生物和能量的象征，也是阴柔能量在地球上的显现。它们也往往被看作黑暗和死亡的象征，象征着从黑暗和死亡中获得的重生。人性中始终存在着一种对黑暗和死亡的恐惧心理。黑豹可以帮我们了解黑暗和死亡以及它们所携带的能量。因此，承认黑豹的神秘性，可以消除我们的恐惧，并使我们学会控制各种力量。

当黑豹作为你们的图腾进入生活时，它们能唤醒你们内心的激情，使你们的能量和天性得到充分地展现。黑豹所传达出的主旨就是：找回自己的真实能量。

在神话传说中，世界各地的人都将猎豹视为一种强有力的图腾，是拥有 1000 只眼的阿尔戈斯的化身，阿尔戈斯的职责是看守宙斯喜爱的那头小母牛，在他死后，他的眼睛变成了孔雀的羽毛。猎豹总能为它们所接近的人带来守护者的能量。

猎豹与耶稣之间存在着某种联系。在早期犹太人对圣经的评论录中，猎豹作为约瑟家族的姓氏被记录了下来。书中记载了一个名叫耶稣·本·豹的人被治愈的过程。正是由于这个记载，猎豹被人们看作重生的象征，而且是那种经历了一定时期的痛苦折磨，或某种意义上的死亡之后所获得的重生。这是在暗示我们，一个古老的问题很可能即将有了答案，或者说，那些长期存在的古老的伤口就要愈合了。随着伤口的愈合，那些在受伤期间所遗失的能量也将会被找回来。

猎豹还与古希腊的酒神迪奥尼索斯有关。有一则故事讲的就是猎豹服侍酒神的事情，据故事描述，酒神所驾的双轮马车就是由猎豹拉着的。与迪奥尼索斯有关的神话和故事，往往具有非常深刻的寓意。在很多人看来，酒神象征着永无止境的欲望，是昆达里尼能量的复苏。他和猎豹也象征着一个特殊的时期。在迪奥尼索斯重归他在天堂的职位之前，需要忍受多年的流浪、欺辱、癫狂、痛苦和磨难。他是一个赎罪的典型，劝导我们为了重新找回自己的能量，必须努力克服不良倾向，忍受那些自己造成的和由他人造成的磨难。他的故事告诉我们，我们可以战胜一切艰难险阻。在这个时期内，我们能爬出生命的沼泽，走向没有阻拦和障碍的新生活。像迪奥尼索斯一样的猎豹，能够唤醒那些被封锁住的潜在的渴望和能力，昭示着即将到来的觉醒时刻。

猎豹是英雄觉醒的象征。所有的希腊英雄都是由天神和凡人母亲结合所生的，是暴躁和温柔的结合体。因此，英雄身上都带有神力的种子，能够为他们提供动力，帮他们超越普通的界限和制约，在进步和净化中达到更高的境界。英雄传说启示我们：无论我们堕落到什么程度，不管是自己造成的，还是外界力量造成的，总会有一股充满光明和爱的力量，愿意将我们带回正途。当猎豹出现在你的生命中时，那条光明的道路也将在你面前呈现。

通常情况下，那些拥有猎豹图腾的人，在创造他们的英雄人生时，总会遇到愿意帮助他们的人，作为他们的导师、守护者和向导，为他们指明正确的道路。对迪奥尼索斯来说，他的导师和守护者就是半人半马的森林之神和那些酒色之徒。他们象征着围绕在我们周围的两个交替的现实。当我们加入了那跋涉于神圣道路的队伍时，我们洞察它们的能力就会得到不断的提高。

迪奥尼索斯是一位复杂的神，活着和重生、受难和复活都在他身上得到了体现，他获得的是新生。猎豹的出现告诉我们，我们也有机会重获新生，而且这种重获新生的机会正在向我们靠近。这也常常意味着，我们不得不去面对生活中的恶性肿瘤了，换句话说，就是我们不得不去接见那些来到门口的不速之客了。所谓生活中的恶性肿瘤，指的是那些真实地存在于我们的生活中或我们身上，而我们又不愿面对的事物，为了逃避它们，我们往往会文饰它们，掩盖它们，将它们塞到壁橱后面，或者直接假装视而不见。有时候，它们也意味着我们不得不去承受失去挚爱的痛苦。

猎豹代表着重生和终生守护，它会在特定时期给予我们特殊的保护。猎豹象征着隐藏在黑暗中的力量，这些力量时刻存在于我们的生活中，但并不为我们所察觉。猎豹的出现就是一个承诺：凡是失去的东西，都会被更好、更强、更有益的东西替换。

在神话中，迪奥尼索斯拿着一个神奇的酒神杖，一个缠满藤蔓的魔杖，在酒神杖上还有一颗松果。它可以赋予人们创造妄想和幻想的能力。它还可以赋予那些拥有猎豹图腾的人一种特殊的能力，让他们可以左右他人的思想和行为，命令他人按照自己的意愿行事。这种能力的获得和提高，可以通过自我训练来实现。像黑豹一样，你也可以轻易地融入你周围的环境中，至于融入的程度，你可以自行决定。

对北美和南美的印第安人来说，美洲豹特别是黑色的美洲豹，富有极其神奇的魔力和巨大的能量。美洲豹的攀爬、奔跑和游泳能力很强，甚至比老虎都要强。正是由于它们在这些方面表现得如此出色，所以被拉丁美洲的原住民看作无穷力量的象征，这种力量至大无比，无法衡量。

对亚马逊族的印第安人来说，美洲豹的吼声就是雷神的吼声。因此对他们来说，黑豹就是黑暗之神，可以吞噬掉太阳，引起日蚀天象。这反映出了女性能量中所固有的惊人力量。对那些拥有猎豹图腾的人来说，这种力量会被他们渐渐地感受到。

阿拉瓦克印第安人认为每件事物都带有豹性，世上不存在不带豹性的事物。猎豹是连接所有生命和所有生命表现形式的纽带。因此，它也将所有生命中的无穷的女性能量连接了起来。对阿拉瓦克印第安人来说，变形仪式的最终结果就是要变成雄美洲豹。在埃及的仪式中，人们会将豹尾系在腰上或脖子上，来增强仪式的效果。豹尾经常会被用在一个名叫“通过皮肤传递信息”的仪式中。这种仪式是一种独特的变形仪式，通过这种仪式，人们能够吸引到美洲豹的能量。

尼采曾说：“那些没能杀死我们的东西，使我们变得更坚强。”这句话同样适用于那些主动接受猎豹图腾能量的人。童年时期经历的那些给我们带来痛苦的事情，以及其他削弱我们天生的能量和创造力的事情，都将被唤醒、正视和转化。

对那些在英雄道路上跋涉的人来说，猎豹的出现标志着新的转机的到来。它不仅反映出人们接收到的能量，还反映出那些遗失能量的回归，以及与巨大的原始能量的亲密联系。它能赋予我们一种能力，只要我们努力练习和小心控制这种能力，在时机适宜的时候，我们就可以超越现实，获得成功。

豪猪

关键词： 好奇

活跃期： 秋季

豪猪是一种迷人的哺乳动物，但却经常被人误解。豪猪是啮齿动物家族的一员，有时候它们会被叫作刺猬，但这种叫法不对，真正的刺猬是一种与豪猪完全不同的动物。

豪猪的性情相当温厚，总是安分地走自己的路。尽管它们在地上的行动看起来非常笨拙和缓慢，但它们却是出色的攀登者，能够攀上 50 ~ 60 英尺高的大树。它们的腿很短，但却很健壮，它们有一项独一无二的能力，就是能用腿测试出它们所要攀爬的树枝的强度。

豪猪生活在密林地区，大多数是在松树林里。它们以各种树木的皮和常青树为食，花朵、嫩枝和水百合对它们来说更是美食。它们还对盐有着强烈的渴望，会吃掉任何含有微弱咸味的东西。那些拥有此图腾的人，需要特别留意自己摄入的盐分量，他们很可能会有嗜盐的倾向。

在安大略北部的郊野中，我遇见了一头豪猪。我划着独木舟过河，当我到达河对岸时，一头豪猪刚好在岸边，离我大约有 3 英尺远，正吃着水百合。它好奇地看了我一眼，就继续享受它的美食了，很显然，对它来说，百合比我更具有吸引力。

这反映出了豪猪的许多性格特点。它们性情好，似乎对自己做的每件事情都很感兴趣。它们有着强烈的好奇心，对它们所遇到的大多数事物都充满好奇。豪猪能唤醒那些以它们为图腾的人的相同特性。尽管它们的视力非常弱，但仍保持着强烈的求知欲，不会因视觉的限制而过于谨慎。

豪猪最值得注意的独特之处就是它们的刺。除脸部以及肚子和尾巴的下面外，它们身体的其他部位都被刺覆盖着，刺的总量在3000根左右。这些刺都被一层肌肉控制着，这层肌肉可以让刺躺平或者竖立起来。当被妨碍、打扰或威胁时，它们的刺就会竖立起来。刺中装满了空气，可以使豪猪浮在水面而不会沉下去。这反映了豪猪的游泳能力和在情感区活动的能力（水是情感的象征）。

豪猪不会发射它们的刺。当遇到威胁时，它们的刺会竖立起来。为了保护自己的脸，它们会将脸埋在两只前腿之间。它们的刺与皮肤的连接很松散，容易被拔掉。它们还会用尾巴抽打侵略者，通常是抽打侵略者的头部。如果击中了对方，它们尾巴上的刺就会脱落下来。它们的刺上没有毒液，但刺的根部有倒钩。一旦它们的刺刺穿了对手的皮肤，刺上的倒钩就会展开。侵略者的每一个动作，都会致使刺刺向皮肤的更深处。一旦被刺中，刺就会一直扎在它们身上，那些动物根本不可能拔得出来。

豪猪最大的敌人是食鱼貂，食鱼貂是黄鼠狼家族的一员。多年以来，自然主义者一直认为食鱼貂是通过击打豪猪的背部来将其杀死的，但是现在他们知道，食鱼貂是用鼻子抵住豪猪，反复撕咬它们的脸来杀死它们的。食鱼貂擅长捕食豪猪，以至于野生环境中的豪猪变得越来越稀少。

每个有豪猪图腾的人都应该研究一下黄鼠狼家族，尤其是食鱼貂。

美洲狮也是捕捉豪猪的行家，它们掌握了弄翻豪猪的技巧，可以将豪猪的身体翻过来，使它们暴露出脆弱的腹部。那些拥有豪猪图腾的人，也应该将美洲狮列入他们的研究对象。

豪猪通常住在中空的原木中、洞中或穴中。在冬季，它们会花很长的时间待在树上，因为对它们来说，爬树比在雪中挪动容易得多。

豪猪一般一胎只生一只幼崽，尽管偶尔也会生出双胞胎。它们一般会在秋季进行交配，7 个月后生出小豪猪。豪猪妈妈会独自将小豪猪抚养长大。豪猪的寿命一般在 9 ～ 15 年之间。

当幼年豪猪成熟，它们经常会用后腿站立，前后摇摆，挥舞爪子，这是一种类似舞蹈的节奏练习。箭猪也可以帮助我们领略生命之舞的韵律——它可以激发奇迹的出现。舞蹈对于任何拥有箭猪图腾的人来说，意味着收获纯粹的欢娱，他们可以在舞蹈中寻得乐趣和放松。

豪猪容易患上鼻炎，这是一种可以传染给动物的流感型疾病。病因通常是由于缺乏营养所致。任何拥有豪猪图腾的人都应该保证摄取充足的营养和维生素。因为豪猪是食草动物，所以食用绿色蔬菜对这类人的健康格外有益。如果你感觉精神不济，或免疫力随着感冒和流感症状而下降，请注意饮食。拥有此类图腾的人若受到侵犯，必会激烈反击。他们的一言一行可以带来最长久的伤害——就像一根豪猪刺会在皮肤里越扎越深。他们并不时常发怒，但一旦有所行动，便会一剑封喉。

当豪猪出现时，请审视你的生活。你是否因为听从他人意见而错过了有趣的活动？你是否有娱乐时间？你是否对他人的中伤过于敏感？你是否夺走了他人的快乐？你是否还会对多年前的伤害不能释怀？有时，忘记从前带给你极大伤害的伤痛是有必要的，这样它们才不会溃烂，从而真正地伤害到你。

豪猪可以告诉你如何去抵御来自他人的伤害，可以教导你如何在不利条件下仍然享受生活和保持探索精神，可以向你展示如何在保全自己的前提下取得成功，也可以提示你如何在诸多考验中保持内心的完整，增强抗打击的能力。

兔子（野兔）

关键词： 丰饶，新生

活跃期： 全年

兔子是一种矛盾的动物。它经常出现在神话传说中，而且在不同社会，它也被赋予了不同的象征意义。在希腊神话中，兔子经常与赫卡特（司夜和冥界的女神）联系在一起。而在埃及象形文字中，它则与存在的概念密切相关。古希伯来人则认为兔子是不洁之物，因为它们有极强的性欲。在阿尔冈昆印第安人中，野兔之神是所有动物的创造者。

在中国，兔子更是十二生肖中的一员。人们将其视作最幸运的象征，拥有此类图腾的人拥有月亮的力量，他们通常是敏感而富有艺术气息的。人们认为野兔是野心、策略和美德的化身，生活在月宫中。

兔子因为其繁殖能力、快速敏捷、跳跃能力而为人熟知。它通常以跳跃的方式移动，而拥有此类图腾的人也会有弹跳的优势。所有这些特点对于拥有兔子图腾的人来说尤为重要。

兔子大多数时候生活在草类密集繁盛的地区，它在白天夜晚都十分活跃，但更常出现在黄昏和黎明时分。这些时刻都与生命中的幻境有着长久以来的联系，而正因如此，兔子也被看作可以将人带领到未知幻境的动物。最常见的一个例子便是在路易斯·卡罗的《爱丽丝梦游仙境》中，爱丽丝就是跟着一只白兔穿过洞穴进入到一个充满冒险的奇幻王国中。

兔子和鼠类是两种最常见的猎物。正因如此，大自然也赋予了它们惊人的繁殖能力。兔子每年可产崽 2 ~ 5 窝，一胎经常是 3 ~ 6 只。这也是为何兔子长久以来是性能力和繁殖能力的象征。

母兔只在晨间和夜间哺乳幼崽，而一天中的其他时间则是出门捕食。这对于幼兔起到了一定的保护作用，引开猎人对小兔的注意。但不幸的是，很多人正是在这个时候遇到了小兔，由此他们认为这些幼兔遭到了母亲的抛弃，便会将小兔带走。

在刚出生的一个月内，通常情况是 28 天，幼兔就具备了独立生存的能力。它们会留在巢穴中，但也可以独自生存。假如新一窝幼兔降生，母兔就会将上一窝幼兔赶走。28 天的周期加强了月亮与兔子的联系。假设一只兔子出现，你将会开始一个 28 天的周期去操控自己的生活。

最常见的两种兔子是白尾灰兔和长耳大野兔。白尾灰兔的耳朵比长耳大野兔的略短，但其毛皮的颜色一年四季都不变。冬天来临时，长耳大野兔的毛皮则会变浅甚至变成白色。所有动物都可以跳跃，但只有拥有兔子图腾的人会发现事情会以不同程度跳跃的方式在他们的生活中出现，而不会以一步一个脚印的方式出现。而这种跳跃方式出现的事件，通常只用一次满月的时间（28 天）就能完成。

即使一些人把兔子和恐惧联系在一起，它也有完美的防御能力。拥有此类图腾的人会将这种能力很好地用于他们的生活之中。兔子经常建造巢穴，用于躲避和休憩。为了建造一个巢穴，兔子经常在土地或草地上向下刨出一个浅坑，前后均敞开，方便其在必要时刻逃脱。拥有兔子图腾的人也应为各种可能性早做打算。如果一只兔子出现，或许你应该去做一些计划或者检查那些已经完成的方案。你不需要将自己局限于一个小角落。兔子有躲避视线的诀窍，它们可以长时间地一动不动。它们知道很多捕食者可以从很远的地方就看到它们的一举一动。如果你参与某种工作或运动竞赛，千万不要泄露你下一步的计划。

兔子十分擅长折返跑，能快速转弯。如果需要逃跑，它们的速度会快得惊人。对于所有拥有此类图腾的人来说，学会怎样由静变动是非常重要的一课。它可以帮助你取得成功和充分利用那些转瞬即逝的机会。

兔子是食草动物。拥有兔子图腾的人也需要关注所摄取的食物。为了拥有健康，达到治愈的目的，即使是短期食素也是大有裨益的。

兔子可以教导你怎样去留意周边的信号。它可以帮助你和月亮周期相协调，让你发觉生活中事物的波动。这样反过来会使你的生活更加丰富多彩。

浣熊

关键词： 灵巧，伪装

活跃期： 春夏时节夜间

浣熊是令人着迷的动物，它们和熊是远亲，拥有此类图腾的人应该认真研究它们。浣熊是适应性极强的物种之一，尽管天性中惧怕人类，但它们有能力在城市生活。

一些人相信，浣熊这个名字来自阿尔冈昆印第安语中的“arckunem”，意味着“用手刨地的人”。浣熊的爪子非常灵活，它们擅长开瓶盖、锁甚至是门把手以及诸如此类的东西。因此，它们也有盗窃的名声——它们往往会获得一些不应得到的东西。不难发现，一些小偷窃贼拥有和浣熊一样的特质，尽管这些特质都没有得到好好地利用。

浣熊喜欢水，它们喜欢把爪子和食物浸在水中。这也让人们相信它们不会吃任何没洗过的东西。事实上，水可以增加浣熊爪子的敏感度，这样它们可以更好地感觉食物。

浣熊几乎无所不吃。它们可以捕捉一些小猎物，但大多数情况下以蔬菜水果为生。这也是拥有此类图腾的人需要铭记在心的一点。

浣熊有着很强的好奇心，这也是为何它们经常得到不该得到的东西的部分原因。它们喜欢去探索，浣熊的夜间活动可以被比作小型冒险。它们对新环境充满好奇，而且会去观察它们感兴趣的每一个事物。

浣熊最令人震惊的一个特点就是它的伪装。即使一些人将其与偷窃混为一谈，它同样赋予了浣熊强有力的神秘象征意义。通过面具的使用来达到改变状态，以及其他一些治疗和仪式目的，是每一个社会的一部分。制造面具是一门古老的艺术，在世界范围内应用于仪式、庆祝和其他活动中。隐藏在面具后面，人们可以成为其他人、其他事。通过佩戴面具，我们可以变成想成为的那个人。面具与神秘感息息相关，它们是变身的工具。隐藏的部分、秘密，都有助于这种改变。它可以帮助我们变成想做的那个人，给予我们力量。

就如同浣熊的伪装，面具意味着含糊和模棱两可。当我们戴上面具的时候，就不再是我们认识中的自己。我们借助其他一些力量将自己变成另一个人。我们在脑海和现实世界里，都开辟了一条路来通往新的方向。

这就是浣熊的灵性力量。它们是伪装和隐藏秘密的大师。它知道为了不同目的伪装自己。它可以教给你怎样去伪装和改变你自己。每个人都需要以自己独特的方式和浣熊建立一种联系，但浣熊的特质可以告诉你怎样在面具下变得灵活。它可以向你展示怎样有意义地伪装自己，或告诉你将会成为什么样子。浣熊的灵性力量有着改变我们自己的知识和能力。

浣熊拥有通过伪装而变形的知识，这样的知识可以应用在某种仪式上或是日常的生活中。你需要为了更大的成功而向他人展示不同的一面吗？你是否在隐藏真实的自己？其他人是否在隐藏真实的自己？这些问题，浣熊可以帮你找到答案。

浣熊不冬眠，但它们在冬天时会进入深度睡眠中，依靠身上的脂肪维持着生命。这也与学会伪装从而催眠你的一面而唤醒其他方面有关。这也是浣熊可以让人思考的一部分特质。这有助于你在通过伪装而实现人生新状态的过程中变得灵活。

浣熊非常好斗，甚至有一些凶猛。每年春天和初夏，浣熊崽都会被带到布鲁克纳自然保护中心。与它们相处使我对浣熊的凶猛保持了极大的敬意。当它们逐渐变得成熟后，就会变得非常乖巧。野外生存的浣熊极为敏捷并具有欺骗性，是自我保护的大师。

浣熊喜欢空心木，特别是建立巢穴时，它们对空心木尤为偏好。它们每年可产一至两胎，每胎经常有 2 ～ 7 只幼崽。大概 20 周左右，小浣熊就可以自己生存。它们是社交性动物，当你发现一只浣熊，通常也会看到另一只。它们比大多数野生动物的寿命略长，大概能活 10 年。

如果一只浣熊出现，你需要在持续一段时间观察它带给你的影响。如果你在尝试改变或试图一鸣惊人，就需要制订一个 20 周左右的计划，你会发现这样的计划更为有效。对于更长期或更大生活上的转变，浣熊的出现意味着你需要做更长期的打算。

大角羊

关键词： 寻找新的开始

活跃期： 深秋 / 初冬

大角羊在很多社会都被视为一种符号，对于很多人来说，它代表着牺牲，大角羊经常在不同目的的仪式上被杀戮。我们也可以在《圣经》故事中发现它的身影。摩西就是以一头羔羊创办了逾经节。大角羊同样意味着追求更多的奖赏，譬如希腊神话中简森的英雄传说和对金羊毛的追逐就是如此。它同样是力量的化身，在很多社会中，都会使用斗羊来击破敌人的城门。

假如一只大角羊出现在你的生活中，请准备好在生活的某些方面寻找新的开始。大角羊是白羊座的象征，是星相年中的第一个月。它开始于春天—— 一年中开始的季节。大角羊告诉我们，要勇于接触新的领域。

大角公羊和母羊都生活在树带的界限之上，以嫩草和一些植物的花朵为食。通过春夏两个季节的积累，厚厚的脂肪层和皮毛足可以帮助它们过冬。

大角羊的一个主要特征就是角。对于拥有此类图腾的人来说，它们激发了大量脑力活动。这种需要经常“激发”的好奇心和想象力也像羊角一样随着时间流逝而日益强壮。

羊角是它们的武器，一种防御和地位的象征。羊角在大角羊的一生中都会生长，直到长成弯曲状或是螺旋状。螺旋型代表丰富的创造力，而此点的意义因为与羊角有关而显得尤为不同。对于拥有此类图腾的人来说，这意味着对脑力活动、想象力和灵感的新一轮激发。

年轻的大角羊会承担领地头脑的职责，考验着它的力量和新角色。此职责在秋季尤为明显，因为随着地位的确定，随之迎来的便是有关与母羊交配权的挑战。为此它们角对角，击破长空相撞在一起。

一只雄绵羊能存活长达 14 年之久，不过它的生命期望值却会随着它头上犄角的大小而不同。头上的犄角越大，就会给雄绵羊带来更多的决斗。雄绵羊犄角上的环状显示了它的年龄。

大角羊和山羊一样，脚趾都分了叉。它们的蹄子上布满了有弹性的物质，使它们能减轻震荡对自己的冲击，并且在危险的时候获得帮助。当雄绵羊从高处跳下时，它们的关节就像小型的减震器一样。对于大角羊来说，它们仅仅需要两英寸见方的一个立足点，就能安全着地。

老鼠

关键词： 成功，不安，机灵

活跃期： 全年

对于大部分人来说，看见老鼠是一件非常痛苦的事情。老鼠通常会携带一些传染性的病菌。虽然老鼠是一种臭名远扬的动物，可它的适应能力却是惊人的。

在中国的传统十二生肖中，第一年被划定为鼠年。传说很久以前，佛祖召见所有动物，不过只有12种动物应邀前来。在这12种动物之中，老鼠来得最早。为了嘉奖这些前来的动物，佛祖以它们的名字给每一年命名，而老鼠就位于第一年的位置。在中国，凡是在鼠年出生的人都被认为是成功者，虽然有时也会烦躁不安，有些紧张，但是却一直很机灵。

也许城市里的老鼠能被当作宠物养，可它们在树林或者乡下的表亲们却被当作异类。与城市里的老鼠相比，林鼠和田鼠通常更加聪明，并且显示出了一种推理能力。有研究表明，野外生存的老鼠比实验室里的老鼠更加精明一些。

尽管人类已经有了一些干预措施，老鼠仍然在大量繁殖着。这其中的强大推动力可能就是老鼠所要告诉人们的：你现在觉得要向前推进很难吗？你没有投入足够多的精力吗？在你想要达到目标的过程中，你难道不需要更加积极地努力吗？

老鼠是群居动物，并且能适应生存环境。它们喜欢存储食物，反映出一种有趣的经济意识，它们是最能适应身边不同生活环境的动物。

美国曾引进了两类老鼠，一种是来自东方的黑鼠，另一种则是挪威鼠或者说棕鼠。在这两类老鼠中，挪威鼠是危害最大的，因为它会毁坏人们储藏的食物。如果可能的话，最好验证下你的图腾是什么老鼠。你可以先问问自己，这是城市老鼠还是乡村老鼠？然后，你就可以过去一探究竟。

如果一只老鼠以图腾的形象出现，我想你应该会更加烦躁不安了。它表明了在你的行为中，一种更精明的时代到来了。你没有正确地把握住你生活中的宠物吗？你需要变得更能适应一切吗？它反映出了一个更加积极地努力追求成功的时代。老鼠的行为能帮助你，刺激你下定决心，学习它身上所有的活力。

犀牛

关键词： 古老的智慧

活跃期： 全年

现如今，犀牛主要分布在地球上的五个区域。两个区域在非洲，另外三个在亚洲。非洲犀牛通常会因为头上的两只犄角而被误认为是印度犀牛。关于图腾所在区域的精确调查，会给你提供专业的洞察力，包括已经被发现的过去的生物与这片区域的联系。犀牛是古代巨型哺乳动物遗留下来的幸存者，它的名字来源于两个单词："rhino"和"keras"，也就是鼻子和犄角的意思。

基本上，所有的犀牛都是独居动物。这种习惯源于它们的祖先。它们的祖先遗传给了它们在独居环境中享受舒适生活的能力，教会后代如何自己生存。它们是那个古老格言的代言人："认识你自己"！

犀牛最重要的方面当然是它的角。不像大多数动物，它的角长在鼻子上，而不是头顶。尽管所有角都具有更高的敏感性，犀牛却暗示着拥有这种图腾的人在嗅觉方面具有更高的敏感度。长久以来，嗅觉一直代表着可以更好地识别能量、精神理想和更高层次智慧的能力。当我们观察犀牛的感官成长历程时，就可以清晰地了解到这一点。虽然犀牛的视觉很微弱，但它的嗅觉和听觉却是出奇地灵敏。

如果你将犀牛作为你的图腾，你也许不得不重新审视自己对它一贯的偏见了。你是否到现在还无法相信自己内心真正的想法——对于如何在工作中做到最好的想法；或者你不相信自己所学的一切；或者最后你发现，没有人比自己更了解自己了；亦或者，你习惯于仅仅观察表象，从表面就将它否定掉。

目前，非洲白犀牛已经濒临灭绝了。如今，它已经成为了非洲社会生态学的一个标志。白犀牛不得不遭受着生活习惯被迫改变和被偷猎者频繁猎杀的痛苦。那些偷猎者们因为相信一些愚昧的迷信，而大肆捕杀白犀牛，来获得它们的角牟取暴利。事实上，这些犄角只是一个象征，并没有什么药用价值。甚至这些犄角不像寻常的角和鹿茸那样，是由骨质组成的。犀牛角不够坚韧，容易脆裂，是由皮质的物质组成的。

非洲白犀牛活跃在非洲的热带草原。白犀牛喜欢吃青草。虽然它的体型庞大，却能在危急时刻变得非常灵活。其实白犀牛是一种性格特别温和的动物。白犀牛的幼年成长期只有一年，然后就会进入到 17 ～ 18 个月的妊娠期。以犀牛为图腾，人们需要在期限时间之内找到接近古代智慧的新途径，以此来将它的能量与自己的生活联系起来。

对犀牛图腾做了充分研究的人同样会对红嘴鸟感兴趣。红嘴鸟是犀牛的好伙伴，有时人们也称它们为犀鸟，它们经常着落在犀牛背上，啄食犀牛身上的苍蝇与虱子。

犀牛能帮助你认识到自己生活中存在的智慧，它能教你如何在自己的生活中规划正确的蓝图，古老的犀牛能教会你如何将自己内心的智慧应用于现在的生活中。

海狮与海豹

关键词： 积极的想象力，创造力，透明的梦想

活跃期： 全年

许多人都会把海豹与海狮混淆，虽然这两种动物外表相近，但它们却迥然不同，它们有着许多相同的特征，但却是不应该被弄混的。它们都属于哺乳动物鳍足亚目，通常人们会称它们为鳍脚，如果逐字翻译，应该被称为“长着羽毛的脚”。海豹一词来源于安格鲁－塞克逊人的“seolb”，其意义是拖累，是以它们游到岸上以后的行动来命名的。

虽然海豹与海狮都会在陆地上生活，但是海豹在水里生活的时间更长。与海豹相比，海狮并不完全是水生动物，并且海狮在岸上也比海豹更加活跃。这是因为跟海豹相比，海狮有更灵活的后鳍，它的脖子也比海豹更有柔韧性。很多时候被人们误以为是海豹的，其实是海狮。

海豹有很多种类，它的种类比海狮要多。其中，象海豹是体型最大的。它的名字源于它巨大的身体和雄性下垂的鼻子。在交配季节，雄性象海豹之间会发生残忍的争斗，即使争斗得遍体鳞伤，但也没有什么事情是比赢得自尊更值得骄傲的了。在 19 世纪，象海豹被捕杀到仅仅剩下 100 多头，直到政府颁布法令，猎杀象海豹的行为才被制止。如今，象海

豹的数量又有所回升。麻斑海豹是海豹中数量最多的一种，就像海狮和海豹家族中的其他成员一样，它是在水域之外出生的。人们可以研究关于海豹与海狮的特殊品种以及它们扮演的角色。

海豹与海狮最大的区别在于，海豹没有长在外面的耳朵，它只是在脑袋那里长了一些小孔。相反，海狮却在头部长了一对小耳朵。虽然耳朵很小，但却是区分海豹与海狮最大的标志。耳朵是海豹与海狮的听力与平衡中心，人们同样应该将这一点应用于自己的生活中。

如果海豹与海狮被用作图腾的话，那我们需要问自己一些问题了。你现在是否觉得失去了平衡？是否曾经因为一些虚幻的能力飘飘然？你是否听了一些你不应该听的事情？你是否没有听取你应该聆听的意见？你是否倾听过自己内心的想法（尤其是在海豹图腾中）？你是否只听从别人而忽略自己的真实想法？

海豹与海狮都与水相关。它们在水里度过了一生的大部分时间。水是一种富有创造性的物质，它是阴柔、感性、创造与梦幻的象征。当这些动物显现出来，你可以借此让自己的梦想变得更生动更有意义。请注意，人们现在所幻想与希望的在很大程度上源于现实，不管是多久以后的现实。

当虚幻的能力再次被刺激和唤醒的时候，人们应该随时准备一个笔记本带在身边。海豹与海狮能教会人们如何聚集与激发自己的想象力。它们能教会人们如何利用自己的能量来影响自己每天所生活的现实世界。

海豹与海狮还能控制人们对想象力的向往，使人们不会在想象力中迷失自己，也不会因想象力而脱离现实世界太远。

海豹与海狮通常都在水下休息与交配。它们在陆地上度过自己的幼年时光。这些做法是有意义的，它反映出一种创造力源于内心但表现在外的状态。对于将海豹与海狮作为图腾的人，他们更注重内在的、充满创造性的想象力与灵感。这些人具备不凡的想象力与创造力，他们只是需要一些行动来引导自己表现出相应的能力。

这种被图腾刺激的创造力，如同一种有创造性的生活力量，长存于仙境王国的传说中。设德兰群岛边的塞尔扣克岛和冰岛都是灰海豹的聚集地。传说一到夜晚，灰海豹就会游到岸边，隐藏自己的皮肤，在月光下像人类一样翩翩起舞。塞尔扣克的女人都美丽而让人充满幻想，塞尔扣克的男人则英俊而多情。那些想要生孩子的女人，在她的爱人面前必须哭出七滴泪水，让泪水落入河中。

被图腾激发的创造力是无限的。它使人们的想象力被唤醒，并且充满活力，使人们能更好地将他们的能力应用在生活中。这样的原始力量帮助那些以海豹与海狮为图腾的人学会平衡内在的想象力与外部现实，使这两方面都更加绚烂多彩，富有意义。

臭鼬

关键词： 感性，尊重，自尊

活跃期： 全年

在布鲁克纳自然保护中心，我作为一名志愿工作者，工作职责是在动物活动中担任跟踪指导讲师。在这个自然保护中心里，有一个定期做动物演讲的传统。在臭鼬被展出之前，听众们被要求举手，并且重复演讲者的话语：“我宣誓，当下一只动物被带上台时，我不会捂住我的鼻子或者发出‘噢’的声音。”不过许多听众都知道，他们即将看到的是臭鼬。

照片取自俄亥俄州特罗伊市布鲁克纳自然保护中心

臭鼬通常因为它喷射出的特殊气味而被人们记住。虽然这种喷射不会致命，不过它却能使人瞬间变清醒。

臭鼬是最容易被认出的哺乳动物之一，也是被误解最深的一个。臭鼬是一种包含着神秘与魔幻力量的图腾。只要看看人们如何评论它就知道了。它们对自己和身边的事物表现出了极大的尊重。这也是臭鼬所能教给我们的道理。臭鼬教会人们如何给予他人尊重、自己期望获得尊重，以及要求别人尊重自己。它帮助你识别你自己的特质，并维护它们。

臭鼬用与其他动物不同的方式出洞穴，它以自己独有的速度，按自己的想法前行。它对自己的行为很确定，也很自信。如果臭鼬出现了，那就可能意味着它想在这个特殊的方面帮助你。它能叫你如何更确定自己的想法以及如何维护自己的主张。

臭鼬的天敌是猫头鹰，臭鼬是它最美妙的食物。猫头鹰也值得被研究，因为它也是与臭鼬巫力相反或相平衡的图腾。它的存在能帮助你发现如何才能最好地运用臭鼬图腾常给你的灵性力量。

臭鼬是无所畏惧的，但它们也爱好和平。它们移动得很慢，很平静，它们仅仅将喷臭气当作最后一招。它们天性和平，在放气前会发出警告。这种警告包括三个步骤：第一步，它会跺脚，将背转向你；第二步，它会拉起尾巴，而尾巴之下就是会放气的腺体：当第三个步骤到来时，通常就太迟了。在抬起尾巴之后，臭鼬会回头看一眼。这是为了确定放气对象的位置。一旦臭鼬回头看你，一切就太迟了。

臭鼬可以放气放到 12 ~ 15 英尺以外，准确度还相当高。它可以重复放气五六次，之后才重新憋气。臭鼬放的气是一种带刺激性的化学气体，并不会致死，却可以刺痛眼睛，使你的感觉麻木。有时，一只臭鼬作为图腾出现，是为了教我们如何获得更多的注意力，而不自傲或是浑身带刺。有时，它出现是为了帮我们应对那些在我们生命中出现的人们，他们可能带有强烈的刺激性气味。番茄汁是能帮助我们清除臭鼬气味的唯一试剂。那些带有臭鼬图腾的人可能会发现，他们对番茄特别敏感，或者在生活中特别需要多一些番茄。番茄的特性和品质都应该被研究，因为它是与臭鼬相关的反面灵性力量或是平衡灵性力量的一部分。

臭鼬的气味是任何人都能辨别出来的。这与臭鼬唤醒别人对你和你的能量的更强的辨别力有关。嗅觉也与性有关，目前，人们正在进行研究，发现在气味与性反应之间存在着多种多样的联系。

气味长期以来都被用作催情剂，那些带有臭鼬灵性力量的人会发现，气味的用处会引起与它们相关的动物的动态感应。人们会对你的气味做出回应，对芳香疗法的研究对于那些带有臭鼬图腾的人来说非常有益。当臭鼬出现时，你通常能期待经历对其他人来说更强烈的性回应，你也能接收到其他人更强烈的信号，一项更强大的吸引别人的能力就此打开。

观察人们对于一些气味的反应是非常有趣的，他们会抱怨某种气味驱使他们逃离。你有多久没听到人们说："我希望我知道这是种什么味道，它使我想起某种东西，简直要让我发疯了。"

臭鼬通常每年会生一胎小臭鼬，每胎大约10只左右。小臭鼬们从眼睛睁开的一刻起，就能放气。这又一次反映了带有这种图腾的人往往与生俱来就有的强烈能量，在早年，他们可能发现一些极端的循环，要么就是被其他人厌恶，要么就被其他人推到一边，或是抽签决定是否有朋友，从不孤单或是总是孤单。小臭鼬生长到20周时，它们就能独自外出了。一只野生臭鼬的寿命能够达到10年。这反映出这种循环倾向于向带有臭鼬图腾的人们展示它自己。

人们都认为臭鼬是狂犬病毒的携带者，带有狂犬病毒的母亲会把这种病毒传给孩子，即使孩子可能出生后6周都不会表现出任何症状。

带有臭鼬图腾的人们应该学着去平衡自己拉拽和驱退人的能力。这是个自然循环。臭鼬大多数时候是种独来独往的动物。它们能够提醒我们，有的时候最好融入人群，有时又最好回避人群，找到最佳的平衡就能确保成功。

臭鼬有两种最主要的品种——有斑点的和有条纹的。有条纹的臭鼬最常见，也最容易辨认。实际上，它从尾巴到头顶有着两条条纹。这种条纹，不管是一条还是两条，都暗示着生命力在你生命中的流动。臭鼬在某个时间出现，为的是扩大和教授如何更有效地控制和运用这种生命力。

通常，臭鼬都是很安静的。所以，对于那些拥有臭鼬图腾的人来说，最好不要吹响他们自己的号角，这会产生事与愿违的效果，坐下来，让其他人关注你吧。

臭鼬很善于调整自己，这也是有臭鼬图腾的人必须学会的。臭鼬可以教你何时是让人们注意到你的最佳时机，还有如何运转才最有效。它们是肉食性动物，但它们几乎吃所有东西，特别是昆虫、各种莓和水果。臭鼬会在晚上出门狩猎。

当臭鼬作为图腾出现时，你就将在生命中发现新的机会，能带来新的尊敬与自尊。它暗示了与上升的身体感觉、性感觉、心理感觉和心理感觉相关的课程与时机。审视你自己的形象，记得人们将要注意到你，而他们如何注意你及记住你，都将取决于你。这就是臭鼬可以帮着教给你的东西。

雪豹

关键词： 挣脱，活力，生机

活跃期： 黎明—清晨 / 傍晚—子夜

豹子和美洲虎是动物大家族中两类带有斑点的成员，因为斑点，它们被归为一类，叫黑豹。一项关于当地黑豹的研究，就展现了很多细节和内部问题。

豹子的敏捷和凶猛由来已久，捕食时它们能很好地隐藏自己，直到离食物只有几步的距离。捕到猎物后，它们会很快消失，躲到暗处享受大餐。从很小的幼崽身上，就能发现它们超强的捕食天赋。甚至是一些崇拜它们的人，都能在潜移默化间显现出敏感的思维。黑豹幼崽很快就能学会捕食的各种方法，并敏感地领悟最快地接近猎物的途径。这是很值得我们去学习的专属于黑豹的专长。黑豹会在内部平和地将各自的生存环境协商划分区域。在众多利益相互冲突着的社会中，黑豹这种专业的分配方式和冷静的思维状态值得我们探究和学习。豹子在走路的时候，习惯把爪子向里弯着，这样可以在全身的重量着地前，避免发出太大的声音。

适合黑豹捕食的最佳时机是在深夜，这样它可以把捕到的猎物安全保存在丛林里。有一点让人印象极深的是豹子长长的尾巴，而长尾巴往往象征很强的性欲和体内强大的能量储存。

雪豹通常都在亚洲的高山上出没，这可以反映某些身体特征与生存环境间的联系。绿色的双眼加灰色的毛皮，让雪豹成了整个动物群体中最帅气的一个。它那独具特色的绿眼的沉思、在北方高山上的生存本领和石头砌成的小屋，无不让我们感受到它在整个世界的地位。

在豹子圈里，雪豹的攻击性没那么强，不像其他豹子会攻击人。这也许可以说明雪豹有捕食更大的猎物的本事，体型有限的猎物已不能入它的法眼了。生活环境要求它们轻巧地出行，要敏感地关注周围的一切。雪豹长久以来靠这一生存技能存活，可以教导我们怎样越过人生的绊脚石。

雪豹都驻扎在了远处那荒无人烟的高山上，它们似乎就是神的化身，时刻生活在那美如画卷的仙境中，守护着那片圣洁的土地。一只雪豹的现身其实是在宣扬环境的安全，是安静的祈祷，希望明天更美好。

雪豹是一个非常独立而隐秘的群体。所以，人们遇到雪豹的概率非常低，因为少见，有时侯连想象都变得有难度。它有一个其他生物无法想象的本领，就是可以随意进出于石缝间，雪豹的生存环境里特有一些层层叠叠的岩石。披着灰色皮毛的雪豹的体型看似异常庞大，其实它是所有豹子中身体相对娇小的一类，但它从来都是捕食能手。作为敬仰雪豹的一族，我们可以把最多的牺牲品作为研究的对象，重新思考生命。

雪豹的自我暴露预示着它正在心里默默地将巢穴中的魔鬼清出脑海。那一时刻，你能在它的眼神里看到的只有满满的生机与活力。你会发现它会实现伟大的跳跃与升华。

它能反映出 22—24 个月之后，已有的魔鬼就将被驱逐，而新的远景就此打开。（在第 22 个月时，就能自食其力了。）雪豹时刻展现的，就是人生新的起点，以及更加美好的未来。

松鼠

关键词：活动，准备

活跃期：全年

松鼠是大家都很熟悉的啮齿目动物的一个种类。每次经过我们的眼前，它都显得如此匆忙，没等人回过神来，已没了踪影。松鼠很擅长于交际，可就是不喜欢陌生的同类。它们总能把生活安排得井井有条。在即将过冬的时候，它会仔细观察一段时间，之后选择最安全的地方，挖洞并埋下坚果等各类食物。因为松鼠的嗅觉器官很发达，所以基本上不用担心会找不到自己储存的东西。

照片取自俄亥俄州特罗伊市布鲁克纳自然保护中心

灰鼠

松鼠每日匆匆忙忙，大多数的时间都在为冬天储存食物而忙碌。因为它们并不冬眠，因此在冬天来临之前，它们总会吃很多东西，一是补充体力，二是可以把皮毛变厚防寒。松鼠是生活中的能手，总能把未来一段时间的生活经营的舒舒服服。它们象征着提前准备与活动力。

松鼠主要分红色和灰色两种，还有的颜色有点偏黑，是非常能干的一种动物。灰色的松鼠我们都能在现代的大都市里看到，而红色的松鼠习惯在森林里生活。

还有一种松鼠，人们都习惯叫它们飞鼠，其实它们不会飞，只是皮有很好的延展性，让它们能如飞一般地来回于地面和树木间。它们不像灰松鼠和红松鼠，不喜欢张扬，也不愿自己的生活受到打扰。我们熟悉的捕猎能手鹰就时常将其作为食物。

红松鼠是森林里的岗哨，当陌生人出现时，它们会吱吱叫来抗议，就好像在向所有听众做报告一样。红松鼠比较有进攻性，比起体型更大的灰松鼠，通常是好得多的拳手。貂是红松鼠最危险的敌人，也应被我们好好研究。红松鼠每年通常产两胎，每胎 2 ~ 7 只幼崽。出生后 12 周左右，它们就能独立生活了。这 12 周的循环是个很好的线索，如果红松鼠出现了，就能帮助你检视自己的生活。

灰松鼠是最常见的也是充满激情的一种松鼠。像所有松鼠一样，灰松鼠并不冬眠。它会把自己的巢建在树洞里或是树干顶端。它的形状看起来像个球，一侧有门。虽然灰松鼠比红松鼠要大得多，但如果双方偶遇，灰松鼠会落荒而逃，避免任何冲突。灰松鼠最直接的猎食者是狐狸和猛禽，比如猫头鹰和老鹰。像红松鼠一样，灰松鼠通常每年产崽两次，它们也能在 12 周后自立门户。

所有松鼠都很喜欢社会化活动，它们会摔跤玩，极其机警，还善于模仿。这种对别的松鼠的模仿本领是它们后天习得的。拥有松鼠图腾的人，最好通过实践来学习，而不是相信书本上的知识。

松鼠也很善于沟通，如果你打扰了它们，或是当它们在玩耍，那吱吱叫的声音常能在树林间听到。它们那繁密的尾巴为它们增加了表达方式，同时也能保暖、遮蔽和保持平衡。松鼠常常通过轻弹尾巴来表达感情。

每种松鼠都是独特的，对每个人来说，其灵性力量能以不同的方式被激活。如果一只松鼠蹦蹦跳跳地进入了你的生活，你要检查一下自己的活力和事前准备的情况。你是不是太活跃了还是不够活跃？你是不是对未来毫无计划，无论长远还是眼前？你是不是正在变成一个漂泊不定的人，匆匆忙忙地疲于奔命，却一事无成？你是不是该学习一下在生活的各个方面，包括金钱、时间和能量等，该如何按时存储和制定配额？

你是不是担心东西永远都不够用？你是不是总是怕你开始收集或是积累得有点晚？你是不是一直在收获而没有付出？

松鼠能在收获与付出的循环之间教会我们平衡。如果我们有一方面失衡，松鼠就会出现并帮助我们。松鼠是做计划的高手，但它们同样也在提醒我们，当我们追求我们的目标时，不要忘记保持社会化的状态，还要适当玩乐。工作和玩乐通常是齐头并进的，不然工作上就会遇到麻烦，会变得更加困难，而不能卓有成效。

虎

关键词： 热情，力量，奉献，享受

活跃期： 夜间——满月与新月之时

虎的形象是威武的，能让看到它的人心中激起敬畏之情。虎的种类有很多，孟加拉虎、西伯利亚虎等，每种虎的性格都值得我们好好研究。另外，猫类和豹类的信息也应该被研究，因为它们之间的分类常有重合。

很多神话以虎为主角，对神话的研究将帮你识别它在你生命中扮演的角色，甚至可能辨别出它与你的昔日生活的联系。

在韩国，虎是百兽之王；在印度传统中，虎被献祭给卡莉神，它是代表创造力与分离、性与死亡的神；在希腊，它与神话

中的酒神迪奥尼索司相关，象征着重生。

中国充满了虎的神话和传奇。中国十二生肖之一就有虎。那些生在虎年的人性格既丰富多彩，又充满神秘感，他们热爱冒险，强大有力又充满激情。

在中国，虎是黑暗和新月的代表，同样也是光明和满月的代表。在中国的传说中，有五只神虎。红虎代表着南方、夏天和火元素；黑虎代表北方、冬天和水元素；蓝虎代表着东方、春天和木元素；白虎代表着西方、秋季和金元素；黄虎在五虎中是至高无上的权威，它掌管着大地以及大地之上的所有能量。

所有虎都以凶暴和强力著称，它们也是游泳健将，不像其他大型猫科动物不习水性。这使它们与力的能量相关，也与水元素相关。所有虎都会对它们的孩子表现出母性的牺牲精神。虎妈妈会把孩子养大，并教它们如何狩猎。大多数虎都是独行侠，只有在交配的时候才生活在一起。它们通常会拥有一片地缘广阔的领土。

很多人认为西伯利亚虎是最威武的，专家们认为这种虎发源于东亚的北部地区，之后进行了迁移，并能适应更温暖地区的环境。西伯利亚虎是个不知疲倦的旅者，它能在一天之内行走很长的旅程。虎能捕食所有种类的动物，但是野猪常常是它的美餐。

孟加拉虎生活在南非，它的主要猎物是鹿。它常常有多个巢穴，其中一个是用来喂养幼崽的。幼虎 8 周大的时候，就能加入妈妈捕猎的队伍了，6 个月大时，它们就会杀死猎物了，但还不能自食其力，直到 16 个月左右的时候。

大多数虎狩猎时都是安静而缓慢的，不管被搜捕的对象是谁，这种战略对于那些有这种图腾的人来说都是值得学习的。它们对于自己的技术很自信，它们的力气大到可以拖着一头几百磅的猎物横跨十几英里，只是为了把它藏起来。

虎是夜间杀手，有这种图腾的人会发现他们在夜里工作最有效率。黑色与金色或是橙色相间的虎皮图案将虎与新月和满月时刻的神秘感连接起来。

虎那光滑而有力的肌肉和柔软而厚实的皮毛都可以激发人们的欲望。所有猫都会伸懒腰，并相互摩擦。对那些有虎图腾的人来说，这将唤醒体内一种新的感觉——触摸感。

如果一只虎进入了你的生活，你就能期待新的冒险了。它将唤醒你生命中新的热情和力量。大约6～8周之内，冒险就会开始，大约会持续至少一年半。检查一下你生命的进程：你生命中是否需要更多激情？你的这种激情是否没有得到恰当的表达？你的活力降温了吗？如果虎出现了，新的冒险就会开始展开，生命中崭新的激情与投入也将被唤醒。

黄鼠狼

关键词：狡猾，智取，追逐

活跃期：夜间

黄鼠狼是鼬科哺乳动物的一员。这个大家庭包括了臭鼬、獾、鱼貂、貂、水獭、貂鼠和狼獾。它们有清晰可辨的长身子和短腿，基本上都是圆耳朵，个头也都很小。它们都可以分泌麝香的气味，通常以地下洞穴为家。而且，均为食肉动物。

鼬科动物一共有三种类型。一种可以从地下挖掘和发现食物，虽然不算严格的食肉型，但这一型鼬科动物的食谱仍然是以肉为主，属于此型的有臭鼬和獾。第二种是游泳健将，它们可以在水中捕食猎物，如水獭。第三种几乎完全是陆地食肉型，这就是黄鼠狼所在的类型。

黄鼠狼基本上是完全食肉型。它们猎食老鼠、松鼠等啮齿动物和其他害虫，在野外，它们完全依靠自然食物为食。有此种图腾的人，为了健康的需要应该检查一下自己的行为方式。

黄鼠狼需要吃掉大量的食物，一只黄鼠狼每天进食的分量是自己体重的1/3或1/2。因为消耗很多体力，所以它们一整天都要吃，虽然看似量小，但积少成多，也很可观。这是一种饮食习惯，有此图腾的人会发现，这是一种对于健康和幸福最有效的方法。在黄鼠狼进食之前，它们会捕杀必要的猎物，以备一天的需要。它们会把食物放在洞穴里或者是自己领地内。

黄鼠狼是杰出的追踪者。它嗅觉灵敏，一旦闻到猎物的气味，就可以追踪而来。纤细苗条的身体使得它可以追踪老鼠进洞，能够挤进狭小的空间。黄鼠狼的灵性力量可以帮助你逃离紧绷的生活，挤入其他人不可能进入的小空隙中。

黄鼠狼是优雅、孤独、安静的动物。虽然有黄鼠狼图腾的人可能总会孤单一人，但是他们却能关注到生活在他们周围的很多人。安静的能力使得他们可以在人群中不被觉察。正因为如此，人们会毫不知情地在有黄鼠狼图腾的人面前毫无顾忌。黄鼠狼可以告诉你如何利用安静的观察力去嗅出那些隐藏的秘密，而不需要智者提点。

在美国当地的传统中，黄鼠狼能够寻找到秘密。相信你自己的感觉，你就可以正确地应对，即使这意味着要独自一人去承受。这就是黄鼠狼给你的启示。

黄鼠狼家族或许是所有哺乳动物中最凶残的。如果母黄鼠狼觉得幼崽受到威胁，她们甚至会攻击人类。

黄鼠狼通常会咬猎物的脖颈，咬住不放，直到猎物的颈椎断裂或是流血致死。有此图腾的人会袭击对威胁或试图攻击他们的人的喉部。一旦被激怒，他们会握住不放，直到造成损伤。记住黄鼠狼是食肉型动物，而有黄鼠狼图腾的人只要发怒，绝不会犹豫采取某种方式来攻击。有时可能只是口头争执，如果过于激烈的话，就会导致创伤。虽然黄鼠狼猎食的时候通常很安静，但是它们有多种发声方法。糟糕的事情是，有人可能会简单地认为有黄鼠狼图腾的人看起来软弱，因为他们很安静。

如果发现了黄鼠狼图腾，就请检查你的生活，想要发挥观察力吗？是不是过分渲染了你的目标？给别人透露你的目标会妨碍它的实现。有没有尽全力发掘？你是不是要挤进一个小小的空间中？你或是周围的人是否完全诚实可靠？如果不是，黄鼠狼会帮你弄清楚。有没有错过显而易见的机会？除他人外，有没有不相信自己的感觉和直觉的经历？

鲸

关键词：创造力，力量之歌，唤醒内心深处的情感

活跃期：全年

鲸是世界上最大的哺乳动物，也是海洋生命中最大的哺乳动物。许多神话描述了地球上所有生命，尤其是人类如何从大海中起源。因此鲸

是远古创造力的象征。

生活在北极圈内的人们通常被认为是观察大自然最仔细的，因为只有这样，他们才能在最恶劣的环境中生存下来。因纽特人与北极露脊鲸有着特殊关系，在他们之中，流传着关于鲸的传说，认为鲸是造物主最壮观的创造。

世界上大概有90多种鲸，包括海豚和鼠海豚，还有抹香鲸、虎鲸、巨头鲸、独角鲸、驼背鲸和地球上最大的哺乳动物蓝鲸。所有的鲸都通过鼻孔呼吸，模仿鲸的喷射型呼吸可以帮助你释放创造性能量。所有鲸都有鲸脂，可以帮鲸形成一层防护膜，并为其储存能量。鲸鱼可以帮助我们了解如何让自己超脱于外，有节制地使用自己的创造力。所有种类的鲸鱼在水下时都可以通过减慢对身体非重要器官的血液流动来储存氧气。鲸鱼精通对不同目的运用不同的呼吸功能。

大多数鲸鱼可被划分为两种：齿鲸和须鲸。齿鲸有锋利的牙齿，能捕捉鱼类和其他海洋生物，包括抹香鲸、巨头鲸、海豚以及其他种类。大多数齿鲸以鱼类、乌贼或其他海洋生物为食，它们通常集体活动。齿鲸具有强大的逻辑能力，甚至有时可以迸发出创造力。对于拥有此类图腾的人来说，他们也可激发自己的这些潜质。

须鲸没有牙齿。它们的嘴里长了几排由硬化角质形成的骨板。须鲸通过这些骨板过滤海水，但可以吸收海水中的藻类或微生物。须鲸通常是大型鲸鱼。须鲸家族中的座头鲸，以其美妙的歌喉闻名于世。雄性鲸鱼通常可以发出动听的叫声，不同的交配季节也会伴随不同的歌曲。这反映了鲸鱼可以教导我们怎样随着时间、地点、身份的转变来说话。通过发挥富于创造力的天赋，你也可以咏出自己特有的基调。

鲸鱼拥有回音或声呐定位系统。这种可以发出回音的能力将鲸鱼与生命最初的啼声联系在一起。声音是生命的创造力，每发出一种声音都要收到反馈信息是鲸鱼给予我们的启迪。这一点也可以使你头脑中潜藏的能量现出来，甚至可以加速你完成目标的操控力。

鲸鱼有时也可以代表着包容、隐忍甚至是重生。圣经中约拿与鲸鱼的故事就是最好的佐证。约拿在逃生之前，曾在鲸鱼的腹中度过了三天。他获得了第二次生命，获得了重生。当我们尝试去探索自己的潜意识深处时，所激发的创造力可以为我们带来重生。

鲸鱼有时也会搁浅即完全脱离水源。拥有鲸鱼图腾的人都具有创造力，但他们不能闭门造车，而必须要与真实世界接触。你是否在自己的创造力、想象力中迷失了自己？你是否没有把它应用到生活之中？你是否将一切事物藏于心底，害怕将它宣之于众？如果真是如此，该到你打破常规的时候了，表现出你的雄心和创造力，不要止步不前。

假设鲸鱼出现在你的生活中，你就要去检查自己是否使用了创造力。你是否仅仅在简单模仿他人，或是在此基础上进行新颖有活力的再创造？你是否将自己的创造力应用在了陈旧的方法或生活模式上？

请记住，对于因纽特人来说，鲸鱼是上苍的恩赐，是因纽特人生存下去的必需品。鲸鱼是所有生物中最美丽的精灵，但也有实际用途。鲸鱼所启迪的不是创造力本身，它唤起的是深层的创造灵感，但它也可为你五光十色的生活增添绚烂的一笔，使其更加多姿多彩。

狼

关键词： 守护，仪式，忠诚，灵魂

活跃期： 全年 / 满月 / 暮光

狼或许是动物中最受误解的一种。恐怖故事和有关它们冷血的言论无处不在。即使有很多故事渲染的是另一码事，但从未有过关于健康的狼攻击或杀害人类的确凿记录。尽管有负面的舆论，而狼实际上与它们被描述的形象恰恰相反。它们友善，喜欢群居生活，同时非常聪明。它们的家庭观念极强，忠诚，而且会小心翼翼地遵循规矩的生活。

狼是野性灵魂的最佳化身。它们的优点数不胜数，这也就不难解释为何印第安人和其他民族会将狼奉为神明。很多人相信，狼是否得到有效保护以及能否重新进驻之前被驱逐出去的生活区域，是检验美国在环境保护问题上真诚度的最好方式。因为狼是自由荒野上最真实的灵魂。

在北美，栖息着很多种类的狼。红狼是体型最小的一种，尽管有种种努力保护它们，但仍可能无法避免灭绝的结局，红狼的生活区域主要在美国南部。墨西哥狼是更为常见的灰狼的一个分支，主要分布在美国西南部和

墨西哥地区。墨西哥狼因狩猎而几近灭绝，目前也在恢复和圈养、培育计划之列。北极狼可能是血缘最纯正的品种了。由于生活在与世隔绝的北极圈，这恰恰保证了它们的生存。

灰狼或大灰狼是最为常见的品种。但如今也只有在阿拉斯加、加拿大以及五大湖地区才能发现它们的踪迹。灰狼因捕猎行为而在其他地区几乎消失。灰狼不仅是灰色，它的皮毛颜色可以是黑、灰、棕、白，或是几种颜色的综合。

或许对于狼最大的误解就是它们的体型。狼没有大多数人想的那样体型巨大。它们厚重的皮毛给人一种更大体型的观感，但通常来说，狼只比一只德国牧羊犬大不了多少。

狼很守规矩，这一点在很多方面与人相像，它们谨慎地依据规定而活，具体的领地是神圣不可侵犯的。狼的社会行为建立于等级体系之上，在群体中，每只狼都有自己的角色和作用。狼群中存在雄狼头领和雌狼头领。

狼只有在万不得已的情况下才会去战斗。事实上，它们会采取回避的态度。纵然孔武有力，它们却极少以激烈打斗的方式决出胜负。通常一个眼神、一个姿势、一声吼叫就可以宣布主导权。狼极少主动出击，但这不代表它们做不到。这也是狼可以教导我们的一点。狼可以让你认识到你是谁，教给你如何去增强力量和自信，不声不响地向众人证明自己的能力。

狼有着复杂的沟通系统，它们会使用肢体语言。头部动作、笔直的尾巴、直接的眼神交流，都极具深意。虽然姿态可能不易察觉，但每只狼自幼年起就开始学习分析与回应不同的姿势。狼的面部表情丰富，经常向狼群中的其他成员表达情绪。面部是狼进行视觉交流的重要部位。

狼也会运用尾巴的不同姿态来进行有效的交流。通常情况下，拥有狼图腾的人能通过手势、姿态、面部表情以及其他方式表达自己的想法。如果你在表达情绪，与人交流方面存在困难，冥想和研究狼对你会大有裨益，它可以教给你怎样去用适当的身体语言来增强语言表达能力。

狼也有着非常复杂的声音交流系统。它们嚎叫、咆哮，甚至是吠叫，即使是有名的狼嚎也有多种解释。嚎叫可以用来召唤群体中的其他成员，或是用来确定其他伙伴的位置。嚎叫也可以用来作为社会表达，相互问候或是确认领地，甚至仅仅是为了嬉闹。

狼群中的每个成员都清楚自己的地位和它与其他成员的关系。狼群的魔力之一就是以仪式性的行为建立了狼群中的等级。狼群并不完全是专制的——受控于首领的绝对权威之下，而狼群也不是民主的。有些时候，更像是两者的统一，而这种灵活性也成为狼群成功管理的诀窍。我们可以从狼身上学到正确的统领之法——一种专制与民主间的平衡。狼可以教给我们怎样用仪式建立生活中的秩序与和谐，也可以帮助我们懂得真正的自由需要纪律的保障。

雄狼头领和雌狼头领通常是生活中的伴侣。深冬是交配季节，而雌狼会在两个月后诞下幼崽。狼群所有成员都会对玩耍的幼崽倾注巨大的关怀和爱护，它们会变得非常有包容心。假设幼崽的父母无力抚养，狼群中的另一名成员就会收养幼崽。一些狼会承担起照料幼崽的职责。成狼对幼崽十分友好亲近，狼图腾教导我们要尊重家庭和孩子。

当然，狼也是肉食动物。它们捕猎的对象大多数是老弱病残的动物。鹿是狼的主要食物。狼不会把大量时间浪费在捕捉一只健康的成年麋鹿身上。狼群可以长距离地进行捕猎活动。它们的体力和耐力都可以保证它们长时间、长距离地旅行。狼每小时移动可达 24 ~ 48 英里。虽然狼无法长时间保持速度，但它可以每小时慢跑 5 公里。冬天时，狼会利用结冰的河湖作为迁徙路径，每晚可行进 15 ~ 25 公里。

狼可以完全消灭掉它们的猎物，暴饮暴食。对于拥有狼图腾的人而言，这一点也暗示你利用你所能利用的一切。某些时候，当狼以图腾的方式出现时，它提醒着我们不要浪费，也提醒着我们要保持灵魂的活力。

狼非常聪慧。它可以从麻烦或危险中抽身而退。一些人认为狼甚至可以用乌鸦来确定可能的食物来源。在爱斯基摩人的传说中，乌鸦与麋鹿有关联，而因为麋鹿是狼的一种猎物，乌鸦也自然与狼有着渊源。乌鸦经常跟随着狼。它们会飞在前面，落在树上等狼通过后再接着飞。狼类专家大卫 · 米切报告称，有些时候在狼与乌鸦之间存在着一种有趣的行为关系。拥有狼图腾的人也应对乌鸦进行研究。

狼有敏锐的感觉，特别是嗅觉。据说狼的嗅觉是人的嗅觉的百倍。嗅觉使其具有敏锐的分辨能力。狼的听觉很灵敏，它捕猎主要依靠嗅觉与听觉。这也提示着那些拥有此类图腾的人，要聆听他们内心的想法，直觉也会因此而变得更强。这一观点可从狼身上的厚重皮毛进一步得到例证。长久以来，毛发就是超自然能力的象征。狼有里外两层毛发，使其具有快速反应能力以及与超自然洞察力有关的本领。

狼能够快速、果断地建立起情感联系。学会相信你自己的洞察力，固守你的情感联系也是狼图腾启迪我们的一点。狼可以帮助你倾听内心，保护你免于做出不得当的行为。它会守卫你，亦会教导你——时强时弱——但总会充满爱意。当狼出现在你的生活中，意味着是时候该为你的生活模式注入些新鲜事物，去找寻新的途径，开始新的旅程，来掌控你的生活了。你是你生命的主宰，创造着它，引领着它，以和谐守纪去实施它，你就会领略到自由的真谛。

虫类和爬行类动物的异域语言

孩子们打开了哥哥的袋子，一群蝴蝶飞了出来。它们的翅膀像阳光一样耀眼，色彩斑斓，红色、金色、黑色、黄色、蓝色、绿色、白色，就像把鲜花、绿叶、谷物和松针的颜色都集中在了一起。它们就像花儿在风中翩翩起舞，它们飞到孩子们的头顶，惹来阵阵欢笑。蝴蝶飞舞，孩子们目不转睛地盯着它们。

昆虫的微观生存智慧

在与昆虫的近距离接触中，很少有什么能引起人类强烈的情绪反应。有些人充满恐惧，有些人怀有敬畏，还有些人却试图忽视一个事实，那就是动物的生活是地球上最丰富的生活。据估计，世界上有超过80万的昆虫物种，其中又包含着多种多样的分支物种。

昆虫既代表着这个星球的古老历史，又是人类历史的见证者。人类掌握了诸多昆虫的特征，凭此来确定昆虫的不同种类。虽然这只是一种辨别方式，但表明他们认识到了解昆虫相关特征的重要性，因为昆虫的行为模式有其独特的规律，能给人类以启示。我们没有必要相信昆虫有创造力，但是我们应该意识到一点，那就是它们的行为、本能以及表现出来的特征，可以反映和象征着某些没有被人类完全理解的灵性力量。

在很多国家，人们在相当长的时间里就把昆虫当做图腾。对卡拉哈里沙漠中的布希曼族人来说，祈祷的螳螂就是一个动物身形的布希曼人。在美国原住民的传统习俗里，蜘蛛既是祖母又是创造者，这种能力表现在它们有能力创造生物。中世纪的人认为，蜻蜓是龙的微型复制品，是仙女王国入口的标志。我们必须仔细进行推论，谨记了解动物的要领，即用语言来了解动物的行为和特征。这会帮助你认识它在自然中的角色，以及在你自己生命中应当扮演的角色。

总体来说，如果仔细观察，你似乎会频繁地遇到一种特殊的昆虫。要特别留心你走路时看到的那种不同寻常的虫子。最近，在去弗洛里达的旅途中，我参观了一家自然保护中心，一路上，蝴蝶和蜻蜓都在我周围飞舞，发出嗡嗡的声音。每当我停下脚步，它们就落在我的手上、头上或肩上。后来我遇到了我见过的最漂亮的蜘蛛，它被称为金色的织工，它结的蜘蛛网非常有艺术感，漂亮且错综复杂。这些昆虫有冒险精神，勇于追求新的变化。它们证明了自己是那一领域中最成功的，它们打开了通往未来的新大门。

通常任何小的爬行动物都会被划归昆虫类，但这种分类并不是很准确，比如蜱、蜘蛛、蜈蚣等诸如此类的动物。昆虫有腿、头、腹和胸，在一些时间段里，它们大多有三对腿，一对或两对长在胸上的翅膀，一对头顶的触须。

蜘蛛有八条腿，没有触须，眼睛简单而小巧，头和胸是一体的。它们是像昆虫一样的节肢动物，但是属于不同的种类，本书的目的就是从词典里将蜘蛛和其他昆虫区分开。

昆虫是机会主义者。我们可以从它们那里学到很多人生智慧。它们有多种多样的生活方式，有将近一半的昆虫毫不起眼，甚至连名字都没有。昆虫是不朽的，似乎具有不可估量的智慧，能做很多和人一样的事，而且非常有效率，它们能扩大自己的种群，以更高的组织形态存活，能够建立复杂的社会组织。

作为一个群体，昆虫可以说是成功的典范，它们有六个主要特征：第一，它们通过飞来繁殖；第二，它们有极强的环境适应能力；第三，它们有一种能为自身提供保护层的外部骨骼；第四，它们需求少，而且容易满足；第五，它们靠繁殖得以生存，但它们会推迟受精，直到食物供给和生存状况对幼崽来说是最有利的状态；最后，它们有蜕变的能力，一生会经历多次（通常四次）蜕变，让生活得以延续。

昆虫的所有特征都可被视为智慧的体现，通过观察它们的习性和行为，人们可以取得更多的成功。虽然我们不能像昆虫那样飞，但我们可以确信，不必拼命挣扎也可以获得看似无法企及的东西。昆虫对环境的超强适应能力，体现出它们勇于探索新的生活方式，这启示人类要不满足于现状，要永远探索新的可能。我们的骨骼也不可能像昆虫一样暴露在外面，但我们可以提高对环境的判断力，让自己处于安全区域，以避

免受到更多的伤害。我们可以减少需求，不浪费生命。许多人的生活一塌糊涂，那就是他们花一段时间专注做一件事，而总希冀立刻完成所有的事，结果往往一事无成。昆虫推迟受精的特征，给了人类启发，人类可以借鉴这一做法解决人口问题。昆虫的变形过程，给我们最大的启示是，生命中的蜕变必不可少，当我们拒绝蜕变时，在很多时候我们的生活会变得更加困难、更加危险。蜕变能使我们成长，让我们去除糟粕，重获新生。

从生物学和生理学的角度来说，人们会经历童年时期、青春期、成年期。每个阶段都存在着改变，且也是必要的。一生中我们创造的一切都经历过很多阶段。这和昆虫蜕变的四个阶段一样，所有的昆虫以及所有的思想和创造都从卵开始，卵化成能吃食、能织茧的毛虫，再从茧变成它们生命中最后的样子——通常都长有翅膀。

在卵这个阶段中，有一个受胎的过程。昆虫在这个过程中从卵变成幼虫，不断吃东西，寻找食物并逐渐长大，获得了最基本的生存条件。当这一过程结束时，蚕把自己包裹住，就变成了蛹。这象征着人类的思想也要经历萌芽、初步成形、成熟和发展的过程。

蚕织茧来裹住自己成为蛹。这个阶段形成了蚕细胞组织，而蚕会因此结束生命。这启示我们，有时到达某个新阶段时，人需要让位创造力，让其发挥强大的作用，有一个新的未来。在创造的过程中，有时我们需要采取被动的姿态，让事物自然地发展；而有些事我们则必须去做。这就是蛹这个阶段的表现告诉我们的智慧。

蛹进入一个新阶段，这也是最后一种形式——一种带翅膀的昆虫。实际上，在最后的阶段，有翅膀是非常重要的。昆虫与翅膀有关的标志就像鸟一样。成年蚕只在暖春里织茧，这再次反映了它在更高层次上有选择最佳发展阶段时间的能力。翅膀是成年昆虫的象征，也是成年昆虫的智慧所在，飞翔成为伴随昆虫一生的生存方式。

昆虫变形这一阶段是创造和凸显所有特征的关键。昆虫提醒着我们，我们从来都是与众不同的，我们一直在改变，而且会持续不断地改变。

许多昆虫喜好群居，蜜蜂、黄蜂以及最普通的蚂蚁，都是如此。这类昆虫被称作社会性昆虫。它们在相处中，分工和作用都不同。昆虫图腾代表着社会化的程度，能反映出一个人为什么要工作，以及身处社会中的状态。

大多数昆虫通过体内胸部和腹部上的器官来呼吸，因此这教我们用细胞呼吸的技艺，以提高我们整体的呼吸能力。这种呼吸过程是瑜伽、道教以及其他通过呼吸训练来增强力量、变得健康的方式之一。

每种昆虫都有它们独特的个性特征，这代表着你自身的力量或者你需要去提升的能力。有一项关于昆虫的研究极具深刻性，因为它关注了最不寻常的特征。例如，蚂蚁能撼动比自身体重沉50倍的石头，而蜜蜂能背负重量是其体重300倍的物体。

这是昆虫经年累月所表现出来的能量和象征。事实上，昆虫最突出的长处就是肌肉的形成与人不同。人们的肌肉少于800块，而蚱蜢则超过900块。蚱蜢和其他昆虫一样，有极强的体能。

动物有很多种保护自己的方法，得以幸存。这也是需要我们学习和值得深思的地方。昆虫图腾就可以用相似的方法做到这一点。昆虫最寻常的方法就是隐藏和伪装。一些昆虫用甲壳，一些用茧，另一些则以爪、刺、长牙还有诸如此类的东西来伪装。那么，你用什么伪装自己呢？你也会用类似的方法吗？你是恰当地使用了这种办法还是弄巧成拙了？

对昆虫而言，最坏的敌人就是其他昆虫。这就和人性一样，人类也是自己最大的敌人。长久以来，你会听到人们说“我为自己做了该做的事，我就是自己最大的敌人”。如果你觉得身边的事不如意，在你的生命中又有一种昆虫很突出，那就应该审视你自己，是否该做的事而你拖着没有做，是否有些没做的事是必须要完成的。

人类和环境有直接的联系，但我们没有任何东西能来保护皮肤和感官。而昆虫与自然没有直接联系，它们有外骨骼保护自己，但它们必须要用其他方法来感知周围的环境。

昆虫最有活力的感觉器官就是触须和触角。实际上，所有的触须、鹿角、牛角以及头上的附属品都被认为是最敏锐感官和直觉的象征。昆虫的触须不受情感和周围环境的影响。这种感觉使得它们能与神秘的超自然能力共处。

昆虫的触须可以改变大小以及形状。通常视力差的昆虫的触须会大点。通过触须，它们能感觉气味、口味并测量温度。它们也可以用它来发声，因为触须上有无数细小的钉子，像接收员一样地工作着。

昆虫的触觉非常敏锐。昆虫的腿、身体与触须上长着许多触毛。以昆虫为图腾的人，总能找到自己的敏感部位，能更好地感知周围的环境。你是否对自己和身边的环境与人过于敏感？你是否没有对身边的事物投入太多精力？你是否与自己认识的人失去了联系？你是否变得越来越精神失常，而且对自己的身体漠不关心？

在问题并未显现时，昆虫图腾就会出现。我们是否对别人表现得很迟钝，或者别人对我们的反应表现迟钝？我们是否在尝试着让自己不受外界的影响？有什么事物或者人使你感到困扰吗？

昆虫的听觉是十分敏锐的，它们甚至能接收到超声波。昆虫的听力器官在腹部与腿上。这些使它们能感受到身边的任何震动。将昆虫作为图腾的人应该学会锻炼自己的听力。不仅要注意已经说出的事，还要对没有说出的事加以留心。另外，还要注重别人的肢体语言所流露出的信息，要相信自己的第一感觉。

昆虫没有声带，但是它却能通过自己身体各部位的摩擦发出声音。这种通过摩擦发出的声音能起到交流的功能。这种声音能使它们找到交配的同伴，或者恐吓敌人。

昆虫传递消息的方式有很多种，可以是气味、触摸、鸣叫不甚至是跳舞。蚂蚁通过触碰触角来传递消息；蚱蜢通过不断摩擦自己的双翅来制造声音；蜜蜂通过跳舞来告诉同伴附近哪里有食物，食物的数量有多少。

不过昆虫的视觉却是有限的。它们的视觉范围最多只有 3 英尺。事实上，很多昆虫都长有复眼。这种复眼虽然使昆虫不能像人一样看清或者聚焦于某一事物，却能帮助它们随时观察身边事物的一举一动。昆虫的世界非常神秘，能教会人们要注意身边事物的微妙变化，关注与其他人之间的交流。

昆虫是微量知识的管理者，善于非口头的交流。它们能教会人们如何在自己的生活中运用微妙的知识。一个成功的试验就是在一天里用非口头、非书面的方式，即通过手势、身体的姿势、行为、声音的表达方式与人交流。

第15章

昆虫类图腾词典（8种）

昆虫纲目种类繁杂，本书介绍的昆虫，包括不应归于此范畴的蜘蛛，将其纳入本节，是为了方便描述。文中提及的虫类，都有着丰富的神话传说。神话和其起源不但有利于我们研究，也会让我们知晓更多，甚至有可能帮助我们揭开很多生命的秘密。

所有的虫类图腾各自的行为、性格特点都有着重要的象征意义。当你发现一只昆虫时，你需要考虑以下问题。它在做什么？它是在一年中的什么时候出现的？在过去的72小时里，你所经历的和这只昆虫的力量有着怎样的联系？

由于季节、寿命（某些昆虫的寿命相对很短）以及昆虫所处变形阶段的不同，我们并不会假设昆虫身上存在“能量圈”，因为“能量圈”也会随着这些因素而改变。大多数昆虫在春夏时节最为活跃，随着秋冬的临近而逐渐失去生机，冬季到来时，则会进入休眠状态。但尽管如此，请记住，即使是最诡异的爬虫，如果我们愿意倾听，它们也会向我们讲述它们的秘密。

蚂蚁

关键词： 勤劳，秩序，守纪律

蚂蚁长久以来都是劳动和勤奋的象征。这样的形象部分来源于希腊神话中和蚂蚁相关的故事，譬如伊索寓言。它们行为中所展示的智慧与才能通常是最为人们称道的。蚂蚁可分为很多种类，其中有少数成员离群索居，但大部分则是群居型动物。虽然蚂蚁的形象常常与苦工联系在一起，但事实却远非如此。当蚂蚁独自行动时，它们的行为并不复杂，只有在群体中，它们才会进行重复性劳动。

蚂蚁是社会性动物，它们的活动大部分与群体有关。蚂蚁的主要行为包括聚集、觅食以及哺育后代。一些蚂蚁也会种植一种霉菌。蚂蚁会参与族群内的食物交换，通常也会奴役其他蚂蚁进行劳动。

大多数蚂蚁种群中都有秩序和纪律，族内的每一位成员都知晓自己的位置。蚂蚁种群大体上有三个等级：第一等级是发现了新领地的蚁后；第二等级是与蚁后交配的雄性飞蚁；第三等级则是负责抚育后代的雌性工蚁。

蚁后有翅膀，并在交配前一直拥有飞行能力。一旦其进行交配后，它的翅膀就会褪下，为了新生儿放弃飞翔。蚁后一般的生命周期是12年。而拥有蚂蚁图腾的人也会发现，他们实现目标和提升能力的周期也是12年。

工蚁们都是技术精湛的建筑师。它们能够建造结构复杂的巢穴、廊道，甚至是拱形天花板。它们的技艺和无畏的辛劳，大体反映出蚁类图腾能激发的潜质。蚂蚁是建筑大师，而它们也能给予你如何构建自己生活的启示。它能启发你梦想成真，也能告诉你，最大的成功往往都来自持之以恒。

如果蚂蚁是以图腾的形象出现，请审视你生活中的辛劳程度。你是否足够自律，去完成手头的任务？你或是你身边的人是否试图寻找捷径？你是否忽视了重要的活动？你是否打好了基础？你是否在以往的岁月里通过一定的方式比如学习、工作和爱好兴趣来为你的生活增色？你是否有足够的耐心？你是否能够耐心地对人对己？你是否让事情变得更加忙乱？你是否错失了付出努力、开创新高峰的良机？蚂蚁可以教给你如何运用自己的能力，去规划、重塑生活，在什么条件下能够白手起家。蚂蚁可以告诉你怎样与人共事能让人获利。蚂蚁让我们明白，无论条件如何，付出的辛劳总会在最佳时间，以最佳方式带来回报。

蜜蜂

关键词：丰饶，甜蜜

蜜蜂在世界范围内都象征着神秘。在印度教中，根据不同的描述，蜜蜂与毗瑟挐、克利须那神，甚至和印度教中的爱神伽摩天都有很大的关联。在古埃及，这种昆虫则被赋予了皇权。而在古希腊的爱留西斯传说中，也可以看到关于蜜蜂象征意义的记载。对于古凯尔特人而言，蜜蜂意味着隐藏的智慧。或许，蜜蜂最具有代表性、最为悠久的一种象征意义就是性和丰饶，这主要来源于蜜蜂的刺和它在授粉过程中的作用。

长久以来，蜜蜂还象征着完成艰巨任务的能力。多年来，科学家们一直苦于无法解释蜜蜂飞行的原理。因为从空气动力学的角度讲，蜜蜂的双翅无法负担它身体的重量。直到近年来的科学研究证实，蜜蜂飞行的奥秘在于其振翅时的高频率。但对很多人而言，蜜蜂仍然代表着一切皆有可能。

实际上，所有种类的蜂都可以被称为“蜜”蜂。它们结伴去传播花粉。蜜蜂可以算得上是最为繁忙也是最为有用的一种昆虫。没有蜜蜂的存在，植物就不会开花结果，这一切都是依靠蜜蜂授粉。当蜜蜂降落在一朵花上采集花蜜时，花粉也就会黏在它的腿部细毛上，再被传给其他的花，这样就完成了一次授粉过程。

传播花粉只是蜜蜂参与的诸多生产劳动中的一项。蜜蜂能提供食物，譬如蜂蜜。蜜蜂也捕食其他昆虫，这有助于保持昆虫数量的平衡。蜜蜂还会在土壤中建洞穴，这相当于对泥土进行了翻新，它在这方面的贡献也远大于蚯蚓。

假如一只蜜蜂出现在你的生活中，你需要检查自己做事的效率。你是否全力以赴，让自己的生活更加精彩？你是否足够忙碌？你是否抽时间来享受你的劳动成果，或者一直是个工作狂？你是否一下尝试过多？你是否一直心怀理想，好让自己更有效率？

蜜蜂的腿是它们最敏感的器官之一。蜜蜂通过腿来识别味道，感知停留的花上是否有花蜜。你是否享受你所从事的工作或者活动？蜜蜂让我们铭记，只有乐在其中，做事才会更有效率，而收获的果实也才会更加甜美。

蜜蜂的刺则通常被视为生殖符号。多数蜜蜂只能使用一回蜂刺，蜂刺上有一个倒钩，用后就会将刺带掉。蜂后可以使用多回蜂刺，但它只在另一只蜂后出生的情况下才会去争斗。

大多数蜜蜂都有着分工明确的族群，这在大黄蜂中尤为明显，它们当中有蜂后、雄蜂和工蜂。蜂后产下的第一批子女会成为工蜂，它们负责蜂窝的建造和维修。蜜蜂同蚂蚁一样，是出色的建筑师。蜂巢有六面，呈六边形。这种几何图案有着深远的寓意，它象征着心灵以及我们内心的快乐，也象征着太阳以及一切与之相关的能量。

蜜蜂提醒着我们，要及时发现生活中的快乐，并在掌握优势的时候，努力让生活变得更加美满。它告诫着我们，不论梦想有多大，只要我们努力追求，就有可能变为现实。生活中的琼浆玉液就如同蜂蜜一般甜蜜，蜜蜂告诉我们，只要我们愿意为梦想付出，早晚会品尝到成功的甜蜜。

甲虫

关键词： 重生

甲虫是所有昆虫中分类最多的一种，大约可达 28 万。为了使读者对这个数字有更清晰的认识，我们可以这样说，所有的脊椎动物，包括鱼类、爬行动物、两栖动物、鸟类以及哺乳动物在内，它们的分类总和仅仅为4.4万种。

在古埃及，金龟子也称圣甲虫，其意义非同一般。甲虫会把一块牛粪从东到西滚成一个球状物。它们会在其中产卵，并将粪球埋于地下。一个月后，甲虫会把粪球挖出，推至水中，之后会孵出幼虫。因为其从东至西地推动粪球，以及它们横跨的移动，常常和太阳联系在一起。圣甲虫因而也成为太阳神和新生的象征。

与大多数昆虫一样，甲虫也经历着由蛹到飞虫的形态巨变。正因如此，它也与重生和变化有所关联。在成虫阶段，其前端的对翅会逐渐变厚呈硬壳，以保护下面柔软的部位。对那些拥有甲虫图腾的人来说，这意味着他们更需要保护，或者也可以理解为他们过于封闭自我。

如果甲虫出现在你的生活中，你要审视你的生活是否需要改变。你是否处于变化当中？如果是，又处在何种阶段？你需要有什么样的改变？你的生活中需要什么样的新事物？是否到了反思生活的时候？是否到了将放弃某些事的时候？这一切，甲虫都可以告诉你，它会引导你怎样做才能赢得成功。

蝴蝶

关键词： 变化，欢乐

大概没有什么动物和昆虫能比蝴蝶更能够代表转化过程与形态转变。

对于拥有蝴蝶图腾的人来说，他们需要仔细研究蝴蝶的变形过程。蝴蝶和飞蛾都有四个不同的变形时期。蝶蛹时期的茧只能变为飞蛾，而非真正的蝴蝶。

当蝴蝶出现在你的生活中，你需要关注目前所要面对的重要事宜，这或许就是蝴蝶出现的原因。假设用蝶变来形容你的变化，那么你又处在何种时期？为了确认这一点，你需要检查并确定自己想要的是什么结果，以及如何才能做到尽善尽美。

蝴蝶在神话和宗教中都是强有力的象征。在早期的基督教中，它更是灵魂的象征。在中国，蝴蝶则寓意婚姻幸福美好。在印第安人的传统中，崇奉蝴蝶的氏族中的待嫁女孩会将头发挽成蝶翅状。印度的民间传说中，更有关于内兹佩尔塞部落里的孩子召唤蝴蝶的记载。对于印第安人而言，蝴蝶意味着变化、快乐、色彩。

蝴蝶色彩的象征意义可以帮助你了解它在你生活中的角色。最近，在参加佛罗里达有关仙子和小精灵的研讨会之前，我在距其不远的一处自然保护中心为研讨会进行冥想准备。当我睁开双眼时，我发现大约有 12 只黑黄色蝴蝶（双色纯蛱蝶）飞舞在我身边，甚至有几只落在我的腿上。这幅场景对我来说意义深远。民间传说中有关仙境与蝴蝶的关联由来已久，黑黄碟更是有着不同寻常的寓意。据说，仁慈天使在监察自然界生物活动时会变身为黑黄蝶。

这是一个非常好的启示，意味着我会有更充沛的精力去进行相关研究。

蝴蝶落在花丛间的动作就好像舞蹈。它们告诫我们，要认真地对待生活。它们唤醒了一种快乐喜悦之情，提醒着我们，生活就如同一场舞蹈，即使需要付出努力，也是一种极大的快乐。蝴蝶通过在花间舞蹈来品尝鲜花之蜜，蝴蝶提示着我们要多多锻炼，只要我们还未老去，就应及时随性起舞，舞蹈可以让生活更加美好。与蝴蝶相伴而来的是色彩和欢乐，当蝴蝶走入你的生活时，意味着你的生活里潜藏着很多快乐。它提醒你要高兴起来，寻求改变，不要忘记所有的变化都是有益的。蝴蝶图腾告诉我们，当机会出现，我们就应有所改变。变化在所难免，但蝴蝶会让你知道，成长与变化并不都是痛苦的。它告诉你，变化会像我们期待的那样，自然而然地发生。

蜻蜓与蜻蛉

关键词：光的力量

蜻蜓与蜻蛉都是非常古老的生物，据估计，它们生活在地球上已超过 1.8 亿年。它们的颜色绚丽，如宝石一般璀璨。明亮的色调需要一定的时间去形成，这也反映着一个哲理：越成熟，就越会散发夺目光彩，而这也是蜻蜓的象征意义之一。

大多数人很难看出蜻蜓和蜻蛉的区别。蜻蜓有舒展的身体和巨大的眼睛，而蜻蛉则更加苗条、纤细；当蜻蜓不动时，它们的翅膀会像滑翔机一样展开，而蜻蛉则会将翅膀叠起；蜻蜓会在飞行中捕食，而蜻蛉只会在着陆后捕食其他昆虫。

蜻蜓因为快速的飞行和炫目的空中技巧而闻名，仿佛是在模仿光的移动照射。它们扭动、翻转，在瞬间改变方向、盘旋、忽上忽下甚至是向后飞行。蜻蜓有时被称作蚊子的天敌。蜻蜓和蜻蛉都是捕食飞虫的高手，它们的飞行速度可达每小时30英里。它们的双眼可用来确定飞虫的位置，即使40英尺外的一个细微动作也逃不开它们的火眼金睛。它们会借助锋利细长的腿和有力的下颚捕食猎物。

蜻蜓和蜻蛉的主要栖息地是水里和空中，栖息地的重要性不容小觑。在还是幼虫的时候，它们就生活在水中，随着逐渐成熟，经过了变形阶段，它们生活的重心也转移至半空。不难发现，拥有蜻蜓类图腾的人年轻时都感情丰富、热情如火，但随着年龄的增长，他们学会了变通，能控制和平衡这种个性。有时候，他们或许会因早年的情感问题备受困扰，但这些困扰也会慢慢消失。蜻蜓和蜻蛉通常会生活在靠水的地方，这一特征象征着以蜻蜓为图腾的人情感丰沛。

假设一只蜻蜓出现在你的生活中，你需要在处理感情问题时冷静一下。你或许需要一个新的视角，或是做出一种改变，它提醒你不要忽视自己的情感。你是否对凡事都过于理性？你是否过于压抑自己的感情？

蜻蜓的领地意识非常强。它们会在邻水的领地里产卵，卵会进化为变形时期的幼虫，两年后才会最终变为成虫。这一点对那些拥有此类图腾的人来说象征着多种可能，可能意味着需要经过两年的变化才会迎来巅峰。它也可能预示着，你即将步入一个两年的转型期。它甚至可能意味着，为了在两年内迎来你期望的成功转型，你需要做出改变。只有审视你的生活，你才会理解和认识到它的象征意义。

就像光线能折射、能移动、能以多种方式为人所用，蜻蜓也能与很多原始模型联系在一起。蜻蜓可以说是适应力最强的一种昆虫，这也是它至今仍存活的原因。蜻蜓有两对翅膀，但在某些情形时，它也可以只依靠一对翅膀飞行。它们可以用腿上特殊的毛或是嘴里储藏的水滴来清洗眼睛。

蜻蜓的国度是光的国度，由于它们是冷血动物，所以只在白天活动。夏天是它们活力最旺盛的时候，因为有充足的热量和光源。对于拥有蜻蜓图腾的人来说，这一点尤为重要。在天气晴好时，花时间去靠近水域的地方走走，有益于恢复体力，改善身体状况。

有一些蜻蜓的肤色中有天然色素，不过大多数蜻蜓的肤色还是和彩虹形成的原理一样。它们的表皮能分散、折射光线，泛着绿色和蓝色。随着蜻蜓的成长，它们也会经历不同的颜色改变。这种能反射光线的能力和肤色，使人们经常把蜻蜓同魔法和神秘主义等联系在一起。蜻蜓的魔法就是光线的力量以及其他一切同光线有关的东西。

日本的画作中经常出现蜻蜓和蜻蛉，它们寓意着新的光明和欢乐。对于一些印第安人来说，它们是死者灵魂的化身。在一些童话里，蜻蜓属于龙族的一员——虽然我们脑海中龙的形象是吐着火焰的庞然大物，而非这些仙境中多姿多态的小精灵。因为它与远古时期巨龙之间的神秘关联，蜻蜓可以作为一个参透自然界奥秘的钥匙。蜻蜓和蜻蛉的象征意义与太阳和光有关，意味着每一天都有着新的变化。蜻蜓和蜻蛉每天也经历着自身的改变。假如它们出现，这就意味着变化即将到来，意味着当变化来临时，你是否愿意接受它？蜻蜓为我们揭示了生命的答案，我们本身都是光源，只有我们做出选择时，才能更强烈地反射光线。“让这里出现光明”，是鞭策我们把想象力化作推动生活前进力量的圣言，而这也是蜻蜓和蜻蛉希望我们领会的哲理。

生活并不是一帆风顺的，但总会有光明和色彩相伴。蜻蜓可以让我们看破虚境，使生命之光照入我们的生活。蜻蜓带来的是希望，是五彩缤纷的新世界。

蚂蚱

关键词： 跳跃

纵然古希伯来人将蚂蚱看做废物，但在其他社会中，它的地位仍然崇高且受人敬重。在中国，蚂蚱和蟋蟀是好运和富饶的代名词，一些人还会专门编织笼子来饲养它们。古希腊人也把蚂蚱视为高贵的象征。

蚂蚱是以蹦跳的方式前进的，这也是为何它能逃脱人们捕捉的原因。蚂蚱有着杰出的跳跃能力，它们可以跳到它们身长20倍的高度。对于拥有蚂蚱图腾的人来说，跃出桎梏，继续前进尤为重要，要抓住一切机会，向前一跃。

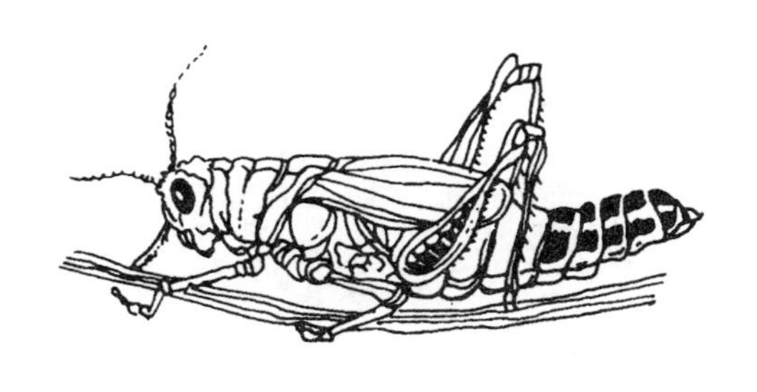

蚂蚱的后腿不同于它的前腿和其他昆虫的腿，它们的后腿长而粗壮，肌肉发达。拥有此类图腾的人会发现，事情并不按以寻常的方式发展。进步并不是一步步取得的，而是有可能在你觉得原地踏步时，其实正悄悄有所进展，所以永远不要泄气。当蚂蚱出现时，意味着你的人生将会出现飞跃，而这会让你赶超大多数竞争者。

蚂蚱可以本能地发现土丘上有阳光的一面，或是其他能晒到太阳的地方。它们有让自己身处温暖和阳光中的诀窍，并且知道什么时候该跳跃离开。如果蚂蚱是你的图腾，就请相信自己的直觉，适用于他人的东西并不见得适合你，反之亦然。

聆听内心的声音，你会逐渐知晓该在人生的哪一个领域取得进展。蚂蚱的前腿上有一个鼓膜，当它呼吸时，这个器官也会发挥作用，它们可以借助向不同方向移动来确定声源位置。由此可见，感官同腿的关联尤其重要。所以，凡事要遵从你内心的指引。

拥有蚂蚱图腾的人，也会有不寻常的能力去获得成功。在他们学会听从内心指引和依赖直觉后，成功就会来敲门。有些时候，蚂蚱也会在我们忽略内心指引或是不敢跳出生活的桎梏时出现。很多时候，我们不敢轻易改变是因为大多数人都没有这么做，而我们不想冒险。拥有蚂蚱图腾人必须要学会做出新的尝试。当你的生活犹如一潭死水时，才会更加举步维艰。这时他们也会感觉自己如同死水一样，丧失热情与斗志。记住，蚂蚱永远是向前或向上跳跃，而不是向后。

螳螂

关键词：静止的力量

神话传说中，不乏关于螳螂的记载。在中国，有一整套武术便是研习螳螂的行为而创立的，它就是螳螂拳，其灵感就源自螳螂。

但关于螳螂最多的传说则是在非洲。对于生活在非洲喀拉哈里沙漠中的布希曼人而言，螳螂就是一位布希曼族人。大量的传说都与螳螂和它的历险有关。在很多方面，这与印第安平原中郊狼的传说，以及西北印第安部落中乌鸦的传说有着相似之处。每当螳螂面临险境，它都能化险为夷，接着会入睡，寻找解决之道。

最能体现这种昆虫特征的词语是“静止的力量”。通过不断学习如何不受外界所影响，我们可以汲取更多的能量，包括身体、情感、头脑或是灵魂方面的。这种静止可以是简单的沉思、冥想，甚至是睡眠和梦境。古代神秘主义所讲的静思的七重境界，可以为我们所用。第一层是简单的思考，而最后一层则是死亡。两者之间的几重境界可以为我们的生活带来巨大的力量。这也是螳螂象征意义中的一点。它引导我们如何做到不受外界影响，当需要做出（不论何种形式）举动时，可以有足够的信心、清晰的目标和巨大的能量。

根据英文简易词典，螳螂一词起源于希腊语中的“先知”。如果我们学会不受外界所影响，我们就可以领会先知的智慧。我们可以通过冥想来探索内心，引导生命中的力量走向特别之路，赋予其新的力量。我们可以学习如何运用不同程度的静止力量，无论是为了创造或是治疗，这也是螳螂让我们思考的一部分。

这种静止的本领使螳螂成为一个优秀的猎人，也有助于它在大自然中生存。猎物出现时，它会纹丝不动地等待，和周围事物融于一体。当出现最佳时机，它会突然用前臂抓住猎物，就像在猎物的脖子上架了一把匕首一样。

对于那些拥有螳螂图腾的人来说，应该经常思考：你是否在实施计划之前，就让他人知晓了你的计划？你是否对自己所说之事、所说之人都满不在乎？你是否过于急躁？你是否需要进行冥想来排除外界的干扰？你是否因操之过急而错失良机？所有这些方面，螳螂都可以给你启迪。

蜘蛛

关键词： 创造力

在世界各国的神话传说中，我们都能看到蜘蛛的踪迹，且其象征意义大同小异。在印度，蜘蛛常与幻神玛雅联系在一起；而在希腊神话中，它则和命运息息相关；在北欧神话中，蜘蛛是负责编织、测量、切断生命之线的命运女神诺恩的化身；而对于印第安人来说，蜘蛛则是“祖母”，因为它们连接着过去与未来。

与昆虫不同的是，蜘蛛的身体是由两部分组成，这会给人一种八面的感觉。这同它的八条腿（而不是昆虫的六条腿）一起将蜘蛛和所有有关八面体的神秘传说联系在了一起。在它的身体两侧，有代表无限的符号，这是生命之轮，标志着从一个周期转到下一个周期。而如何学会在这些不同的周期间活动，甚至在两个周期间保持住自己的位置，都是难上加难的问题。

蜘蛛可以启示你如何维持过去与未来、身体与心灵、男性与女性间的平衡。蜘蛛也会告诉我们，你今日埋下的伏笔在未来都会有所体现。塔罗牌中有这样一张牌——命运之轮，这张卡与人生际遇有关，它起起伏伏，跌跌荡荡。它与功名利禄的能量相关，我们必须运用灵感，让自己的行为遵循大自然的规律。对于拥有蜘蛛图腾的人来说，依据这张卡而展开的冥想会对他们有很大的帮助。

蜘蛛唤醒了创造力。它织就了一张精细繁密的网，如同提点着我们，过去也在潜移默化中影响现在和未来。蜘蛛网通常呈螺旋状，这是创造力发展的起始形态。网中的蜘蛛也寓意着，每一个人都是自己世界的中心。“了解你自己就是了解整个宇宙”。蜘蛛也同样告诉我们，世界是围绕我们而创造的，我们是世界的守护者，也是个人命运的书写者，而我们也会通过自己的思想、感觉和行为，来创造自己的世界。

由于蜘蛛的习性特点，人们经常把它和神秘主义联系在一起，而在神话中，蜘蛛也有三个主要的魔力。第一个是魔法和创造力，蜘蛛是创造力的象征，这样的能力体现在吐丝结网上。第二点同样也与持久的创造力有关，与保持创造力中雌性力量的朝气蓬勃有关。如果进行更深刻的讨论，它也与一些蜘蛛的习性特点密不可分。譬如，雌性黑寡妇蜘蛛会在交配完毕而伴侣精疲力竭时，将其吃掉。蜘蛛的第三点魔力就是它的螺旋能量，这种力量连接着过去与未来。围绕不断上升的螺旋网，也能让那些拥有蜘蛛图腾的人有所思考。你是朝着一个主要目标前进，还是围着很多目标打转？你是否

照片取自俄亥俄州特洛伊市布鲁克纳自然保护中心

蜘蛛

蜘蛛是大师级的纺织工。对于美国印第安人来说，祖母蜘蛛保留着过去的传说，诉说着它们会如何影响未来。蜘蛛提醒着我们，要关注内心的情感，创造生活的无限可能。

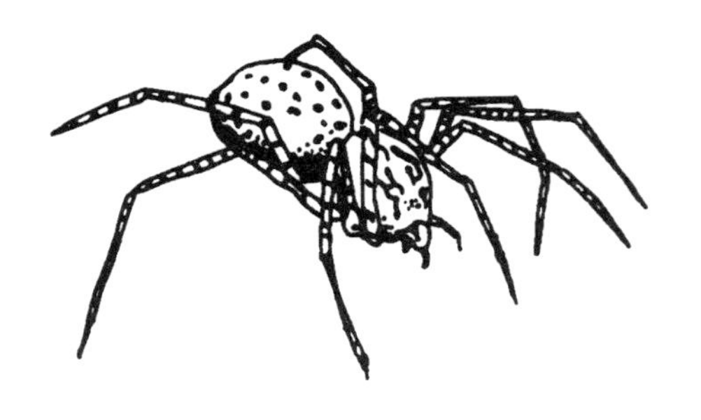

能够集中注意力？你是否过于沉迷？你是否过于关注他人的成就反而忽视了自己？你是否因此而心生怨恨，无论对人还是对己？

蜘蛛是古代语言文字的守护者。每个社会中都流传着有关不同语言文字形成的传说。中国文字的缔造者是仓颉，神话中长有龙脸和四只眼睛的神。他根据星辰的排布、龟背上的纹路，以及鸟在沙滩上的脚印创造了中国文字。而北欧神话中的智慧之神奥丁则是在一棵生命之树上苦思九天九夜后，想出了鲁尼文字母表（北欧古文字），而从树上凋落的树叶则造就了拼写方式和单词。对于很多人来说，有一种字母表则更为原始。它来源于蜘蛛网中的几何图形和角度。对于他们而言，这是第一张真正的字母表，也是为何蜘蛛被奉为语言的始祖。人类认为它们有写作的魔力，那些具有拼写天赋的人都会受到蜘蛛图腾的庇佑。

长久以来，蜘蛛都与死亡和重生联系在一起。这种说法部分是因为有一些雌蜘蛛会在交配后杀死并吃掉自己的伴侣。因为蜘蛛在不断地编织新网，它同时也象征着月亏月满。对于拥有蜘蛛图腾的人来说，这提醒着他们要保持生活各个方面的平衡，只有这样，才能激发创造力。

不论在书籍、电影还是电视节目中，蜘蛛都是一种令人恐怖的形象。大多数蜘蛛是有毒的，这也是它们杀死或麻痹猎物的方式，它们有效地控制了昆虫的数量。黑寡妇蜘蛛有可能是最臭名昭著的一种了，它遍体通黑，唯独在腹部有一块沙漏形状的红色标记。黑寡妇蜘蛛有毒，但其毒性并不像人们所想的那样致命，相反，黑寡妇蜘蛛生性胆小，与人们惧怕它的程度相比，它反而更惧怕人类。

狼蛛是另一种耳熟能详的大蜘蛛。意大利南部的民间舞蹈塔兰台拉舞就源于狼蛛。人们认为狼蛛的蜇咬会引起痉挛抽搐，这种舞蹈也是以移动和快速的舞步而得名。狼蛛毛发很多，它的嘴藏于身体之下。狼蛛的蜇咬会有毒性，但其对人体的伤害远远小于蜜蜂对人的蛰伤，狼蛛也能吐丝，但不会结网，它会在沙土里掘一个洞，藏在底部，当感觉到有动物走进穴口时，狼蛛就会一跃而出，抓住猎物，再将其拖回洞穴。这也是它的捕猎过程。很多蜘蛛都是非常脆弱的。当你把一只狼蛛抓起摔在地上，它会瞬间死亡。蜘蛛是柔弱和力量的结合，它们也深谙生存之道。这对于拥有蜘蛛图腾的人来说，是非常值得学习的一点。

蜘蛛的身手十分敏捷，它们可以在蛛丝上保持平衡，毫不费力地移动。游走于生命线之上，同时可以保持平衡，这是多少世纪以来人类的谜团。关于这个秘密，蜘蛛图腾可以告诉我们部分答案，因为蜘蛛是这方面的大师。

大多数人都不会或很少接触到体型较大的蜘蛛，但他们经常可以在家附近看到其他品种。这些蜘蛛起着特殊的作用，譬如杀死害虫等。它们大多在阴暗的地方活动，而且会在人们意想不到的地方出现，这启示我们要敢于将创造力应用在那些常人难以想象的地方。默默地在黑暗中发挥你的创造力，终有一天，当有阳光照射时，它会散发出别样的光彩。

如果一只蜘蛛出现在你的生活中，请问自己一些重要的问题：你有没有耕耘梦想？你是否放弃了有创意的点子？你是否感觉到好像被困住了？你是否需要关注你生活中的平衡和目前在做的事情？你是否与周围人之间的关系失衡？你是否需要随时记下新想法？你是否在有了写作或画画的灵感后，却没有付诸笔头？请记住，蜘蛛是最古老字母表和知识守护者，它可以告诉你怎样运用力量和创造力，让那些懂得欣赏的人读到你的文字。

第16章

爬行动物世界的魔力

爬行动物是远古生命形态的一种，它们的适应能力很强，能够从上百万年的进化过程中存活下来。世界上有6000多种爬行动物，除了极寒冷的地方，它们几乎可以在所有地域生存。自恐龙时代以来，爬行动物有四个主要种群：1. 蛇和蜥蜴；2. 鳄和短吻鳄；3. 陆龟和海龟；4. 纽西兰大蜥蜴。

在这些种类中，海龟和鳄是从恐龙大灭绝时代存活下来的，今天的它们与那个时候相比，仍然没有多大变化。正因为如此，世界各地充满了关于它们的神话和传说。

爬行动物的基本特征，使其区别于其他类型的动物。它们是最早的冷血动物。它们的血液温度随着周围空气和环境的变化而变化，而哺乳动物有自身恒温调节功能，来保持恒定的体温。爬行动物必须寻找能让它们得以生存的环境，这就是为什么我们经常看见蛇和蜥蜴出来晒太阳。它们需要这种温暖来生存，必须依靠外界因素来升高或降低它们的体温。

那些有爬行动物图腾的人，特征是非常明显的，这表明他们对生活于其中的环境有很强的直觉。

并不难发现，有突出爬行动物图腾的人会在不同环境中表现出明显的情绪变化。这些人往往会紧随环境的变化而变化。如果跟一群爱玩的人一起聚会，他们容易变得放飞自我；如果是和一群认真好学的人相处，他们也会变得勤奋刻苦；如果在有爱的氛围中生活，他们也会变得积极和关爱他人。

如果孩子有爬行动物图腾，那么他们的父母应该要非常谨慎，以确保孩子有正确的陪伴，参加有益的活动。用积极的方式来处理攀比心理压力，是所有以爬行动物为图腾的人要学习的课程。爬行动物教我们去选择自我暴露的环境，而学习控制和应对以及适应环境的能力，对于有这种图腾的人来说也是有益的。

爬行动物都有一层覆盖坚硬鳞的表皮。这是爬行动物区别于其他动物的第二个特征。这些坚硬的鳞可以保护它们，也是一种提醒，使得它们把坚硬的一面对着外界。这对于大多数人来说，却很难做到，因为我们总是将自己好的一面展现给别人。不幸的是，有一些人会利用这一点。

一些有着爬行动物图腾的人，不喜欢展示强硬的一面，如果近距离看这些人的外表，通常会觉得皮肤光滑发亮。我试着提醒这些人，他们身上既有强硬的一面，也有温和的一面。对有爬行动物图腾的人而言，寻求这种平衡很困难，这可能是他们一生都要学习的事。强硬并不是说要你变得看起来像一个坏人，这也是爬行动物图腾可以教给你的。你可以变强硬，在必要时保护自己，甚至可以保持雪亮的眼睛，来应付那些很难相处的人。

爬行动物也呼吸空气，其中大多数至少有一个完整的肺。大多数爬行动物下蛋，它们的蛋与鸟类的不同，尽管它们几乎都有一个皮革似的壳。许多爬行动物下了蛋就埋起来，然后扔弃它们，这可能是它们需要这样一个坚硬的壳的原因所在吧。只有少数几种爬行动物会在意它们的蛋和幼儿，鳄鱼是最典型的例子。孵化以后，大部分爬行动物的幼崽必须要靠自己生存。

有着爬行动物图腾的儿童，通常很早就学会照顾自己。他们自给自足，独立发展。一些有爬行动物图腾的孩子，自从来到这个世界上，就有独立的思维和坚韧的决心。另外一些孩子则需要自我鼓励。大部分有爬行动物图腾的人，通常有着苦涩的童年，或者早年不幸福，这并不奇怪。

拥有爬行动物图腾的人，一生中会发生很多改变。随着年龄的增长或是岁月的磨练，这种改变可以是巨大的，可以是一种死亡或重生的过程，又或许是对新机会的坚持。当爬行动物图腾走进你的生活，你要寻找机会来坚持自己的信念。在某种新的层面，坚持自立，你就开始自力更生了。

爬行动物的饮食多种多样，从植物到大型动物，它们都吃。袜带蛇吃蚯蚓，黑鼠蛇吃家鼠和老鼠，一些蜥蜴只吃植物和昆虫。从另一方面来看，海龟是杂食型动物，它们既吃植物又吃动物。对那些有着爬行动物图腾的居于权力地位的人来说，生活中特定的饮食控制或许没有什么用。

对于任何一种图腾，研究它的常用食物或猎物，都可能获得一些有用的信息。如果是一种动物或昆虫，应该掌握一些信息；如果是一种植物，也要去学习。请记住，即便是植物，也会有某些特征与之相关。关于最远古生命形态的预测，就是通过树和花的象征性诠释得出的结论。

为服务于本书的写作目的，我会在爬行动物这一节总结两栖动物的图腾，但是你会发现，它们并不一样。许多人会认为像青蛙、蟾蜍和蝾螈也是爬行动物家族的一部分，其实不是。它们可能有类似的适应性特征，但是却不同于爬行动物，如同蜘蛛不同于昆虫一样。爬虫学经常会包含对爬行动物和两栖动物的研究。

两栖动物过着水陆两栖生活，这一点是非常重要的。两栖动物这个单词“amphibian”由两个词根组成——“amphi”就是“两个、两种”的意思，“bios”就是“生活”的意思。两栖动物把它们的生活分成陆地和水中两部分，通常它们后半生的生命会全部或部分在陆地上度过。

这显著的特点可以反映出我们所熟知的双重性格。它通常是梦想（代表水元素）的守护者，拥有既能生活在水中又能生活在陆地的能力。许多有双重性格的人通常被看作思维活跃的人。从精神层面上讲，他们反映出一种需求，即学习让情感能量（水）发挥所长（陆地）。

大多数情况下，人们会认为两栖动物就是青蛙、蟾蜍和蝾螈。许多人以为蝾螈更像蜥蜴和爬行动物，但其实并不是这样。除去外表，它们必须待在湿润的地方，它们有蜥蜴所没有的粘性外皮。像蜥蜴一样，蝾螈在热带以及太阳照耀的地方是不能生存的。

那我们如何区别两栖动物和爬行动物呢？两栖动物是脊椎动物，但没有羽毛、毛皮或者鳞。通常在一些生长阶段中都有脚趾，但没有爪子。两栖动物像爬行动物一样，都是冷血的，环境是它们的热源，它们的体温随着周围的环境而波动，那些拥有两栖动物图腾的人会发现这一点。

一些爬行动物，当它们老了就会脱去外皮，这种外皮经常被它们自己吃掉。外皮的脱落代表着彻底的改变、复活和新生，这样的图腾通常表明了靠自己的生命显现出来的同一类新生力量。

两栖动物不喝水，它们直接通过皮肤获得水。两栖动物需要水来体现出自己的个人能力。通常，你会发现拥有两栖动物图腾的人喜欢泡在澡堂或淋浴间。对于他们的健康和幸福来说，天然水源是必不可少的。

两栖动物的一些种类会彻底变形。青蛙就是非常明显的例子，会从卵变成蝌蚪，再长成青蛙。大多数拥有两栖动物图腾的人会发现，在生命中的特殊时期，他们会发生很大的变化。如果两栖动物的图腾出现了，你必须反问自己，现在发展到什么阶段了？或者现阶段正在发生什么样的改变？

像爬行动物一样，两栖动物也产卵。青蛙和蟾蜍都在体外产卵，蜥蜴则在体内产卵。对于大多数的两栖动物，它们会在春天来临到夏天开始的这段时间，准备繁殖工作。正因为这样，一年中的这两个时间段是两栖动物图腾最强有力的时候。这是发掘新想法以及制订新计划的最佳时间。

有一项关于两栖动物食物的研究颇有见地。许多两栖动物吃昆虫，这一点在成年阶段尤为突出。对于任何图腾来说，要学习它们团结的个性和行为方式，这在许多有能量的图腾上都有提示。这些图腾也许已经在你的生活中露了脸，也许正准备要出现。有了这种双重特征，当你睡着或醒着的时候，两栖动物都会帮助你获得更多关于生命的答案。

第17章

爬行动物图腾词典（6种）

以下词典内容并不全面和完善。要想详实介绍动物种类的特征，可能需要几卷书才能真正地完美诠释。我们在文中介绍的是那些非常普遍的动物种类，有的过去大量存在，有的现在普遍存在。其中还包括了与爬行动物完全不相同的两栖动物。

所有动物都有不同的起源和传说。如果你有爬行动物和两栖动物方面的知识，这些起源和传说就能够告诉你，它们过去可能生活的地域。研究动物的起源和发展，也将帮助你了解人类是如何分辨和计算它们的年龄的。

关于爬行动物和两栖动物的一般性研究，前文中已介绍过了。但每个动物种类都有自己的独特性，接下来我们将分别介绍它们的个体特征。

了解它们的特性之后，我们要做的就是把将这些特征彰显出来的灵性力量运用到自己的生活中来。起初接触这些特性的时候，你们想到了什么，做了什么？这些知识会不断出现在脑海中吗？还是会带来一些新的发现？在过去的72小时里，你的生活里发生过什么？你能否把感受到的灵性力量带入你的生活？

在下面的词典里，我没有概括动物的行为周期表。其实，大部分爬行动物和两栖动物都有自己独特的作息时间表和活动频率，这是基于它们的成长模式和速度而形成的。掌握了这个规律，将有利于我们更有效、快速地了解这些动物的特征。

短吻鳄和鳄鱼

关键词： 本能，母亲，起源

短吻鳄和鳄鱼在每个时代都有不同的符号和图像。古埃及人常把它们和“愤怒”“残忍”联系在一起，另一方面又赋予它们神话色彩。鳄鱼吞食幼小的生物便是邪恶和毁灭性力量的象征。没有生命就没有死亡，任何生命都会终结，这是颠扑不破的真理。

在印度教传统中，上帝是骑在鳄鱼背上的。在埃及，因为其与泥浆联系密切，它往往象征生育的力量，因为泥

水混合物能够孕育新的生命，使新生命成长。

在中世纪的欧洲，早些时候，因为它们的外表（体长和尾）关系，人们常常将短吻鳄和鳄鱼跟龙联系在一起。有时它们有龙的消极一面，有时却体现出积极性。龙是宝藏的守护者，象征着隐藏着的智慧。短吻鳄和鳄鱼经常隐藏在水中，像龙一样守护着水下的神秘宝藏。如果你遇到了短吻鳄或鳄鱼，那就预示着你有机会获得新知，但如果不善加利用这些智慧，它们也许会吞噬你。

所有的短吻鳄和鳄鱼都能在水中和陆地上生活。水总是让我们联想到伟大的母亲，万物之源。然而，水也能吞噬万物。创造，再毁灭，再创造，这是不断发展的历程。所有爬行动物也遵循着这些原始的发展规律。

从不同的角度来说，出生和死亡都算是起点，它标志着旧时代的结束和新时代的开始。这表明，我们通过已有的知识水平，来寻求和探索新知识。这一切也反映了短吻鳄和鳄鱼的本质。它们在水域和海岸线上巡逻，独自经历生死。在这个意义上，它们可以被视为守护者和保护者。它们是知识的起源和衍生地。

鳄鱼和短吻鳄都是优秀的母亲，它们是不寻常的爬行动物。它们一般会下 6 ~ 20 只蛋，年轻的幼崽在蛋里面吱吱喳喳地叫嚷，妈妈不厌其烦地回应它们，帮助它们孵化，然后将它们轻轻地含在嘴里，再放入水中。

短吻鳄和鳄鱼虽是近亲，但却是不同种类的动物。它们之间最主要的区别之一，就是鳄鱼有牙齿，而短吻鳄没有。短吻鳄习惯用泥土和树叶围成巢，而鳄鱼常在沙滩里挖洞居住。它们的眼睛都长在头部顶端。它们的生理特征很有使用价值，使它们即使潜在水下，也能在海底捕食猎物。从某种象征意义上说，鳄鱼有着更加开阔的视野和敏锐的洞察力。

在我们眼中，鳄鱼似乎是很安静的动物，其实不然，在生命安全受到威胁或者是交配的狂欢季节，它们都会狂吼不止。

在保护其他水生生物方面，短吻鳄做得非常好。它们会铸造鳄洞，这些洞就像一个个有新鲜水源的小池塘。那些在泥浆中筑的洞，会慢慢地被水填满，成为一个个充满水的封闭区域。这些区域就像微型绿洲，为它们和其他生物提供生存的场所。

短吻鳄的生长速度要比非洲鳄的生长速度快。成年短吻鳄一般能长到 12 英尺左右。在达到最终的长度之前，它们的体长每年可以长 1 英尺。与生活在热带气候中的短吻鳄相比，生长在寒冷气候中的短吻鳄的生长速度会相对慢一些。短吻鳄一般活不过 60 年。与那些将非洲鳄作为图腾的人相比，那些以短吻鳄为图腾的人，在接触新事物、积累和运用新知识及聪明才智方面更有优势。但如果不能维持自身能量的平衡，他们也会面临更多的危险。短吻鳄消化食物的速度非常慢，这使得它们不能太快地移动。这启示我们，在学习新知识之前，我们应该温故而知新。

非洲鳄也有它们独一无二的特点。“鳄鱼的眼泪”这个俗语就是因它们而出现的，意思是虚假的同情和悲伤，它们也因此而闻名全世界。非洲鳄的确会流眼泪，但并不是因为感到疼痛或悲伤，它们流泪，是为了冲刷掉眼睛里的盐。对那些拥有非洲鳄图腾的人来说，要多留意自己的眼睛。如果非洲鳄已经以图腾的形象出现在了你的生活中，你就应该问自己几个问题：我是不是在该表达感情的时候没有表达？我所表达的感情是不是我的真实感情？记住，不要被自己的感情蒙蔽了。

非洲鳄会张开嘴巴来为自己的身体降温。这与瑜伽课程里的呼吸方法有异曲同工之妙。瑜伽里的呼吸技巧能对我们身体产生积极的影响。有一类呼吸方法叫“冷却呼吸法”，学习和练习这类呼吸法，对每个拥有非洲鳄图腾的人来说都大有益处，尤其当他们的情绪变得非常激动的时候。

如果非洲鳄或短吻鳄在你的生活中出现了，你就应该寻找机会去接触那些最原始的能量。因为把握住了与原始能量接触的机会，你就可以打开通往新知识和新智慧的大门。

变色龙

关键词： 洞察力，灵敏度

变色龙有第三只眼，这并不是谣传，而是事实。它们的第三只眼就长在它们的背上，因完美地与它们的身体融为一体而不易被外界察觉。第三只眼并不像另外两只眼那样观察事物，事实上这只眼的视力不佳，但它可以辨别光亮与黑暗。对那些拥有变色龙图腾的人来说，他们内心的潜意识和直觉会被唤醒，并获得更高的能力，能够辨别这种意识或直觉是否在起作用，以及它们通常在什么时候起作用。

实际上，变色龙并不是有意识地去融入它们周围的环境的，变色只是它们的正常习惯而已。从某种程度上看，它们的体色的确会根据温度、湿度甚至是情绪的变化而发生相应的改变。当它们抑郁或者生气的时候，它们的体色会变成棕色，当它们高兴或者心满意足时，它们的体色则会变成浅绿色。

那些拥有变色龙图腾的人，会发现自己对周围环境和对其他人的感知力不断增强。从某种程度讲，我们的理性思维就是一系列电磁震动的组合体。我们不断地释放电能，吸收磁能。但在通常情况下，我们并不能意识到这种活动的存在。每当我们与其他人接触，我们就会与他们交换能量。我们向他们传递一些能量，他们相应地反馈给我们一些能量。

那些拥有变色龙图腾的人会发现，与以前相比，他们现在可以更清晰地意识到和辨别出这种能量交换活动。你应该相信你感知到的东西，这种能量交换有益于你的健康，也会让你的生活受益匪浅。

青蛙

关键词： 水，感知力

青蛙是最常见的两栖动物。尽管它们经常会被误认为是癞蛤蟆，但它们与癞蛤蟆之间存在着明显的不同之处。青蛙通常生活在水中，而癞蛤蟆则往往生活在干燥的陆地上。青蛙的表皮非常光滑，而癞蛤蟆的表皮则坑坑洼洼。癞蛤蟆在头的两边还长有腺体，这种腺体可以分泌出浓浊的毒液，而青蛙的身上则没有。

关于青蛙，有一个古老的神话。正因为它们是水陆双栖的动物，它们的身上往往带有水和陆地这两种元素的魔力。这也就很自然地让人们联想到了精灵和仙女的传说，它们往往会出现在这些传说中。在北美和南美，有些人往往会将青蛙与雨联系在一起，认为它们可以控制天气的阴晴，如果它们鸣叫，就是在召唤云雨。

正是由于它们生活在水中，所以它们与阴柔的能量有关联。因为月亮的移动可以控制地球上水的潮起潮落，所以女神也往往与月亮有关。青蛙是埃及女神海瑞特的臣子，在爱撒（埃及神话中掌管农业和万物受孕的女神）复苏奥瑟瑞斯（埃及神话中掌管地府的神）的仪式上，它给予了巨大的帮助。

青蛙被视为富足和生殖力的象征。青蛙之所以象征着富足，是因为它们会在雨后跳到湿润的陆地上，去吃那些因无法忍受土壤的湿泞而钻出地面的昆虫和蠕虫，大量的昆虫和蠕虫对它们来说就是最好的财富。将它们与生殖力联系起来，一是因为在它们还是蝌蚪的阶段，样子很像男性的精子；二是因为雨水的浇灌可以使万物复苏，展现出勃勃生机。

青蛙的蝌蚪期必须在水中度过，即使成熟之后，它们仍然保持着半水栖的生活习惯。它们生活在潮湿的环境中，需要水和与水有关的环境。如果青蛙已经进入了你的生活，也许就是在暗示你，你应该多接触些与水元素有关的事物了。它们的出现要么在暗示你，你的雨季就要到来了；要么在暗示你，你需要付出更多的努力才能召唤来你的雨季。也许你的生命之水已经变得浑浊了，但你不必担心，青蛙会教给你恢复清澈的办法。

人的情绪往往与水有关。拥有青蛙图腾的人能够敏感地捕捉到其他人的情绪状态，他们仿佛本能地就知道应该怎么对待不同情绪的人，应该用什么样的话来安抚他们的情绪。他们知道如何向他人表达真诚的同情。

青蛙能为你们带来雨水，不管你们是为了净化心灵、治愈疾病、推进事物发展的进程，还是为了制造洪灾、引起动荡，它们的能量能为你们带来和风细雨，也能为你们带来狂风暴雨。

人们呼唤青蛙也就相当于在呼唤雨水。春天和夏天是蛙声最响亮的季节，也是它们能量最强大的季节。它们叫声有多重含义，雌蛙的叫声可以将雄蛙召唤到它们身边，并警告同性远离自己的领地。除此之外，青蛙的叫声还可以圈定自己的领地，警告前来捕食的同类。

青蛙是一种不断变身的图腾。它们从卵变成蝌蚪，又从蝌蚪变成青蛙。即使变成青蛙之后，它们也会临水而居，长时间待在水中。它们身上往往带有水的创造性能量。拥有青蛙图腾的人，往往对他们的母亲有强烈的依赖感。

对那些拥有青蛙图腾的人来说，青蛙与水的密切联系可以成为他们的警示牌，让他们时刻反省自身：我是否在变得世俗不堪？我是否陷入了生活的泥潭，日复一日地混沌度日？我的生活是否需要注入新鲜的、富有活力的水？我所需要的新鲜水源在我的周围吗？我的生活已经饱和了吗？我变得消沉，陷入情绪化的状态难以自拔吗？

青蛙能非常敏锐地捕捉到声音的节奏。它们每个耳道的上方都有一个圆膜，这个鼓膜器官使它们能够辨别和回复某些特定的声音，并通过这些声音来确定自己的位置。科学界早就发现水是声音传播的最好导体之一。拥有青蛙图腾的人也应该培养出这种敏锐感知声音的能力，提高自己对声音的敏感度。他们的音乐品位也许并不能引导音乐界的主流，但他们却可以学着用自己的歌声来调节自己的情绪，用歌声来呼唤自己的雨露，用歌声来改变自己的生活。

蜥蜴

关键词： 精确的感知力

蜥蜴是一种很敏感的动物，动作敏锐。它有四条腿，跑起来速度极快，它的食物主要是昆虫。壁虎蜥蜴是爬行动物中少有的能发声的一种，谁要是想把它当作图腾，就应该考虑到这一点。印度尼西亚的科莫多巨蜥是蜥蜴中的巨无霸，是所有蜥蜴中最大的。如果有可能的话，应该尝试着鉴别出这种蜥蜴，单独研究它。

大多数蜥蜴都有着长长的尾巴，这能帮它们保持平衡，还能抵御其他动物的袭击。大多数蜥蜴都有一个冠状的后背、环状领或是脊背，看似可以起到保护的作用，但实际上用处不大。有些蜥蜴的脖子周围有环状领，这类蜥蜴可以教你怎样将意识和潜意识连接起来，也就是将梦想和现实连接起来。它们还可以让你回忆起清晰的梦境。

那些带有脊柱和冠状脊柱的蜥蜴，常常能反映出一种能量。以这类蜥蜴为图腾的人，敏锐度将要提高。这类蜥蜴的出现，就是在提醒你：你是太敏感了还是不够敏感？你是太过认真了还是太粗心大意了？这也能反映出你的感知力，不仅仅是身体上的，还有情感上的、心理上的、精神上的以及心灵上的。

蜥蜴能察觉到最微小昆虫的活动，它还可以保持不动或相对不动，来误导它的猎物或保护自身的安全。以蜥蜴为图腾，这就意味着，你的直觉和精神感知已经非常敏锐，或者说会变得更敏锐。

蜥蜴有干燥的皮肤，很多还有爪子，能用脚、尾巴和身体来感知地上的震动，眼神锐利，能察觉周围最细微的活动，听力好。

所有这些特点赋予了它精神和直觉上的象征意义。对于一些美洲本土传统来说，蜥蜴和梦境有着千丝万缕的联系。梦境包含着一些大脑中最细小的感知，这些感知是我们可能没有意识到的。它们通过梦境传达给我们，让我们的意识更清晰。这些可能是恐惧或者是铺垫，但总是我们没有注意到的东西。

那些拥有蜥蜴图腾的人应该更多地听从自己的直觉，而不是别人的直觉。蜥蜴总是很敏锐，所以，有这种图腾的人，能感知到别人可能感知不到的事，能听出言外之意。不管这种图腾看起来多么奇怪，学着追随这些感觉，你会取得越来越多的成功。

这些蜥蜴的特点中，最重要的特点之一就是它们能撇下尾巴，这个特点让它们闻名于世。一个猎手可能抓住了蜥蜴的尾巴，但蜥蜴很快就逃脱了，猎手只抓到了一条断掉的尾巴。然后，蜥蜴原来的尾巴处，会重新长出一条尾巴。

这种分离也是蜥蜴教给我们的智慧，它可以帮助我们在生活中学会断舍离，更好地生活。有时，我们必须与其他人分开，才能做我们最想

照片取自俄亥俄州特罗伊市布鲁克纳自然保护中心

蜥蜴

蜥蜴是感知微小事物的专家。它能通过地面感知震动。它的眼睛能察觉到最细微的活动，听觉敏锐，可以说是千里眼和顺风耳的结合体。

做的事。蜥蜴让我们清醒地认识到，恰当的“分离”能让我们面对的阻力变小。它甚至还暗示着，在你被对你不利的困境吞噬之前，勇于开拓新的领域，跟着你的直觉走。

和大多数爬行动物一样，蜥蜴经常会晒太阳。它是冷血动物，需要阳光来取暖。晒太阳时，它经常是假睡，实际是一种障眼法，接近它的昆虫在不知不觉间就被它吃掉了。这种能力，有时与睡眠相关。以蜥蜴为图腾的人，可以借鉴它控制睡眠状态的能力。

蛇

关键词：重生，复活，开始和智慧

在所有爬行动物中，甚至可能在所有的动物中，蛇一直备受争议。人们常争论它是高等还是低等的，是魔鬼还是治疗师。它是一种具有神话性的动物。

在中国，蛇是十二属相中的一个生肖。出生在蛇年的人具有同情心、超强的洞察力和迷人的魅力，同时他们也需要掌握有关宽恕、迷信和占有欲的知识。

在美国，蛇在艺术和知识里被视为重要的象征。对美洲土著来说，蛇是改变和治愈的象征。蛇的庆祝仪式包括学习被咬了数次后，怎样转变体内的毒素，然后这个仪式的幸存者会教你改变所有的毒素——身体上的或精神上的。它激起了体内杀戮或治疗的能量，最终带来了戏剧性般的痊愈。

在中美洲社会中，蛇被描写成长有羽毛的会飞的动物。它是他们最伟大的神和英雄——羽蛇神的象征。羽蛇神的故事是一个神话，讲的是一位将要复活却快要死去的神。很多人认为他是塔尔迪克族的保护神，而且人们认为天空、星星和宇宙中所有的活动都是由他主宰的。他是风和云的主人，是他的人民的保护神。

在希腊，蛇也被认为是炼金术和治愈力的象征。商业之神汉密斯手持的手杖上就缠绕着两条蛇，这个手杖就是现代医术的象征，是治愈力表现出来的智慧。

在印度，维纳塔女神是蛇的母亲，也是水和地下世界的象征。同样是在印度，半神半人的那加斯和他们美丽的妻子那吉尼斯，都是半眼镜蛇半神的样子。毗瑟挐（印度教主神之一，守护之神）经常睡在永恒之蛇阿南塔上。而湿婆戴着蛇当作手镯和项链，这表示性。

在东方传统中，蛇一直是性或者创造性生命力的象征。昆达里尼能量或蛇一般的激情盘绕在我们脊柱的基部，随着我们成长和发展，原始的能量就得到了释放，出现了脊柱。这样反过来使得能量积聚在身体的中心，然后头脑，然后开启了意识、健康和创造力的新维度和新水平。

在埃及，蛇也有着魔力意义。蛇形标记就是一条蛇形的头带，蛇头留在人眉毛附近，并突出出来，人们相信它象征一种洞察力和对世界的操控力。蛇形标记通常被开创者佩戴。有一些人认为它是赫鲁斯之眼（古埃及鹰神）的变体，也有一些人将其视为太阳神拉的圣眼。蛇形标记代表一定意义上的智慧与理解力。

因为蜕皮的缘故，人们长久以来都认为蛇代表着死亡和重生。蛇经过一段时间的成长，就要褪去原有的表皮。死亡与重生的循环只是蛇象征意义中的一部分，这与古代炼金师和他们具有代表性的“点石成金”息息相关，也和因时间流逝而产生的更高的智慧相关联。死亡与重生的循环通常代表着乌洛波洛斯——咬尾蛇的古代形象，象征着永恒。

蛇在蜕皮之前会开始蒙眼，这也使人认为蛇进入了催眠状态。对众多的神秘主义者和萨满祭司而言，这意味着蛇拥有穿梭于生死之间、死而复生的能力。随着蜕皮的开始，蛇眼也再度变得清明，好像世间万物于它们来说，都是全新的。正因为深信于此，炼金师才会经常将智慧与新知看作通向死亡和重生的必由之路，使个人能通过全新的视角去看待这个世界。蛇通常与它的近亲——毒蛇和龙一道被刻画为守护者的形象。在神话传说中，经常可以看到有关蛇在守卫财宝、生命之泉或是圣地的描述。在关于伊阿宋和阿尔戈英雄的希腊神话中，便是由蛇来护卫挂着金羊毛的树。

蛇十分蜿蜒敏捷。大多数人认为蛇是黏滑的，但事实上蛇皮却十分干燥。其实，人类的手掌较蛇皮而言，还要再湿滑些。如果一个人把手按在地板上，就会沾上灰尘。而蛇皮则不然，这也是为何它能以现有的形态移动的原因。

蛇出击迅速。它能抬起身来，稳、准、狠地做到一击中的。带有蛇图腾的人在必要时刻能做出与蛇一样的反应，也并非罕见。最好不要去激怒那些像蛇一样的人，虽然他们极少动气，但出击也同样快、准、狠。他们大多数时候都会相当精确地击中目标，可能会将你囫囵吞噬，或找寻其他方式来慢慢毒蚀你。

无论何时，当蛇以图腾的形式在你的生命中出现，这都意味着你将迎来生命中某些领域的死亡与重生。这极少意味着实际意义上的死亡，而是某种转变，意味着追求某一状况上的变化，或是带来新生的某一举动。审查你四周正在上演的一切。你是否有必要做出某种改变，却又不知是因何缘由？你是否一时过于强迫自己去改变？你是否伤害了不应伤

照片取自俄亥俄州特洛伊市布鲁克纳自然保护中心

蛇

蛇类长久以来是死亡与重生的象征。蛇在蜕皮前会出现蒙眼，而这似乎象征着它正在进入一种介于死亡和重生之间的阶段。蛇医是一类通过模仿蛇，并游走于死亡和重生之间，以达到治疗和开化目的的人。

害的人？还是到了该出手的时候，你却没有任何反应？记住，蛇并不单单用毒液和袭击去制服猎物，有时也是为了防御。有什么事是你应当放下的？又有什么全新的机会，是你应该抓住且好好利用一番的？

这也能反映出你个人一些创造性力量正在觉醒。生命的能量会同时刺激身体和心灵，对于身体而言，它能够唤起性欲，增强活力；对于心灵而言，它能激发你关于如何运用自己的洞察力和直觉，进行更深入的思考，你的视野和直觉也会因此变得更加敏锐。

为了明白蛇图腾在你生活中所扮演的具体角色，首先需要查看它的形状。单单这一点就会告诉你许多。每条蛇都有头、身、尾，而蛇的种类多种多样。几乎所有蛇都能咬人，但只有一些是毒蛇，而另一些则通过缠绕来扼死它们的猎物。查看蛇图腾上的花纹和分布方式，黑方响尾蛇正是由其花纹的分布方式而得名。查看几何图形所代表的含义，会帮助你确定蛇图腾对你的能量影响。

譬如，响尾蛇只在凉爽的夜间活动，酷热对其而言是致命的。以此为图腾的人可能会觉察到，在夜间行动会为你带来更多的益处。响尾蛇是呈之字形移动的，它也有一个非常特殊的感观器官——头部小孔，是专门用来感知其他生物释放的热量的，蛇也由此来定位它的猎物。对于拥有此类图腾的人来说，这有着特殊意义：他们会对周遭人的气味更加敏感。你可能刚开始只会用眼睛看，但最终会开始有所感知。相信你对周围人的感觉，无论这种感觉是多么怪异。

通常情况下，有蛇图腾的人会对蛇的一些品质特点大体上有所觉察。蛇是肉食性动物，会将猎物整个吞下，食物中的营养通过嘴进入身体。而为了能做到这一点，它们的颌骨可以分开。蛇的这种能力对那些拥有此类图腾的人来说，意味着他们可以给大脑提供更多可以吸收、掌握的营养，比如知识。不论是正式还是非正式的学习机会，都会频繁出现。对于一个拥有蛇图腾的人而言，他们的大脑在极少情况下才会产生负荷。换言之，不论你学习到的是什么，你都可以完全掌握消化。

因为蛇的瞪视，一些人会把蛇同催眠联系在一起。蛇一眨不眨地瞪视是因为蛇没有眼皮。蛇图腾会启示人们学会用眼睛去记忆和洞察他人的灵魂。这甚至也有可能意味着，你需要更进一步去审视自己的灵魂。

蛇拥有良好的味觉，它们能用舌头来感觉味道，这也是为何蛇会不断地吐出蛇信子。在蛇的上腭，有一个名曰犁鼻器的器官。蛇可以通过这个器官吸入周围的空气，以此分辨空气中的各种气味，从而确定猎物的方位。

味觉与更高的识别力和灵魂境界有关，拥有蛇图腾的人会发现自己对气体和香味十分敏感。他们应该多研究一下芳香疗法的治疗手段，也应当对周边的事物更为关注。你周围事物的气味真的没问题吗？你确定对自己所说的话、你的谈话对象以及自己所身处的状况，都拥有较强的识别力吗？

蛇象征着变化和治疗。它们拥有速度和灵活，所以那些拥有蛇图腾的人通常能够敏锐察觉一些正在他们的生活中飞快发生的变化。当蛇图腾出现在你的生活中时，你可以期待重新拥有与创造力和智慧有关的新兴力量。

乌龟

关键词： 母爱，长寿，机遇

作为一个种群，乌龟比任何一种两栖动物都要古老。乌龟大约可分250多种，其中48种生活在美国。人们经常把乌龟与陆龟区分开来，因为陆龟是陆生动物，而乌龟则生活在水中。

关于乌龟的传说不胜枚举。在远东，龟壳代表天，而龟板则代表地。巫术可以用乌龟帮你将你生活中的天和地连为一体。龟型符号是祈求天地庇佑的符号。

在日本，有一个叫作“浦岛之事”的故事，讲的是一个年轻人阻止一群小男孩捡玩一只乌龟的故事。这个年轻人把男孩们赶走，把乌龟放回了水中。这只乌龟选择留下报答他的救命之恩，而不是一走了之。作为回报，乌龟用背驼着这个年轻人潜下水，带他来到海洋王国。国王奖励了他，并授予他荣誉，因为这只乌龟是国王最喜欢的宠物。他还将他的女儿——一个美丽的水仙子嫁给了他，他第一次找到了自己的真爱。

乌龟是海岸生物，依赖着这里的土地和水源。所有海岸区域都是连

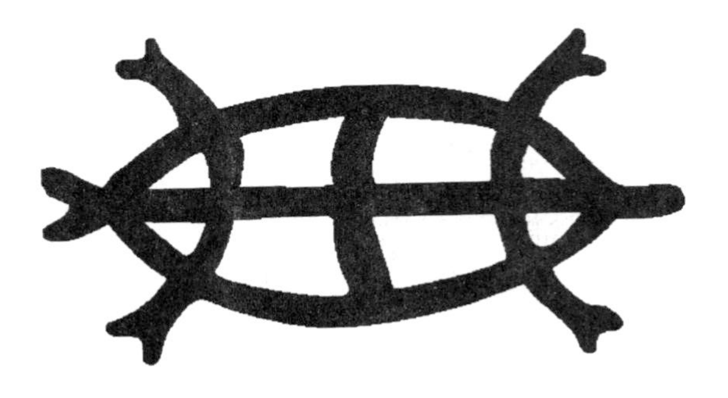

接着仙境王国的大门，而乌龟有时会被当作这大门的看守者。因此乌龟常常被看作成仙境的标志或仙人回报的承诺。

印第安人认为龟和月亮的运转、月经周期和阴性力量有关。在一些龟的背部有13块斑纹。在阴历中，每年交替着有13个满月或是13个新月。很多人认为这和阴性力量的起源有关。龟是母亲的象征。

因为龟的寿命很长，代谢又很慢，它还和长寿联系在了一起。它移动很慢，就好像已经知道自己有的是时间。龟的巫力可以启示你对时间拥有新的感知，并且让你与时间建立更好的关系。

龟有着惊人的生命力和生存技巧。它们的听力很好，能够通过水和龟壳听到震动。龟可以区分一些颜色，同时它们也有嗅觉。龟图腾能够让你获得这些感知力，包括身体上的感知和心灵上的感知。龟能够刺激你的听力，帮助发展你的视力和洞察力，它也能提高你的嗅觉和辨别力。

你可以试着区分出龟的种类，虽然龟有很多种类，这还是不难做到的。一般分辨的方式是看龟壳，不同的龟有不同种类的龟壳，而每种龟至少都有一种独特的特点，这通常具有重要的意义。鳄龟通常意味着和嘴有关的能力（声音、话语、消化等）；箱龟在前后有像铰链一样的结构，能够让它们缩回壳内，这可以教会你如何更好地保护自己；纹龟可以教你如何使用颜色；海龟是一种水生动物，你需要好好研究水的象征意义。

龟总是背着自己的家。但和漫画中描述的不同，龟并不能离开它们的壳。它们的壳事实上是它们的背骨和肋骨，是它们的庇护所。也许你无法相信，如果一只龟肚皮朝天的话，它可以自己翻回来。它用强有力的脖子和头部来翻身。它提醒那些拥有龟图腾的人，要用大脑和智慧来解决问题。有时候龟会在有这样状况的时刻出现，并成为我们的图腾。

乌龟是杂食动物，它们吃昆虫、植物、鱼、两栖动物，甚至有时候还有小型的哺乳动物。它们很会投机取巧，当乌龟出现在你生活中的时候，这通常意味着你需要注意不要放过任何机会。对于印第安土著来说，乌龟是大地母亲的象征，它提供了我们一切所需。在我们一叶障目时，乌龟会帮助我们看到机会。

乌龟的代谢很慢，这有很强的象征意义。我们是否太忙碌？我们是不是给自己的时间太少？我们是不是忙得忘了自己真正在做些什么？我们是不是行动太慢，需要加快速度？乌龟可以帮助我们解决这些问题。

乌龟是浣熊的最佳食品。拥有乌龟图腾的人应该仔细研究浣熊，因为这有助于帮助你理解这些充斥在你生活中的活力。据证实，乌龟确实会利用阳光去获得维生素 D。那些拥有乌龟图腾的人，需要查明自己对维生素的吸收量，并且尝试着适应这种维生素的供给，以便于身体健康系统可以吸收足够多的维生素 D。

所有的乌龟都会在岸上产卵，并且将自己的卵埋起来。当乌龟卵孵化的时候，小乌龟们凭借自己的力量钻出蛋壳，列队向水中游去。

水与土的关系，对生命的创造力具有重大的意义。这一点，任何拥有乌龟图腾的人都应该考虑到。水是我们的梦想或创造力的诞生地，但是陆地是我们运用创造力，实现梦想的地方。它也暗示着，在人们的生活中，行事前须仔细思考。

如果乌龟的特征在你的生活中显现出来，那么已经是你接触自己最初本质的时机了。你可以先自己钻进壳里，当你的想法已经成熟，就可以出来表达自己的思想。你的心智已经足够成熟，但并不急于表现出来。所以你不应该急躁，而是顺其自然，过于急切的表现会打破原有的平衡。

照片取自俄亥俄州特罗伊市布鲁克纳自然保护中心

龟

龟是最古老的爬行动物之一，有着悠久的神话传说的背景。它是大地母亲、长寿和更高的感知力的象征。

乌龟提醒我们，我们需要做的就是在恰当的时机以恰当的方式表达自己的想法。乌龟使我们认识到，通往天堂的路是一定要经过人间的。我们的星球就是我们的全部。她照顾着我们，保护着我们，养育着我们，直到我们能回报她。那一天来临时，我们要慢慢地感受，我们必须认识到事物之间的各种联系。就像乌龟没有办法脱离自己的壳一样，我们也没有办法脱离我们的地球。

第18章

文明世界的图腾探索

自然界的万物皆有存在的意义。无论其以何种形态出现，其中都自有缘由。可能我们并不完全理解这一点，然而我们又何曾理解周围人的行为？人们总是会拒绝他们不理解的事物，而知识能消除偏见与误解。

没有任何一种动植物在本质上是邪恶或消极的。这类说法是人类的价值判断，而且经常是基于对子系统各司其职的复杂系统的极少接触与了解之上。人类经常对有机体在生态系统中的完整角色知之甚少。

有些人认为，以秘教的视角探索动物世界很危险。他们担心这会导致拟人化——赋予动物以人类特性，有些情况下甚至神化动物。我认为，人类进化之久使我们并不会沿此道路退化。

我们对动物和自然研究得越多，我们自己的生命就越充满奇迹。我们把动物神化，不是出于盲目的崇拜，而是为了表达对大自然之力的敬畏之意。在理性社会中，人们质疑动物、植物等自然生灵的存在价值，认为人类可以唯我独尊。我们应该扪心自问，我们是否需要证明动植物，而非人类存在的合理性。

自然界是植物、动物和人类的社区。三者都是生态系统的组成部分，三者之间相互依存，不可或缺。自然界中发生的每件事都会对我们产生影响，发生在我们身上的事情反过来又会影响自然。尽管我们喜欢保持各自独立，但事实并非如此。我们也许认识不到，但这种影响却是实实在在的。

在我们向某物致敬之前，我们必须对其有所了解。我们必须看到能证明其值得尊敬的证据。在此书中，你会看到每个动物都有值得尊敬之处。以下是你尊敬自然，并将其中一切收为图腾的方法：

1. 观察植树。
2. 观察动物及其活动。
3. 尽可能多地学习有关大自然的知识。
4. 为鸟类筑巢。
5. 种花。
6. 随手捡垃圾。
7. 支持保护区和环境保护。
8. 帮助他人了解临危物种。
9. 支持环保机构（动物园、自然保护中心、非营利机构等）。

动物奇迹无处不在。每个动物都是一个奇迹，帮助我们提醒自己的

奇特之处。当我们用新眼光看待世界时，我们同样开始以新视角审视自己。自然万物是我们的图腾。每个动物、每棵植物都是如此。每当一种动物或一种植物灭绝或受到威胁时，我们的世界便丧失一部分美丽，而人类世界也会变得黯然失色。每当我们发现动物或植物的独特之处时，我们也会发现我们自己的新颖与独特。

人们经常质疑我看待自然的方法。我们应该从神秘主义的角度看待动物世界抑或大自然的某一方面吗？我认为理应如此。你不必相信大自然的象征与神话，但是通过研究它们，你会触及自己灵魂中未曾触及过的、古老而原始的部分，而这部分仍能满怀惊异地回应自然。这便是大自然的灵性力量。

有时感受比知识要重要得多。古老智慧的余烬，会激发我们对更多知识的渴求。而这份渴求又能衍生出重新发现自然界喜悦与神秘的机会。

为了与动物交流并向其学习，我们必须重新看待它们。我希望本书能如燎原的星星之火，所到之处便有光明，而有光明之处便有喜悦与奇迹！

图书在版编目（CIP）数据

动物知道生命的答案 / (美) 泰德·安德鲁斯著；仪玟兰， 尧俊芳译.
-- 长春：吉林文史出版社, 2017.3
书名原文: Animal-Speak: The Spiritual and Magical Powers of Creatures Great and Small
ISBN 978-7-5472-3947-6

Ⅰ. ①动… Ⅱ. ①泰… ②仪… ③尧… Ⅲ. ①动物—普及读物 Ⅳ. ①Q95-49

吉林省版权局著作权合同登记号：图字：07-2016-4743号

动物知道生命的答案
ANIMAL SPEAK

作　　者：［美］泰德·安德鲁斯
选题策划：尧俊芳
责任编辑：钟　杉　陈　昊
封面设计：侯霁轩
内文设计：季　群
印　　刷：北京画中画印刷有限公司印刷
版　　次：2017年6月第1版
印　　次：2017年6月第1 次印刷
开　　本：710mm×1000mm　16开
字　　数：400千字
印　　张：25.25
书　　号：ISBN 978-7-5472-3947-6
定　　价：48.00元